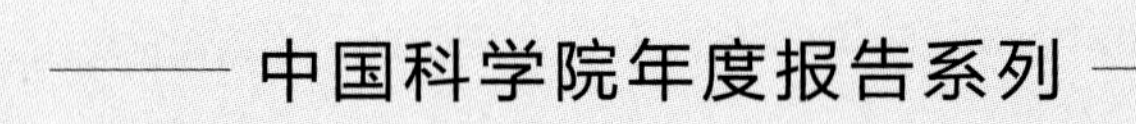
中国科学院年度报告系列

2019
科学发展报告
Science Development Report

中国科学院

科学出版社
北 京

图书在版编目(CIP)数据

2019科学发展报告/中国科学院编.—北京：科学出版社，2020.1
(中国科学院年度报告系列)
ISBN 978-7-03-064608-8

Ⅰ.①2… Ⅱ.①中… Ⅲ.①科学技术-发展战略-研究报告-中国-2019
Ⅳ.①N12 ②G322

中国版本图书馆CIP数据核字（2020）第035558号

责任编辑：侯俊琳 牛 玲 张翠霞/责任校对：王 瑞
责任印制：师艳茹/封面设计：有道文化
编辑部电话：010-64035853
E-mail:houjunlin@mail.sciencep.com

科学出版社 出版
北京东黄城根北街16号
邮政编码：100717
http://www.sciencep.com
中国科学院印刷厂 印刷
科学出版社发行 各地新华书店经销
*
2020年1月第 一 版 开本：787×1092 1/16
2020年1月第一次印刷 印张：21 3/4 插页：2
字数：400 000

定价：168.00元
（如有印装质量问题，我社负责调换）

为建设科技强国打下坚实基础

（代序）

白春礼

科技兴则民族兴，科技强则国家强。中国要强盛、中华民族要实现伟大复兴，就一定要大力发展科学技术。新中国成立70年来，广大科技工作者与祖国同行，以实现国家富强、民族振兴、人民幸福为己任，坚持走中国特色自主创新道路，着力攻克关键核心技术、破解创新发展难题，我国科技事业实现了历史性、整体性、格局性重大变化，为推动经济社会发展作出了重大贡献，为加快建设科技强国打下了坚实基础。

一、党中央的正确领导指引我国科技事业快速发展

党的领导是我国科技事业快速发展的根本政治保证。新中国成立70年来，始终将发展科技事业放在事关国家发展全局的战略位置，在每个关键时期都进行顶层设计，部署一系列重大战略，提出一系列重大举措，有力推动我国科技事业发展。

新中国成立之初，党中央作出建立中国科学院的战略决策，开启了新中国科技事业发展的光辉历程。1956年，制定《1956—1967年科学技术发展远景规划纲要》（简称“十二年科技发展远景规划”），发出“向科学进军”的号召，集中各方面力量加快发展科技事业，迅速建立完整的科研队伍、学科体系和科研布局，实施“两弹一星”工程等一大批科技攻关项目，奠定了新中国科技事业发展的基础。

改革开放之初，召开全国科学大会，率先在科技领域拨乱反正，我国迎来“科学的春天”。1985年，党中央作出关于科学技术体制改革的重大

决策，确立“经济建设必须依靠科学技术，科学技术工作必须面向经济建设”的方针，开创了科技事业发展的新局面。世纪之交，适时把握信息技术革命的大趋势，确立科教兴国战略和人才强国战略。2006年，为落实党的十六大提出的“制定国家科学和技术长远发展规划”的要求，《国家中长期科学和技术发展规划纲要（2006—2020年）》发布，确立了“自主创新，重点跨越，支撑发展，引领未来”指导方针，推动我国科技事业进入加速发展的快车道。

党的十八大以来，习近平总书记就我国科技事业发展多次发表重要讲话、作出重要指示批示，进一步明确我国科技事业发展的总体定位、战略要求和根本任务，为科技创新提供了根本遵循和行动指南。以习近平总书记为核心的党中央深入总结我国科技事业发展实践，观察大势，谋划全局，深化改革，全面发力，科学擘画建设科技强国的宏伟蓝图，作出一系列重大决策，深入实施创新驱动发展战略，加快推进创新型国家建设和科技强国建设，全面塑造了我国科技事业面向未来发展的新格局。

二、我国科技事业取得历史性成就、发生历史性变革

新中国成立70年来，特别是党的十八大以来，我国科技事业取得了举世瞩目的发展成就，科技创新整体上呈现加速从量的积累向质的飞跃提升、从点的突破向系统能力提升的态势，展现出巨大发展潜力，具备了从科技大国加速向科技强国迈进的基础和条件。

整体科技实力显著增强。2018年，我国研究与试验发展经费支出达到19 657亿元，与国内生产总值之比达到2.18%。截至2018年底，我国高水平国际科技论文连续11年位居世界第二位，占全球总数的20%。在自然指数排名中，中国科学院连续8年位居全球科研教育机构首位。我国拥有门类最为齐全的工业体系，2010年起高技术产品出口额就位居世界第一，国内发明专利申请量也位居世界第一。从国家整体科技实力和竞争力来看，在国际上几个最有影响的评价报告中，我国总体上的排名已处于发展中国家前列。

自主创新能力大幅提升。我国在一些重要领域和方向取得一大批重大

原创成果，如量子密钥分发、铁基超导、中微子研究、干细胞研究、克隆猴、系列空间科学实验卫星等，有的已经与世界先进水平处于并行阶段，有的甚至开始领跑，化学、材料科学、工程科学等学科整体水平位居世界前列。载人航天、探月工程、北斗导航、载人深潜、大型客机、国产航母等一大批重大创新成就，使我国在事关国家全局和长远发展的科技战略制高点上占据了主动。高速铁路、5G 移动通信、超级计算、特高压输变电等都处于世界领先水平，语音识别、新能源汽车、第三代核电等也进入世界前列。我国还涌现出一批具有世界影响力的高科技企业，为我国全面参与未来全球经济和科技竞争合作奠定了良好基础。

人才队伍和科技发展基础更加坚实雄厚。高水平创新队伍是我国科技创新加速发展的关键。2018 年，我国研发人员总量达到 418 万人，位居世界第一；高等教育在学总规模 3833 万人，在学博士研究生 39 万人，在学硕士研究生 234 万人，也位居世界第一。我国已建成运行 29 个具有国际先进水平的大科学装置，其中 18 个由中国科学院运行管理，包括 500 米口径球面射电望远镜（FAST）、散裂中子源、P4 实验室、上海光源、全超导托卡马克核聚变实验装置等，这批国之重器将为我国重大基础前沿研究和高技术创新提供有力技术和平台支撑。

三、坚定不移走中国特色自主创新道路

新中国成立 70 年来，我国立足国情和科技创新实践，充分学习借鉴先进经验，走出一条具有中国特色，符合创新发展、人才成长、科技管理规律的自主创新道路。这是我国科技事业取得历史性成就、发生历史性变革的重要原因，也是我国科技事业发展的宝贵经验。

充分发挥集中力量办大事的制度优势。集中科技资源开展大协作、大攻关，这是新中国科技事业快速发展的一个重要法宝。新中国成立后，党中央统一领导、统筹部署，26 个部委、20 多个省区市、1000 多家单位的精兵强将和优势力量大力协同，在较短时间内就创造出自主研制“两弹一星”的奇迹，展现了攻克尖端科技难关的伟大创造力量。党的十八大以来，新型举国体制不断深化发展，一大批重大科技攻关任务、全方位的产学研

用合作和协同创新，在加快提升自主创新能力、有效满足国家重大战略需求、解决“卡脖子”问题等方面发挥了关键作用。

不断发展完善中国特色国家创新体系。从“五路大军”到“五大体系”，中国特色国家创新体系的形成和发展，既体现了历史必然性，也适应了时代要求。中国科学院作为国家创新体系的骨干力量，不断探索科研院所、学部、教育机构“三位一体”的发展架构和独具特色的科教融合新模式。新时代，党中央作出一系列新的战略安排。从对中国科学院提出“三个面向”“四个率先”要求，到以国家实验室为引领加快建设国家战略科技力量，再到以北京、上海、粤港澳大湾区科创中心为牵引，加快建设面向未来发展的国家科研战略布局，中国特色国家创新体系建设充分体现了新时代的发展要求，为坚定不移走中国特色自主创新道路提供了坚实的支撑。

不断改革探索独具特色的体制机制。进行一系列具有开拓性的改革探索，逐步建立一整套适应社会主义市场经济发展要求的科技体制机制，是坚定不移走中国特色自主创新道路的重要保障。1985年以来，“三元结构”分配制度、竞争择优的科研资助体系、多层次人才培养体系等一系列独具特色、行之有效的改革举措，充分激发了全社会的创新活力。党的十八大以来，科技体制改革不断深化，科技计划体系、科研项目和科研经费管理改革、科技成果转化“三权”改革等赋予科学家和科研院所更大自主权，其力度之大、含金量之高前所未有，为我国科技事业发展注入更强劲的动力。

四、全面开创新时代科技事业发展新局面

经过新中国成立70年来的快速发展，我国科技创新正处在实现战略性转变的关键时期。当前，新一轮科技革命将引发科技创新范式的变革和全球创新格局的重构，同时我国经济高质量发展对自主创新能力提出了更高要求。这既为我国科技创新带来新的战略机遇，也提出了新的严峻挑战。站在新的历史起点上，我国科技界要以习近平新时代中国特色社会主义思想为指导，不断开创我国科技事业发展新局面。

新中国成立以来，几代科技工作者把爱国之情、报国之志融入新中国

科技创新的伟大事业中，把国家需要和人民福祉置于个人利益之上，不懈追求、接续奋斗，攻克了一个又一个难关，创造了一个又一个奇迹，塑造出以“两弹一星”精神、载人航天精神为代表的爱国奋斗精神，集中体现了我国知识分子的崇高精神和优秀品格，激励一代又一代科技人才开拓创新、奋勇前行。党的十九大对我国科技创新作出全面部署，强调创新是引领发展的第一动力，是建设现代化经济体系的战略支撑。我国明确了建设科技强国的战略，即到2020年进入创新型国家行列；到2035年跻身创新型国家前列；到2050年建成世界科技强国，成为世界主要科学中心和创新高地。围绕这一系列宏伟目标，从战略布局、发展路径、攻坚任务、体制机制改革等方面作出顶层设计和战略部署，为我国科技事业发展指明了方向。广大科技工作者要发扬老一辈科学家的优良传统，自觉担负起建设创新型国家和世界科技强国的光荣使命，勇挑时代重担，勇做创新先锋，书写新时代科技创新的新篇章，为实现“两个一百年”奋斗目标和中华民族伟大复兴的中国梦作出积极贡献。

（本文刊发于2019年7月10日《人民日报》，收入本书时略作修改）

前　言

当前，世界已经进入以科技创新为主题和主导的发展新时代，新一轮科技变革与产业革命正加速演进；科技发展呈现出显著的新特点和新规律，表现在多科技领域交叉融合、集群突破、系统集成的规律，新一轮科技变革和产业革命呈现出信息、生命、材料、能源、空间等多科学与技术领域创新并发、科技突破群发涌现和汇聚融合等特点；经济社会发展需求是科技创新发展的关键动力源，科学发现、技术发明和产业发展日益呈现一体化发展态势，世界格局、产业组织形态和生产生活方式等正在发生重大深刻变化。

我国至2050年要建成世界科技强国，就必须对人类未来知识体系的发展和建构做出重大科学发现和原创性贡献。科学作为技术的源泉和先导，作为现代人类文明的基石，其发展已成为政府和全社会共同关注的焦点议题之一。习近平总书记在2018年5月28日召开的两院院士大会上指出，广大科技工作者要“把握大势、抢占先机，直面问题、迎难而上，瞄准世界科技前沿，引领科技发展方向，肩负起历史赋予的重任，勇做新时代科技创新的排头兵，努力建设世界科技强国。”① 因此，准确把握全球科技创新竞争发展态势并作出适当的决策就显得至关重要。

中国科学院作为我国科学技术方面的最高学术机构和国家高端科技智库，有责任也有义务向国家最高决策层和社会全面系统地报告世界和中国科学的发展情况。这有助于把握世界科学技术的整体竞争发展态势和趋势，对科学技术与经济社会的未来发展进行前瞻性思考和布局，促进和提高国家发展决策的科学化水平；同时也有助于先进科学文化的传播和提高全民族的科学素养。1997年9月，中国科学院决定发布年度系列报告《科学发展报告》，按年度连续全景式综述分析国际科学研究进展与发展趋势，评述

① 新华网．两院院士大会开幕 习近平发表重要讲话．2018-05-02. http：//www.xinhuanet.com/2018-05/28/c_1122899992.htm［2019-12-10］.

科学前沿动态与重大科学问题，报道介绍我国科学家取得的代表性突破性科研成果，系统介绍科学发展和应用在我国实施“科教兴国”与“可持续发展”战略中所起的关键作用，并向国家提出有关中国科学的发展战略和政策建议，特别是向全国人大和全国政协会议提供科学发展的背景材料，供国家制定促进科学发展的宏观决策参考。随着国家全面建设创新型国家和推进科技强国建设，《科学发展报告》将致力于连续系统揭示国际科学发展态势和我国科学发展状况，服务国家促进科学发展的宏观决策。

从1997年开始，《科学发展报告》采取了报告框架相对稳定的逻辑结构，以期连续反映国际科学发展的整体态势和总体趋势，以及我国科学发展的状态和水平在其中的位置。为了进一步提高《科学发展报告》的科学性、前沿性、系统性和指导性等，2015年课题组对报告进行了升级改版，重点是增加了“科技领域发展观察”栏目，以期更系统、全面地观察和揭示国际重要科学领域的研究进展、发展战略和研究布局。

《2019科学发展报告》是该系列报告的第22部，主要包括科学展望、科学前沿、2018年中国科研代表性成果、科技领域发展观察、中国科学发展概览和中国科学发展建议等六大部分。受篇幅所限，报告所呈现的内容不一定能体现科学发展的全貌，重点是从当年受关注度最高的科学前沿领域和中外科学家所取得的重大成果中，择要进行介绍与评述。

本报告的撰写与出版是在中国科学院白春礼院长的关心和指导下完成的，得到了中国科学院发展规划局、中国科学院学部工作局的直接指导和支持。中国科学院科技战略咨询研究院承担本报告的组织、研究与撰写工作。丁仲礼、杨福愉、解思深、陈凯先、姚建年、郭雷、曹效业、汪克强、潘教峰、夏建白、邹振隆、聂玉昕、沈电洪、吴学兵、习复、王东、叶成、刘国诠、李喜先、吴善超、龚旭、张利华、黄大昉、黄有国、章静波、张树庸、杨茂君、张正斌、刘力、肖卫忠、吕厚远、吴乃琴、顾兆炎、刘文彬等专家参与了本年度报告的咨询与审稿工作，中国科学院发展规划局战略研究处甘泉处长和蒋芳同志、学部工作局咨询与科普教育处陈光副处长对本报告的工作也给予了帮助。在此一并致以衷心感谢。

中国科学院《科学发展报告》课题组

目　录

CONTENTS

第一章

科学展望

An Outlook on Science

1.1 二维材料研究进展及展望

刘碧录[1] 成会明[1,2]

（1. 清华大学，深圳盖姆石墨烯中心，清华-伯克利深圳学院/
清华大学深圳国际研究生院
2. 中国科学院金属研究所，沈阳材料科学国家研究中心）

一、前　　言

二维材料（two-dimensional materials）指的是横向尺寸足够大而厚度足够薄的材料。在二维材料中，电子等粒子和声子等准粒子仅可在 x 和 y 两个维度的平面内自由运动，而在 z 方向被局限在一到数纳米的范围内，二维材料中的电子态、声子态和其他元激发过程以及它们之间的相互作用与体相物质截然不同，这导致其具有与传统材料很不相同的物性。在石墨烯被发现之前，二维纳米结构主要是指半导体材料如Ⅲ-Ⅴ族半导体材料的二维量子阱。此类结构通常由分子束外延（molecule beam epitaxy）方法生长，通过选择晶格匹配的两种化合物半导体材料，控制外延层的厚度在纳米量级进而获得。事实上，自 20 世纪 90 年代以来，科学家们已经在二维量子阱体系中进行了大量研究，不过所研究的二维量子阱是附着在生长基底上，而非自由悬浮的。2004 年，英国曼彻斯特大学 Andre Geim 实验室使用粘胶带剥离石墨的方法，成功获得了单层石墨，即石墨烯，并研究了其场效应特性，进而真正揭开了全面研究二维材料的序幕[1]。在此之后，包括 Geim 实验室在内的多个实验室，使用类似的粘胶带剥离方法或生长的方法，制备出各种各样的二维材料，包括六方氮化硼（hexagonal boron nitride）、二硫化钼（MoS_2）等过渡金属硫族化合物、石墨炔、金属氧化物、金属氮化物、金属碳化物、黑磷烯、硅烯等，进而构成了种类多样、性质丰富的二维材料大家庭，开创了二维材料这一前沿研究领域[2]。Andre Geim 及其学生 Konstantin Novoselov 也因其在“二维材料石墨烯方面的开创性实验”（groundbreaking experiments regarding the two-dimensional material graphene）而分享了 2010 年诺贝尔物理学奖。

二维材料具有独特的结构和性质。首先，从尺寸上讲，二维材料的横向尺寸通常在100nm以上、可达到厘米甚至米量级，而其厚度通常在10nm以下、甚至薄至只有一层原子（约0.4nm）。其次，从化学键的角度来看，二维材料的面内通常为强的共价键、离子键或金属键，而层间则为弱的范德华力或静电作用力等，这导致层状块体材料容易沿着平行于层面的方向解理，进而形成薄层二维材料——即使用简单的粘胶带剥离法就能够制备出石墨烯等二维材料的原理。值得注意的是，许多二维材料，如石墨烯、六方氮化硼、部分过渡金属硫族化合物，其表面没有悬挂键和表面电子态，因而即使在单原子层厚度的极限下，也是稳定的，这为研究其基本物性与应用奠定了基础。再次，从凝聚态物理的角度来看，二维材料中的电子等粒子和声子等准粒子被限制在极薄的厚度空间内，呈现出与体相三维材料截然不同的电学、光学、磁学、热学等性质。最后，二维材料由于大部分原子位于表面，具有很大的比表面积，这为化学反应提供了众多的活性位点，因此二维材料对各类刺激具备非常灵敏的响应。

二维材料具有异常丰富的种类和物性。目前理论研究预测的二维材料达数千种，实验中研究过的二维材料也达百种。从化学成分来讲，二维材料包括单质类（如石墨烯、石墨炔、硼烯、硅烯、黑磷烯、碲烯等）、化合物类（如六方氮化硼、过渡金属硫族化合物、金属氧化物、金属氮化物、金属碳化物、多元材料等）。从物性来讲，二维材料涵盖了金属性、具有各种带隙宽度的半导体性、绝缘体性等物性，同时也呈现出新奇的物性，包括超导电性、电荷密度波、自旋密度波等物性。此外，不同二维材料可以横向拼接或纵向堆叠，构建出横向异质结（lateral heterostructures）或垂直异质结（vertical heterostructures）。即使对同一种二维材料，也可以通过物相结构的调控，构建同质异相结；抑或通过垂直方向堆叠（扭转）角度的调控，构建具有不同物性的摩尔超晶格。故而二维材料家庭呈现出异常丰富多彩的材料体系种类和物性（图1）。

二维材料具有广阔的应用前景。正是由于二维材料具有超薄稳定结构、种类和物性丰富、比表面积大等特点，研究人员已经构建了二维材料电子器件（如晶体管、忆阻器件、电子电路、柔性器件等）、光电器件（如光电检测器、发光二极管、太阳能电池、电致发光器件、光致发光器件等）、传感器件（如基于电学和光学信号的化学、生物、气体、力学传感器等）、能源器件（包括能源存储器件、能源转化器件等）。由于二维材料具有良好的力学性能及透光性能，其在透明、柔性、可穿戴电子与光电器件中具有独特的优势和应用前景。此外，在二维材料功能涂层（如腐蚀防护、高效换热、电磁屏蔽等）、复合材料（电学、力学、热学）等方向的研究活动也非常活跃。从最初的石墨烯到二维原子晶体，再到种类繁多的无机二维材料、有机二维材料、二维杂化材料等，该领域的学科内涵在不断拓展，相关进展日新月异。本文将从二维材料的基础物性、制备方法和技术、各种应用探索等方面，总结部分重大研究进展，并对未来的发展方向做一展望。

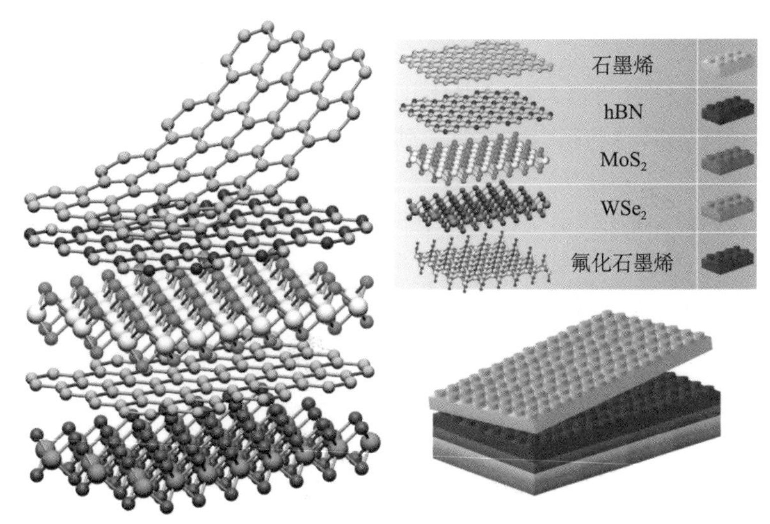

图 1 丰富多样的二维材料及其异质结[3]

二、二维材料的研究进展

1. 基础物性

研究人员在石墨烯等二维材料中发现了一系列新颖物性。在电学方面，石墨烯具有无质量狄拉克费米子行为，整数、半整数及分数量子霍尔效应，后来发现黑磷、MoS_2等二维材料也具有量子霍尔效应[4]。此外，在二维 Bi_2O_2Se 等材料中观测到了 SdH 振荡现象[5]。而且，研究人员利用二维材料中的强电荷密度波作用，通过电场调控载流子浓度，实现了金属-绝缘体相变（metal-insulator transition）；在低温下发现了二维材料载流子的跳跃输运（hopping transport）等。在磁学方面，二维磁性半导体、二维铁磁性材料的探索和测量也取得了重要进展。在光学方面，由于过渡金属硫族化合物等二维材料具有大的自旋-轨道耦合作用和能级劈裂，研究人员在此类材料的自旋（spin）、能谷（valley）以及激子（exciton）、三激子（trion）、双激子（biexciton）等激子行为的研究等方面取得了大量进展[6]。此外，在二维材料的垂直异质结体系中也发现了诸多新奇物性，如两片具有特定扭转角度的单层石墨烯构成的结构，即魔角石墨烯，是一个超导体系，进而在物理学和电子器件领域开创了一个新的研究方向，即转角电子学（twistronics）[7]。

2. 制备方法与技术

低维材料可以分为三类，即零维（0D）材料（包括纳米颗粒、量子点、富勒烯等）、一维（1D）材料（包括碳纳米管、其他材料纳米管、纳米线、纳米棒等）、二维材料。“自下而上”生长的方法，可以用来制备所有这三类低维材料（图2）。但对二维材料而言，还可以使用“自上而下”剥离的方法——即从层状块体材料出发、通过克服其层间作用力的方式制备二维材料，事实上Geim等2004年首次获得石墨烯时所采用的粘胶带剥离石墨即属于此类方法。可以“自上而下”剥离制备这一特色，为二维材料的规模化制备提供了更多选择。目前二维材料制备领域的主要关注点是四个方面：①高质量大尺寸单晶的制备；②大面积、均匀连续薄膜的制备；③低成本规模化制备；④异质结的可控制备。

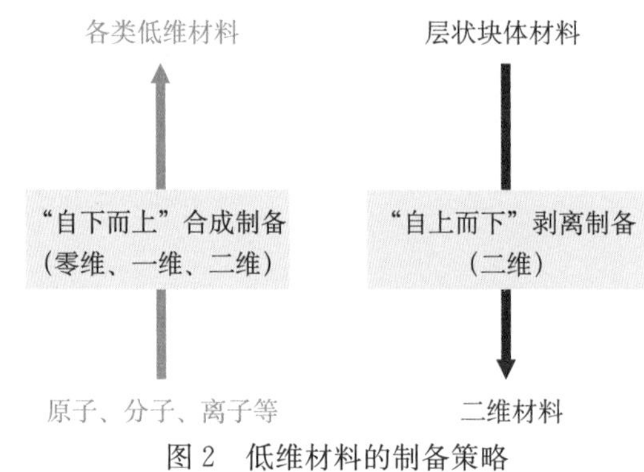

图2　低维材料的制备策略

零维、一维和二维材料均可通过“自下而上”制备策略而获得；
而对于二维材料，还可以采用“自上而下”剥离策略来制备

在高质量大尺寸单晶二维材料的制备方面，化学气相沉积（chemical vapor deposition，CVD）及类似原理的气相沉积法是目前最重要的方法[8]。在过去的十多年中，研究人员在催化剂和生长基底的调控、反应前驱体的选择、反应参数的优化等方面，取得了大量令人瞩目的成果。如韩国和美国研究人员报道了厘米尺寸石墨烯单晶的制备，北京大学研究人员报道了在单晶Cu(111)表面制备出米量级石墨烯[9]，北京石墨烯研究院已能批量制备晶圆尺寸的石墨烯单晶；北京大学和韩国成均馆大学的研究人员报道了厘米级六方氮化硼单晶的制备[10,11]。中国科学院金属研究所的研究人员报道了毫米级 WS_2 等过渡金属硫化物单晶的制备[12]，韩国成均馆大学的研究人员报道了英寸（in）级过渡金属硫族化合物的制备[11]；北京大学和清华大学的研究人员报道了毫米量级二维 Bi_2O_2Se 单晶的制备等[5,13]。目前有两种制备二维材料大尺寸单晶的思

路。其一是降低成核密度，以确保每一个核有足够的空间和原料供给，进而生长为大尺寸的单晶材料，具体方法包括局域化源供给、通过反应物前驱体浓度调控成核密度、通过基底表面性质调控源浓度和成核密度等[14]；其二是控制使每个二维材料的核取向平行，进而当不同的核生长至足够大并碰在一起时，可以无缝拼接成为二维单晶材料，具体方法包括使用与二维材料具有外延关系的单晶作为生长衬底等[10,11]。基于单晶二维材料，研究人员构建了电子器件（场效应晶体管、电子电路、基于电信号的各类传感器件）、光电器件（光电检测器、透明导电薄膜等）。

在大面积均匀连续薄膜的制备方面，CVD 及其类似的方法，包括原子层沉积（atomic layer deposition，ALD）技术、金属薄膜转化法等，也是目前最重要的一类方法。此类二维材料一般是多晶，其面积可以很大。如早在 2010 年，韩国科学家就报道了 30in 多晶石墨烯薄膜的制备和转移[15]。在过渡金属硫族化合物方面，目前可以制备出数 in 大小的连续薄膜。值得注意的是，如何把连续薄膜从生长基底上无损、快速、高保真度地转移至目标基底上，是其诸多应用的一个前提。

除以上通过 CVD 及类似方法、以“自下而上”的策略生长制备二维材料单晶和连续薄膜外，以“自上而下”的策略剥离制备二维材料是二维材料制备的另一大类方法，且更容易实现其规模化制备。该方法以层状材料为原料，通过减弱或克服其较弱的层间相互作用力，进而实现其由层状块体材料到二维材料的转化[16]。该方法分两大类：一是化学剥离，即通过在层状材料层间插入分子、原子、离子，辅之以氧化、超声等方式，弱化层间作用力，进而将层状材料剥离为二维材料；二是物理剥离：即以球磨、研磨、超声等方式，通过施加机械力，当其平行于片层方向的分量大于层状材料的层与层相互作用力时，即可实现剥离。目前国内外已有多家公司实现了石墨烯和氧化石墨烯的大规模生产。清华大学的研究人员发展了一种力传输剂辅助研磨剥离规模化生产制备二维材料的新技术（inter mediate-assisted grinding exfoliation，iMAGE），可以高效制备石墨烯、六方氮化硼、MoS_2 等过渡金属硫族化合物、黑磷等各类二维材料，普适性好。所得二维材料的厚度约为 10 层、横向尺寸约为 1μm，尺寸/厚度比为 100 左右，具备生产吨级二维材料的能力[17]。

除单一维、二维材料的制备之外，研究人员在二维材料横向和垂直异质结的制备方面也取得了大量进展。如通过多步或一步 CVD 法，制备出石墨烯-六方氮化硼、不同成分过渡金属硫族化合物（如 MoS_2-WS_2）、相同成分不同物相的过渡金属硫族化合物（同质异相结，如 2H 相 MoS_2-1T 相 MoS_2）异质结等[18]。此外，通过 CVD 生长方法和剥离组装方法等，可制备出种类和性质极其丰富的垂直异质结，其中构成异质结的材料种类涵盖了各类二维材料、单个二维材料的厚度为单层至数十层、单个垂直异质结体系可由两类及多类二维材料组成等。值得注意的是，剥离组装的方法只可用于制备垂直异质结，而无法制备横向异质结。

3. 电子与光电器件应用

二维材料在电子与光电器件领域具有如下独特优势。第一，其超薄的厚度提供了非常灵敏的静电调制能力，进而仅需很小的栅电压即可实现开关功能。第二，传统硅基半导体器件中的短沟道效应在二维材料中较弱。第三，部分二维材料具有较强的物质-光相互作用，进而可用作光电探测。第四，二维材料具有良好的柔性，可以拉伸、压缩、弯曲、扭曲，进而可用于构建柔性电子及光电器件。第五，由于二维材料通常没有表面悬挂键，故而可以将其放置在任意基底上，这极大地增加了器件的应用场合。使用CVD法制备的石墨烯制作而成的场效应晶体管，具有大于100 000$cm^2/(V\cdot s)$的电子迁移率，不过由石墨烯零带隙的特征，石墨烯晶体管器件的电流开关比通常较小（1～100）。与之相反，过渡金属硫族化合物二维材料的器件迁移率通常低于300$cm^2/(V\cdot s)$，但开关比非常高（可达10^8～10^{10}）。在电子器件领域中，人们通过使用不同功函数的金属电极、隧穿层、同质异相接触、以石墨烯为电极、边缘接触、接触区简并掺杂、新的电极制备工艺（如转移电极，而非传统的蒸镀电极）等方式，改变了半导体和金属电极之间的接触类型并减小了接触电阻。研究人员通过界面工程、介电层材料的选取等，也在载流子迁移率提升等方面取得了长足进展。此外，可控制备二维材料p型和n型晶体管，是构建二维材料电子电路的前提。可通过化学掺杂、晶格掺杂、合金化等方式调控二维材料中的载流子类型。通过构筑具有不同载流子的二维同质/异质结构，研究人员实现了复杂逻辑电路的制备。而且，由于二维材料具有极大的比表面积及环境灵敏度，其在传感方面也表现出了优异的性能，如基于二维材料实现了单分子探测、气体分子和生物分子的高灵敏度探测等。在光电器件方面，因为二维材料具有不同的禁带宽度，故基于二维材料的紫外光、可见光、近红外光、中远红外光、太赫兹等电磁波的探测，也取得了长足进展。此外，二维材料柔性器件，包括晶体管、光电探测器件、各类传感器件、可穿戴器件的研究颇为活跃，以期在人体健康实时监测、环境监测等领域取得应用突破。最后，通过堆叠不同的二维材料制备成异质结构，在器件性能的提升或新型器件的构建等方面也取得了巨大进展，如基于异质结构的晶体管、逻辑单元、光电子器件、表面等离子体、存储器、忆阻器（memristor）等。

4. 能源器件应用

二维材料具有极大的比表面积、丰富的表面化学特性、表面活性位点多、暴露的晶面均匀可控等特点，在能源相关领域具有重要基础研究价值和应用前景，如能源存储、能源转化等。二维材料的结构简单明确，是研究各类化学反应机理的良好平台。此外，二维材料很薄，这有利于光生电荷的分离，进而可提升光催化和光电催化的效率。在能源存储方面，除二维材料自身作为活性物质外，二维材料还可以作为载体，担载其他活性材料；或者作为隔膜，选择性阻止离子电池中特定离子的穿梭进而提高器件寿命和循环性能等。在能源转化方面，基于石墨烯、缺陷石墨烯、掺杂石墨烯的热催化、电催化和光电催化研究较多。除石墨烯之外，MoS_2也是一种常见的电解水氢析出反应（hydrogen evolution reaction）电催化剂[19]。电解水析氢是未来工业上制备氢气这一清洁能源载体的重要技术。目前多采用贵金属铂、铱、钌及其化合物为催化剂，尽管性能颇佳，然而存在催化剂价格高、地壳储量稀少等局限性。近年来研究人员发现二维材料，特别是MoS_2中的边缘、硫空位、应变、相结构调控、钼单原子催化剂等，是其电解水析氢的活性位点。此外，过渡金属硫族化合物二维材料具有较强的光与物质相互作用，因此可作为太阳能电池的吸光层和载流子传输材料。

三、二维材料的发展展望

1. 二维材料的制备

在二维材料的制备方面，尽管已经取得了诸多重要进展，但依然面临重大挑战。首先是材料的质量问题。CVD等方法制备的石墨烯具有非常高的质量，这主要源于石墨烯的生长温度较高（800～1100℃），有利于形成高结晶度的高质量材料。但是，用该法制备的其他二维材料，如过渡金属硫族化合物，存在大量缺陷，包括单硫原子空位、双硫原子空位、金属原子空位、不可控掺杂与元素替代等单个原子或数个原子尺度上的缺陷，还存在诸如晶界等较大尺度的缺陷，这些缺陷的存在，往往会降低电子、声子、离子等在二维材料中的输运效率，不利于高性能器件的构建。简单通过提高生长温度的方法可能难以提高此类材料的质量，这是因为与石墨烯中强的碳-碳共价键相比，过渡金属硫族化合物中的金属-硫族原子之间的键合弱，过高的生长温度会使其断裂。如何理解生长机理、通过生长过程的原位调控和工艺优化，或通过“先生长后修复”等方法减少材料中的缺陷，是一个重要研究方向。近年来，研究表明，通过在生长过程中提高硫源的分压，或生长之后通过含硫分子处理MoS_2等过渡金属硫族化合物，可以修补部分硫空位浓度。除缺陷调控和质量提升外，如何实现二维材料的可控掺杂、物相调控、提升其环境稳定性、提高表面洁净性等，也是重要的研究方向[8]。

其次是二维材料的工业规模制备的问题。对于任何材料，低成本规模化制备是其产业化应用的前提。目前，只有石墨烯和氧化石墨烯薄片、石墨烯薄膜可以实现吨级或上万平方米级的制备，其他二维材料都难以实现如此大规模的制备。现有的二维材料薄片规模化制备方法基本是基于“自上而下”的剥离方法。将层状材料与助剂一起球磨是制备二维材料的一种有效方法，然而由于在球磨过程中球磨珠施加给层状材料的力的方向是随机的，故在减薄层状材料的同时容易将其破碎，所得材料片层较小、质量较低，且耗时、耗能。将层状材料在溶剂中超声处理、在液相中利用剪切力剥离、电化学插层剥离、熔融盐或碱金属插层剥离等是目前常用的剥离制备二维材料的方法，不过存在收率低、材料片层小、对材料种类和导电属性有特殊要求、制备过程存在安全隐患、成本高等缺点。发展更加高效、普适的方法，制备得到更大、更薄、缺陷可控、横向尺寸和厚度可控的二维材料，是该领域的重要挑战和未来发展机遇。值得注意的是，部分二维材料对应的层状块体材料是自然界中存在的矿物，如二硫化钼、黏土、云母等，此类层状材料的价格非常低廉且储量丰富，这为低成本、规模化制备二维材料提供了可能性。此外，通过梯度离心或其他筛分的方法，制备出材料结构和物性均匀的二维材料，进而促进其在各个领域的实际应用，是值得关注的发展重点。

再次是二维材料异质结的可控制备和界面优化的问题。最近几年，研究人员在二维材料异质结中发现了诸多新奇现象，并发现异质结材料具有比单一二维材料更好的器件性能。如在垂直异质结体系，置于六方氮化硼片层上的二维材料场效应晶体管具有更高的载流子迁移率，这源于六方氮化硼具有原子级平整的表面、无表面悬挂键和表面束缚态、对二维材料中载流子的散射小等特点。此类器件目前多使用胶带剥离的二维材料来构建，而CVD法生长的样品因其表面不洁净，故无法用于制备高界面质量异质结。如何提高垂直异质结的界面洁净程度（该问题在MoS_2等过渡金属硫族化合物中更为突出）、如何让横向异质结的结区更加平整以至达到原子级，是二维材料异质结制备的难题。此外，如何提高二维材料异质结制备的可重复性、一次性制备大量异质结，是另外一个发展重点。CVD制备二维材料是一个非常复杂的非平衡过程，涉及多种反应和中间产物。最近两年来，逐步有研究将机器学习和人工智能与CVD生长材料法相结合，通过将多次CVD生长的参数和结果反馈给机器学习系统，结合特定算法，预测和优化生长条件，提高制备的可重复性，这是值得关注的一个发展重点。

当然，除了以上材料制备方面面临的挑战外，发展自动化、无损、快速的转移方法，将二维材料从生长基底（一般为金属箔、硅片、蓝宝石等）转移至目标基底（如新的硅片、柔性塑料基底、任意曲率基底等）至关重要，需要研发人员的不懈努力。

2. 新型二维材料的制备及新奇物性的探索

如前所述，二维材料种类达数千种，但被深入了解的二维材料不足 20 种。因此，探索、制备和研究新型二维材料一直是该领域的一个发展重点，尤其是当其与某种独特的材料物性关联起来的时候。在这一方面，研究人员探索较多的是寻找高载流子迁移率的二维半导体材料，如黑磷烯、二维 Bi_2O_2Se、二维碲烯等。此外，目前大量研究的二维材料的带隙多处于可见光的长波长区域和近红外区域（波长约 560～1500nm，即能量约为 0.8～2.2eV）。寻找和研究带隙处于紫外光、蓝光或中远红外光区域（大于 2μm）的二维材料，将有利于构建基于二维材料的全波段光学和光电器件。

在新奇物性研究方面，以魔角石墨烯为代表的二维材料垂直异质结，以及由此发展出的转角电子学已成为重要的研究方向，目前关于转角对材料中电子、声子、激子的影响及其与转角大小的关系的内在机理等的理解还颇为肤浅。其次，探究室温磁性二维半导体材料及其在电场、磁场、光场效应下的行为也是一个研究前沿，这对于探究新型器件，如自旋电子（spintronics）器件等具有重要意义。在输运研究方面，目前大部分研究是基于电子、声子、离子等在二维材料面内的输运行为，近年来关于物质在垂直二维材料方向的输运行为，包括垂直隧穿型场效应晶体管（tunneling field effect transistor），以及分子、原子、亚原子物质在穿透二维材料层面时的行为等，正逐渐进入人们视野。此类研究在分子、气体、化学物质、同位素、离子等物质的输运与分离方面，具有重大应用前景（图 3）[20,21]。

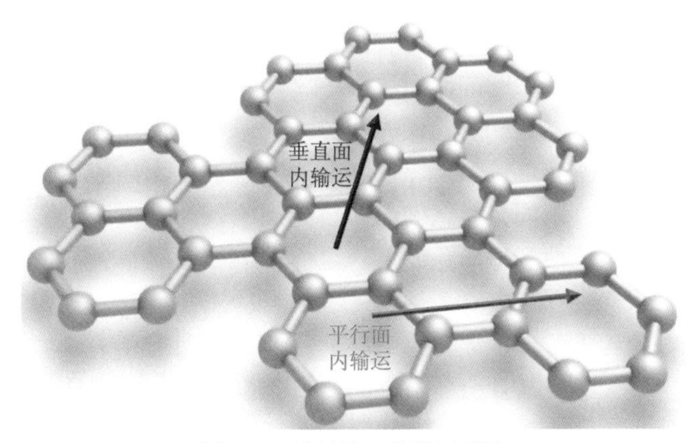

图 3 二维材料中的输运行为

包括平行面内输运和垂直面内输运，其中输运物质包括分子、原子、离子、质子、电子、激子、声子等

3. 器件性能的提升与新应用拓展

在二维材料的应用方面，如何实现大规模低成本和可控加工制备、提升相关器件的性能、找到其不可替代的独特应用领域，尚是难题。目前基于二维材料的电子器件尚不能与硅基器件竞争，究其原因，一是性能无明显优势，二是材料和电路的可控和可重复制备不成熟，这是未来需要重点发展的方向。与传统硅基器件相比，基于二维材料的新原理和特定场合应用器件，包括铁电场效应晶体管、负电容场效应晶体管、忆阻器、隧穿器件、柔性可穿戴器件、传感器件等，具有一定的优势及应用前景。此外，二维材料在中远红外、弱光探测等方面具备一定优势，其关键是如何提高器件的均匀一致性。在能源器件应用方面，需要首先实现二维材料的规模化制备，并且能有效控制其性质（包括尺寸、厚度、官能团等）。此外，部分二维材料具有强的自旋-轨道耦合作用、激子效应和能谷效应，故基于二维材料的新物性探索和新原理器件应用，如自旋电子学、能谷电子学、新颖光学器件等，将是未来发展的重要方向。

四、结　语

自2004年二维材料的研究揭开序幕以来，相关进展极其繁多，领域发展极其迅速，本文难以涵盖该领域的全面进展，而仅从二维材料的基本概念和材料结构、新奇物性、制备、电子与能源器件应用、新原理器件和新现象等方面简要介绍了这一领域近年的重大进展。总体而言，目前英国、美国、中国、韩国等国家处于该领域研究的全球第一方队。我国在二维材料的控制制备、新型二维材料的探索与发现、新奇物性的预测和测试方面，具有一定的优势。我国在石墨烯电子与光电器件方面的起步相对较晚、相关成果较少，但在后续的非石墨烯二维材料（如过渡金属硫族化合物、黑磷烯等）器件相关应用方面具有一定的领先优势。在产业化应用方面，我国在石墨烯的规模化制备及其在储能、光电、功能涂层、导热散热等方面的应用开发如火如荼，处于国际引领地位。不过，不同企业之间的同质化现象较为严重，需要国家从宏观上统筹协调、考虑规划的整体性和差异化发展。目前整个二维材料领域依然处于快速发展阶段，预期在未来的5～10年，石墨烯及二维材料的制备科学与技术将更趋成熟，其在柔性电子、光电、各类传感、能源存储与转化、热管理等相关领域的应用有望取得实质性突破，产生重大经济和社会效益。此外，二维材料及其异质结体系会涌现出更多的新奇物理现象，进而推动凝聚态物理、材料科学、化学、电子学和信息科学等学科领域的发展。

参考文献

[1] Novoselov K S, Geim A K, Morozov S V, et al. Electric field effect in atomically thin carbon films. Science, 2004, 306(5296): 666-669.

[2] Novoselov K S, Jiang D, Schedin F, et al. Two-dimensional atomic crystals. PNAS, 2005, 102(30): 10451-10453.

[3] Geim A K, Grigorieva I V. Van der Waals heterostructures. Nature, 2013, 499(7459): 419-425.

[4] Li L, Yu Y, Ye G, et al. Black phosphorus field-effect transistors. Nat Nanotechnol, 2014, 9(5): 372-377.

[5] Wu J X, Yuan H T, Meng M M, et al. High electron mobility and quantum oscillations in non-encapsulated ultrathin semiconducting Bi_2O_2Se. Nat Nanotechnol, 2017, 12: 530-534.

[6] You Y, Zhang X X, Berkelbach T C, et al. Observation of biexcitons in monolayer WSe_2. Nat Phys, 2015, 11(6): 477-481.

[7] Cao Y, Fatemi V, Fang S, et al. Unconventional superconductivity in magic-angle graphene superlattices. Nature, 2018, 556: 43-50.

[8] Cai Z Y, Liu B L, Zou X L, et al. Chemical vapor deposition growth and applications of two-dimensional materials and their heterostructures. Chemical Reviews, 2018, 118(13): 6091-6133.

[9] Xu X Z, Zhang Z H, Dong J C, et al. Ultrafast epitaxial growth of metre-sized single-crystal graphene on industrial Cu foil. Sci Bull, 2017, 62(15): 1074-1080.

[10] Wang L, Xu X Z, Zhang L, et al. Epitaxial growth of a 100-square-centimetre single-crystal hexagonal boron nitride monolayer on copper. Nature, 2019, 570: 91-95.

[11] Lee J S, Choi S H, Yun S J, et al. Wafer-scale single-crystal hexagonal boron nitride film via self-collimated grain formation. Science, 2018, 362: 817-821.

[12] Gao Y, Liu Z, Sun D M, et al. Large-area synthesis of high-quality and uniform monolayer WS_2 on reusable Au foils. Nat Commun, 2015, 6: 8569.

[13] Khan U, Luo Y T, Tang L, et al. Controlled vapor-solid deposition of millimeter-size single crystal 2D Bi_2O_2Se for high-performance phototransistors. Advanced Functional Materials, 2019, 29(14): 1807979.

[14] Wu T, Zhang X, Yuan Q., et al. Fast growth of inch-sized single-crystalline graphene from a controlled single nucleus on Cu-Ni alloys. Nat Mater, 2016, 15: 43-47.

[15] Bae S, Kim H, Lee Y, et al. Roll-to-roll production of 30-inch graphene films for transparent electrodes. Nat Nanotechnol, 2010, 5(8): 574-578.

[16] Cai X K, Luo Y T, Liu B L, et al. Preparation of 2D material dispersions and their applications. Chem Soc Rev, 2018, 47: 6224-6266.

[17] Zhang C, Tan J Y, Pan Y K, et al. Mass Production of Two-Dimensional Materials by Intermediate-Assisted Grinding Exfoliation. National Science Review, 2020, DOI: https://doi.org/10.

1093/nsr/nwz156.
[18] Liu Z, Ma L, Shi G, et al. In-plane heterostructures of graphene and hexagonal boron nitride with controlled domain sizes. Nat Nanotechnol, 2013, 8(2): 119-124.
[19] Luo Y T, Tang L, Khan U, et al. Morphology and surface chemistry engineering for pH-universal catalysts toward hydrogen evolution at large current density. Nat Commun, 2019, 10: 269.
[20] Joshi R K, Carbone P, Wang F C, et al. Precise and ultrafast molecular sieving through graphene oxide membranes. Science, 2014, 343(6172): 752-754.
[21] Hu S, Lozada-Hidalgo M, Wang F C, et al. Proton transport through one-atom-thick crystals. Nature, 2014, 516(7530): 227-230.

Recent Progress and Prospect of Two-Dimensional Materials

Liu Bilu, Cheng Huiming

Graphene and two-dimensional (2D) materials are a big family of materials with versatile properties, showing great potential for use in high performance, new working principle, and multifunctional devices and systems. In this article, we first introduce fundamental concepts and structural features of 2D materials. Second, we highlight major advances in the explorations of novel phenomena, fabrication methods, electronic and optoelectronic devices, energy devices, as well as new working principle devices of these 2D materials and their heterostructures. Finally, we discuss current challenges, future opportunities and research directions in this important field.

1.2 宽禁带半导体发光学的发展现状与展望

申德振
（发光学及应用国家重点实验室，
中国科学院长春光学精密机械与物理研究所）

一、引 言

宽禁带半导体发光学是近年来由半导体学、发光学、光电子学、微电子学、信息技术等学科相互渗透和融合交叉形成的前沿研究方向，主要针对宽禁带半导体材料与光电器件的激发态过程（载流子的产生、复合和分离等）及其应用（照明与显示、光电探测等）开展研究。宽禁带半导体材料凭借着优异的光学和光电性能，在短波发光/激光、探测等光电子器件领域展现出巨大的发展潜力和应用前景，不仅在生化探测、杀菌消毒、精密光刻、聚合物固化、紫外告警、环境监测、非视距通信及白光照明等领域有重大应用价值，还可实现高精密激光冷加工，从而有望引起加工领域的革命。

经过几十年的快速发展，氮化镓（GaN）、氧化锌（ZnO）、碳化硅（SiC）、氧化镓（Ga_2O_3）、金刚石和钙钛矿等宽禁带半导体材料在紫外发光/激光、探测等光电子器件的研究和应用上取得了巨大的进展，尤其是 GaN 基蓝光发光二极管（LED）的发明引起了人类照明光源的又一次革命，日本科学家赤崎勇（I. Akasaki）、天野浩（H. Amano）和美籍日裔科学家中村修二（S. Nakamura）也因该工作获得了 2014 年诺贝尔物理学奖。除 GaN 基材料外，ZnO 被认为是发展短波长光电子器件的另一个最佳优选材料，其激子结合能高达 60meV，有望用来发展激子型紫外激光器，应用前景和经济价值巨大。同时，ZnO 和 Ga_2O_3 等宽禁带氧化物半导体以及 SiC、GaN 在紫外光电探测领域也展现出了优异的性能和诱人的应用前景。经过多年发展，宽禁带半导体发光学已发展成为一个多学科交叉，对国民经济和国家安全等领域都具有重要价值和核心作用的研究方向。

二、宽禁带半导体发光学的研究进展

近年来，科学家针对GaN、ZnO、SiC、Ga_2O_3、金刚石和钙钛矿等宽禁带半导体材料开展了深入的研究，并在紫外发光、激光和探测器件的研制和应用上取得了巨大的进展，下面根据材料种类分别阐述其研究现状和存在的主要问题。

1. 以GaN为代表的Ⅲ族氮化物宽禁带半导体材料及其紫外发光和激光器件

1972年，第一只GaN的蓝光金属-绝缘体-半导体发光二极管（MIS-LED）面世。但由于背景载流子浓度很高，p型掺杂仍十分困难[1]。1989年赤崎勇等人用低能电子辐照使镁（Mg）掺杂GaN转变为p型[2]。1992年，中村修二利用热退火的方法，得到实用化的p-GaN[3]。自从GaN材料解决了高质量材料生长及其p型掺杂两个重大基本问题之后，GaN基LED性能开始飞速提升。2005年底，美国科锐公司研制的GaN基LED光效达到100lm/W，超过了当时绝大多数光源的效率[4]。2010年，日本日亚公司报道了光效达到249lm/W的白光LED[5]。2014年，赤崎勇、天野浩和中村修二因在蓝光LED及半导体照明领域的贡献获得了诺贝尔物理学奖。在半导体紫外激光方面，2019年日本旭化成株式会社打破了滨松光子学株式会社保持了11年的336nm的纪录，将半导体紫外激光二极管的波长推进到271.8nm[6]。我国在GaN基蓝光/紫外LED芯片的研发上起步较晚，但发展速度较快。自2008年开始，相应专利数量以每年近百件的速度增加。硅（Si）衬底上制备蓝光LED的关键技术成果，荣获国家技术发明奖一等奖，打破了日本蓝宝石衬底、美国碳化硅衬底长期垄断国际LED照明核心技术的局面。深紫外LED目前已有国产商业产品供应。尽管我国在GaN基半导体照明领域及短波LED领域取得了喜人进展，但光效等核心指标与美国、日本等发达国家还有一定差距，而在GaN基蓝光/紫外激光领域的差距则更为明显。

2. ZnO基宽禁带半导体材料及其紫外发光和激光器件

伴随着GaN基材料与光电器件的迅速发展和巨大的产业化应用，人们对具有类似结构与性质并具有单晶衬底和更佳的光电性能的宽禁带氧化物半导体寄予厚望，期望以其独特的性能在突破第一、第二代半导体材料的高温限制和短波限制的某些方面，开拓新应用领域，满足当前以及将来高科技发展的需求。作为宽禁带氧化物半导体材料及Ⅱ-Ⅵ族宽禁带半导体材料的代表，ZnO被认为是发展短波长光电子器件的优选材料，其激子结合能高达60meV，有望用来发展高效率的激子型激光器。近几年

ZnO 材料研究发展迅速，在诸如单晶衬底、材料外延、掺杂及能带工程等重要的材料研究方向取得了令人兴奋的重要进展。

自 ZnO 室温紫外受激发射发现以来，人们一直致力于发展 ZnO 基电注入发光器件。然而由于实现可重复稳定高效低阻的 p 型 ZnO 具有较大挑战性，国际上有关 ZnO 同质结 LED 发光和室温电致激光的报道还不多。

ZnO 同质 p-n 结室温电致蓝紫光发射通常被认为是 ZnO 基 LED 研究的里程碑。2005 年，日本东北大学在稀有的铝镁酸钪（$ScAlMgO_4$）衬底上采用脉冲激光沉积（PLD）方法制备出了 ZnO 同质 p-i-n 结，实现了室温蓝光发射[7]。随后我国科研人员采用分子束外延（MBE）方法通过氮（N）复合掺杂，在廉价的蓝宝石衬底上实现 ZnO 同质 p-n 结 LED[8]。目前，ZnO 同质 p-n 结 LED 室温连续工作可超过 300h。在波长方面，氧锌镁（ZnMgO）同质 p-n 结 LED 的发光已进入 355nm[9]。ZnO 的可重复空穴浓度已达到 $6\times10^{17}/cm^3$。ZnMgO 的 MIS-LED 的发光波长已达到 276nm，验证了 ZnO 基半导体材料在深紫外波段的巨大潜力[10]。但是，更宽带隙 ZnMgO 的光电子器件研究与应用依然面临着巨大的技术困难，高效稳定的 ZnMgO 的 p 型掺杂是其中最主要的科学难题和技术难点，也是目前制约 ZnO 基半导体紫外发光和激光进一步发展的主要障碍。

3. ZnO 基和 SiC 基宽禁带半导体材料及其紫外光电探测器件

ZnO、SiC 等宽禁带半导体材料因为带隙对应紫外波段，是制备紫外光电探测器的理想材料。随着 ZnO 作为光电材料在 20 世纪末掀起新的研究热潮以来，基于该材料的紫外探测研究趁势而起。凭借优异的结晶质量、强的光吸收系数和高的载流子饱和漂移速率，ZnO 基紫外探测器可以获得高于万安每瓦的响应度[11,12]，这是其他材料难以比拟的优势。同时，ZnO 可以和氧化镁（MgO）或氧化铍（BeO）合金化形成 ZnMgO 或氧锌铍（ZnBeO），使其带隙可连续拓展到深紫外波段。在不受阳光干扰的日盲紫外探测方面，基于 ZnMgO 的日盲紫外探测器件响应度高达几十安每瓦的报道已不鲜见[13]。因此，ZnO 基材料在弱光探测、波段可调谐探测等方面具有得天独厚的优势，应用前景广阔。

SiC 是另一种在紫外探测领域取得成功的令人瞩目的材料。由于带隙（4H 和 6H 碳化硅，3～3.25eV）对应近紫外波段，也无法通过合金方式调节，单纯的 SiC 基紫外探测器只能实现可见盲紫外探测。在日盲探测场合，需要高光密度值滤光片的配合，使用方式和性能受到了一定限制。但即便如此，凭借精妙的设计和成熟的工艺，SiC 雪崩探测器可以获得很高的增益，在一定程度上弥补了这一短板。无论是材料外延还是器件工艺，SiC 材料都是发展最成熟的宽禁带半导体材料之一，4H-SiC 是目前实现紫外单光子探测的首选材料。

此外，得益于LED的飞速发展和成熟的工艺，GaN基紫外探测器也取得了相对不错的进展，其氮镓铝（AlGaN）三元合金可以实现探测截止波长从200nm到365nm连续可调，但受高铝（Al）组分的材料质量和掺杂技术的限制，日盲波段探测器件的性能还有待提高。

4. 新兴宽禁带半导体：Ga_2O_3、复合氧化物、钙钛矿、氮化硼等材料

Ga_2O_3是一种带隙宽达4.8～4.9eV的半导体，拥有高达8MV/cm的击穿电场强度，通过熔体法可以制备大面积的单晶β-Ga_2O_3衬底[14,15]。在与GaN和SiC相同的耐压情况下，β-Ga_2O_3功率器件具有更低的导通电阻、更小的功耗，能够极大地减少高压器件的电能损失。随着高铁、电动汽车的快速发展，Ga_2O_3为高效率、高压、大功率电子电力器件提供了新的选择。目前，日本、美国、欧盟等发达国家或地区正在大力发展β-Ga_2O_3半导体材料。在紫外探测领域，Ga_2O_3具有天然的日盲波段带隙，与AlGaN和ZnMgO合金材料相比，不存在结晶质量差、分相以及组分涨落问题，可用于生产高性能的日盲紫外探测器件。目前，基于β-Ga_2O_3材料的紫外探测器件，可同时拥有低于1pA的暗电流和高于40A/W的响应度，其254nm波长光/365nm波长光的抑制比已超过7个数量级[16]。

与此类似，具有尖晶石结构的镓酸锌（$ZnGa_2O_4$）等材料，曾作为荧光基质材料被广泛研究，其自身带隙同样位于日盲波段，基于该系列材料的日盲紫外探测器，可以实现较高的响应度和较快的响应速度，具有广阔的应用前景。具有ABO_3结构的复合氧化物，大多数也是宽禁带半导体材料，如钛酸钡（$BaTiO_3$）、钛酸锶（$SrTiO_3$）等，由于晶体结构的特殊性，该类材料往往具有铁电性质，这一性质为非结型光伏器件提供了材料支持，相应的光伏器件和光催化材料引起了人们的密切关注。

除了ABO_3型钙钛矿材料，ABX_3（X＝Cl，Br，I）型钙钛矿作为光电材料异军突起，短短几年时间，基于该系列材料的光伏器件和光发射器件的量子效率就提高到20%以上[17]。目前，ABX_3型钙钛矿已经向紫外光电子器件进军[18]，逐渐发展成为宽禁带半导体发光学科新的生长点。

氮化硼（BN）是一种宽禁带半导体材料，现已知其存在六方氮化硼、立方氮化硼、菱形氮化硼、纤锌矿氮化硼和简立方氮化硼等晶格结构。2004年，人们制备出利用阴极射线激发的室温六方氮化硼激光器[19]，从此，六方氮化硼深紫外发光器件的研究受到了广泛的关注；利用场发射阵列激发的六方氮化硼小型面发射器件，其220nm的输出功率达到0.2mW[20]。虽然理论计算和实验都表明六方氮化硼晶体为间接带隙半导体[21]，但六方氮化硼在深紫外区却表现出很高的发光效率。阴极射线发光发现六

方氮化硼的量子效率高达 50%，与一些直接带隙半导体相当[22]。这是因为六方氮化硼由于层间的范德瓦尔斯相互作用导致的激子-声子强烈耦合使其在深紫外区具有很强的发光效率[23]。众所周知，直接带隙半导体尽管内量子效率（internal quantum efficiency）很高，但其会对发射的光子进行再吸收从而降低了外量子效率，而间接带隙半导体由于需要声子的辅助往往不会对发射的光子进行再吸收，但其内量子效率却往往较低。六方氮化硼具有高的内量子效率且不受自吸收影响，在深紫外发光领域展现了巨大潜力。

上述新兴宽禁带半导体材料正处于迅速崛起的阶段，其晶体生长（包括块体和薄膜）技术正日趋完善，材料优势特性显著，但面临的问题也逐渐浮现。非对称掺杂、空穴自限，以及气氛敏感等宽禁带材料的一些常见问题，同样需要在研究中一一解决。

三、宽禁带半导体发光学的发展前景

随着宽禁带半导体材料、器件及应用技术不断取得突破，以 GaN 基蓝光 LED 为代表的第三代半导体光电器件产品进入市场，掀起了一场以半导体照明技术为主要内容的半导体科技革命，推动了宽禁带半导体发光学的巨大发展。未来若干年，宽禁带半导体发光学研究的深入和投入的不断加大，必将促进相关科学和技术的不断进步，并给产业格局和应用领域带来革命性的变化。宽禁带半导体发光学未来需重点开展以下几个关键科学和技术问题的研究。

1. 高质量 GaN 和氮化铝（AlN）同质单晶衬底和低缺陷密度 AlGaN 的外延生长

高质量 GaN 和 AlN 同质衬底材料是 GaN 基半导体光电产业进一步大发展的基础。目前，在 GaN 基半导体领域蓝宝石（Al_2O_3）和 SiC 衬底仍然占据主流，Si 衬底技术的突破将进一步降低器件成本，并为下一步光电集成提供可能，而 GaN 和 AlN 同质衬底则受限于成本和产品质量等问题，只在高端器件中使用。对于Ⅲ族氮化物的异质外延来说，一方面由于晶格失配的存在，外延层中积累的应变会通过在衬底和外延层界面处产生位错进行弛豫，因此导致了外延层中大量的失配和穿透位错；另一方面由于热失配的存在，在升温或冷却过程中，由于衬底和外延层晶格形变的不匹配，因而会导致外延层的开裂及位错产生。生长在 *c* 面蓝宝石衬底上的 AlN 和AlGaN 材料中的位错密度（dislocation density）高达 $10^{10}\sim10^{11}/cm^2$，导致紫外 LED 量子效率低下。图 1 为理论模拟的 280nm 深紫外 LED 的内量子效率与位错密度的关系。可以看出，当位错密度$>10^{10}/cm^2$ 时，内量子效率只有百分之几，而当位错密度降低至

$10^9/cm^2$ 量级时，280nm 深紫外 LED 的内量子效率会提高到 10%～40%，而要将内量子效率提高到 40% 以上，位错密度则要降低到 $10^8/cm^2$ 甚至更低的水平（不同波长、不同载流子浓度、不同激励条件下会有不同）。

综上，晶格失配和热失配是造成高位错密度的核心原因，也是制约发光和激光器件量子效率的关键问题。为了解决这一问题，低温 AlN 或 GaN 缓冲层被引入作为初始成核层，或者利用高温时金属原子的流动性以降低位错密度以及补偿热失配引起的外延层中的应变。因此，突破 GaN 和 AlN 衬底制备关键技术是推动 GaN 基宽禁带半导体材料及其紫外发光和激光器件进一步发展的核心。

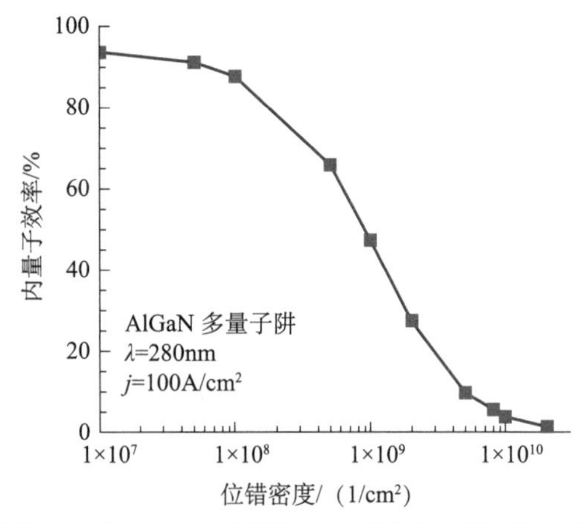

图 1　模拟的波长为 280nm 深紫外 AlGaN 多量子阱（MQW）LED 的内量子效率与位错密度的关系

2. 宽禁带半导体的高质量 p 型掺杂

GaN 基和 ZnO 基材料是宽禁带半导体中最具前景的深紫外发光和激光材料，其中，GaN 基 LED 已经有 40 多年的发展历史，自从 GaN 材料解决了高质量材料生长和 p 型掺杂两个重大基本问题之后，GaN 基 LED 性能开始飞速提升，相关研究于 2014 年获得诺贝尔物理学奖。但是对于基于高 Al 组分 AlGaN 的深紫外波段器件来说，由于大的自补偿效应和材料中 Mg 受主的深能级特性，随着 Al 组分的增加，受主激活能从 GaN 的 160meV 几乎线性增加到 AlN 的 510～600meV，从而导致非常低的 p 型激活效率，因此造成 p 型 AlGaN 的低空穴浓度和低电导率，空穴浓度远低于其 n 型的电子浓度。对于 AlGaN 基光电器件，低的空穴浓度和电子/空穴浓度不对称则会导致以下后果：注入有源区的电子泄漏到 p 型区，使空穴注入效率下降，降低了量子阱中有效复合发光，引起 p 型区的长波寄生复合发光，以及 n 型和 p 型区电流扩展差，产生电流拥堵效应和热量的积累，最终降低器件的发光效率和可靠性。对于ZnO基半导体来说，强的自补偿效应和缺乏高效的受主掺杂剂使得稳定、可重复、高效低阻的p型ZnO的制备具有极大挑战性，因此除了仅有几个研究组实现了ZnO同质结LED发光，几乎没有真正意义上的室温电致激光的报道。和AlGaN一样，对于深紫外波段器件来说，ZnMgO或ZnBeO材料的p型掺杂难度会随着Mg或者Be组分的增多而增大。

综上，目前高Al组分AlGaN和ZnO基材料的p型掺杂是制约深紫外发光器件和激光器件发展的核心问题。一旦p型掺杂技术获得突破，相信未来AlGaN紫外发光和激光器件的量子效率和应用市场都将获得飞跃式的进展，同时基于ZnO基材料的紫外发光和激光器件也将取得历史性的突破。针对宽禁带半导体材料的p型掺杂难题，复合掺杂与能带工程、缺陷工程相结合或许是一个切实可行的解决方案。

3. 宽禁带半导体的高精度缺陷表征

半导体光电材料与器件技术的核心在于缺陷杂质调控。宽禁带半导体中缺陷的种类繁多，性质各异，给材料的性质调控，特别是掺杂路线的选择带来不可预估的困难。因此，当前制约宽禁带半导体光电材料与器件发展的主要瓶颈是高效p型掺杂难于实现。其根源在于缺乏表征宽禁带半导体中点缺陷的有效手段，导致点缺陷调控策略盲目而失效。理论设计受主的实验验证和遴选，对缺陷的光电特性提出了实验表征需求。具体到微观尺度，首先要对材料中点缺陷的光电特性（元素组成、成键结构与能级位置）能够实现清晰的认知，或者说，在调控材料点缺陷过程中，知道所涉及的点缺陷类型能否产生足够浓度空穴，才能避免盲目的实验。这种浅受主的设计和甄别，成为实现宽禁带半导体高效p型掺杂和后续深紫外激光的前提条件。现有的适用于固体材料的表征手段基本上可以划分为对宏观物理量统计平均的体相表征和对微观单体甄别的表面（或薄层）表征两类表征方式。举例来说，X射线衍射（XRD）所测量的亚皮米精度的晶格常数是对材料中至少立方微米尺度内原子空间位置的统计平均，对微量的杂质和缺陷的存在不敏感；光发射谱，甚至微区光发射谱，是对至少立方微米尺度内材料能带结构或原子能级结构信息的统计平均，虽然发光对微量缺陷也非常敏感，但这种表征方式无法对该区域多种缺陷的叠加做出有效的解析，也就无法有效建立缺陷与光电特征的一一对应关系。另一类表征手段，已经具有原子级空间位置的电学表征能力，但是目前仅限于针对材料表面或者原子级薄层的表征。由于材料表面长程有序的终结，缺陷结构的成键环境及电子能级和材料内部的点缺陷截然不同，而内部点缺陷才是对电学调控起作用的主体，因而常规表面缺陷结构的表征分析手段，如扫描隧道显微镜、X射线光电子能谱、俄歇电子能谱、紫外光电子能谱和角分辨光电子能谱等，仍然无法提供识别半导体材料体内的体相点缺陷的成键结构和电子能级等关键信息。

综上，现有的适用于固体材料表面的缺陷表征手段不适合对半导体材料体内的点缺陷进行表征，不能满足甄别宽禁带半导体材料中点缺陷的关键物理信息的实验表征要求，也就无法为相关浅受主设计、甄别工作提供指导。因此，急需针对半导体内部单点缺陷表征的技术手段和研究平台。针对该难题，将传统的扫描隧道显微技术和超尖锐针尖光谱增强技术相结合，配合各种光谱和电学测量仪器，将有望对半导体材料中点缺陷的位置、组成、结构、能级位置等信息进行精确表征，对指导深紫外波段半导体 p 型掺杂拥有独到的优势。

4. 宽禁带半导体光电探测器的高响应度和高响应速度的矛盾问题

基于宽禁带半导体材料的紫外探测器具有全固态、低能耗、抗辐射性强、本征可见盲/日盲等独特优势，被认为是继光电倍增管和 Si 基光电倍增管之后的新一代紫外探测器件，具有广阔且重要的应用前景。研究发现，SiC 基和 GaN 基紫外探测器具有较快的响应速度，但响应度一般不高；而氧化物半导体尽管拥有较高的响应度，但响应速度却相对较慢。因此，响应度和响应速度之间的矛盾是当前制约宽禁带半导体紫外光电探测器发展的一个关键问题。针对该难题，一方面可通过缺陷工程、界面工程等手段来调控材料中载流子的产生、分离、收集及复合等过程，达到平衡响应度和响应速度的目的；另一方面可通过设计全新的器件结构，通过外加电场、内建电场与压电、热电、铁电等效应的结合，同时获得高响应度和快响应速度。

5. 新材料的探索与发展

材料是半导体器件和应用发展的前提和基础。Ga_2O_3、PN、钙钛矿和尖晶石等结构的新兴宽禁带半导体材料在紫外发光和探测领域展现出了巨大的应用前景，但也都存在各自的问题，未来可加大对新兴材料的探索，丰富宽禁带半导体发光学领域的材料体系和研究方向，获得高性能的发光、激光和探测器件。

四、对我国宽禁带半导体发光学发展的建议

对我国宽禁带半导体发光学的发展有如下建议。

1. 加强国家层面的规划的前瞻性和科学性

国际宽禁带半导体发光学已进入发展的快车道，从国家到地方都对该方向高度重

视。为了避免盲目地重复建设，将有限的资源和力量投入到关键科学和技术问题的解决上，应从国家层面对领域的发展做出自上而下、科学合理的规划，使我国在宽禁带半导体发光学领域的发展水平赶超国际先进水平。同时，该规划还应具有足够的前瞻性，最终实现由追赶到引领的转变。

2. 加大对关键科学和技术问题研究的稳定投入与持续支持

科技的发展离不开稳定的投入和持续的支持，宽禁带半导体发光学已在国民经济主战场和国防领域展现出巨大的价值。现阶段，其产业应用受到了高度关注，但我国缺乏具有自主知识产权的核心技术是不争的事实，因此要想该领域的下游产业和应用能够健康持续地发展，基础研究作为源头决不可忽视，特别是对关键科学和技术问题的基础研究应获得相对稳定的持续投入和大力支持。

3. 加强产学研相结合，发挥产业在发展高科技方面的作用

在宽禁带半导体器件方面，科研人员重视在国际刊物上发表论文而忽视尽快将科研成果发展成生产力，以及专利的申请和占有。国家和地方政府应鼓励研究所和大学将科研成果推广到产业，打破国际上对我国的技术和产品的封锁，建立具有自主知识产权、掌握核心技术的宽禁带半导体器件产业链。

4. 营造协同合作、共同发展的健康科研环境

宽禁带半导体发光学已涵盖了从基础研究到产业应用的整个链条，因此只有不同专业、不同领域的人才和团队协同合作、优势互补才有可能取得大的突破，建立完善的协作机制是营造健康科研环境的前提。

参考文献

[1] Pankove J I, Miller E A, Berkeyheiser J E. GaN blue light-emitting diodes. Journal of Luminescence, 1972, 5(1): 84-86.

[2] Amano H, Kito M, Hiramatsu K, et al. P-type conduction in Mg-doped GaN treated with low-energy electron beam irradiation(LEEBI). Japanese Journal of Applied Physics, 1989, 28(12A): L2112-L2114.

[3] Nakamura S, Mukai T, Senoh M, et al. Thermal annealing effects on p-type Mg-doped GaN films. Japanese Journal of Applied Physics, 1992, 31(2B): L139-L142.

[4] Mills A. Expanding horizons for nitride devices & materials. Ⅲ-Vs Review, 2006, 19(1): 25-33.

[5] Narukawa Y, Ichikawa M, Sanga D, et al. White light emitting diodes with super-high luminous efficacy. Journal of Physics D: Applied Physics, 2010, 43: 354002.

[6] Zhang Z, Kushimoto M, Sakai T, et al. A 271. 8nm deep-ultraviolet laser diode for room temperature operation. Applied Physics Express, 2019, 12: 124003.

[7] Tsukazaki A, Ohtomo A, Onuma T, et al. Repeated temperature modulation epitaxy for p-type doping and light-emitting diode based on ZnO. Nature Materials, 2005, 4(1): 42-46.

[8] Rahman F. Zinc oxide light-emitting diodes: a review. Optical Engineering, 2019, 58(1): 010901.

[9] Tang K, Gu S L, Ye J D, et al. Recent progress of the native defects and p-type doping of zinc oxide. Chinese Physics B, 2017, 26(4): 047702.

[10] Lu Y J, Shi Z F, Shan C X, et al. ZnO-based deep-ultraviolet light-emitting devices. Chinese Physics B, 2017, 26(4): 047703.

[11] Liu X, Gu L, Zhang Q, et al. All-printable band-edge modulated ZnO nanowire photodetectors with ultra-high detectivity. Nature Communications, 2014, 5: 4007.

[12] Soci C, Zhang A, Xiang B, et al. ZnO nanowire UV photodetectors with high internal gain. Nano Letters, 2007, 7(4): 1003-1009.

[13] Alaie Z, Nejad S M, Yousefi M H. Recent advances in ultraviolet photodetectors. Materials Science in Semiconductor Processing, 2015, 29: 16-55.

[14] Galazka Z. β-Ga_2O_3 for wide-bandgap electronics and optoelectronics. Semiconductor Science and Technology, 2018, 33(11): 113001.

[15] Pearton S J, Yang J, Cary IV P H, et al. A review of Ga_2O_3 materials, processing, and devices. Applied Physics Reviews, 2018, 5(1): 011301.

[16] Qiao B, Zhang Z, Xie X, et al. Avalanche gain in metal-semiconductor-metal Ga_2O_3 solar-blind photodiodes. The Journal of Physical Chemistry C, 2019, 123(30): 18516-18520.

[17] Wang K, Yang D, Wu C, et al. Recent progress in fundamental understanding of halide perovskite semiconductors. Progress in Materials Science, 2019: 100580.

[18] Xing G, Mathews N, Lim S S, et al. Low-temperature solution-processed wavelength-tunable perovskites for lasing. Nature Materials, 2014, 13(5): 476-480.

[19] Watanabe K, Taniguchi T, Kanda H. Direct-bandgap properties and evidence for ultraviolet lasing of hexagonal boron nitride single crystal. Nature Materials, 2004, 3(6): 404-409.

[20] Watanabe K, Taniguchi T, Niiyama T, et al. Far-ultraviolet plane-emission handheld device based on hexagonal boron nitride. Nature Photonics, 2009, 3(10): 591-594.

[21] Cassabois G, Valvin P, Gil B. Hexagonal boron nitride is an indirect bandgap semiconductor. Nature Photonics, 2016, 10(4): 262-266.

[22] Schué L, Sponza L, Plaud A, et al. Bright luminescence from indirect and strongly bound excitons in h-BN. Physical Review Letters, 2019, 122(6): 067401.

[23] Vuong T Q P, Cassabois G, Valvin P, et al. Exciton-phonon interaction in the strong-coupling regime in hexagonal boron nitride. Physical Review B, 2017, 95(20): 201202.

Development Status and Prospects of Wide-Bandgap Semiconductor Luminescence

Shen Dezhen

Wide-bandgap semiconductor luminescence is an emerging interdisciplinary field, which mainly focuses on the excited-state processes (carrier generation, recombination and separation, etc.) of wide-bandgap semiconductor materials and optoelectronic devices and their applications (lighting and display, photoelectric detection, etc.). Related research has huge application prospects in the fields of the national economy, the national defense and military, and the national security. This paper reviews the development of wide-bandgap semiconductor materials represented by GaN, ZnO, etc. in the fields of light emission, laser and detection. At the same time, the development prospects of wide-bandgap semiconductor luminescence are discussed. We hope this review could provide a reference for the further development of wide-bandgap semiconductor luminescence.

第二章

科学前沿

Frontiers in Sciences

2.1 太阳系边际探测的重大科学问题

王 赤 李 晖 郭孝城

（中国科学院国家空间科学中心；中国科学院大学）

一、背 景

太阳外层大气的温度高达10^6℃，所有的气体均已电离成可自由运动的带电粒子（即等离子体）。由于受到高温产生的压力梯度的作用，这些等离子体能够摆脱太阳的引力而不断向外膨胀，形成太阳风[1]。在地球轨道附近，典型太阳风的参数约为：速度450km/s，数密度7个/cm^3，磁场强度7nT。类似于地球磁场与太阳风相互作用形成磁层，太阳风及其磁场在银河系里运动时会与邻近星际介质相互作用形成日球层。从太阳往外看，由里到外的两个间断依次为终止激波（termination shock，TS）和日球层顶（heliopause，HP），其间为内日球层鞘（inner heliosheath，IHS）。如果我们定义太阳系尺度为太阳风所到达的区域即日球层，那么可以认为太阳系边际包含内日球层鞘和外日球层鞘（outer heliosheath，OHS）。图1给出了我们采用外日球层全球磁流体力学模拟的数值结果（热压和部分磁力线）。其中，内日球层鞘位于日球层顶以内区域，外日球层鞘位于日球层顶以外区域。类似于地球磁层前方的弓激波，在日球层外部也可能存在弓激波（在图中区域外，未显示），再加上日球层对星际介质的绕流作用，在外日球层鞘里的介质不同于均匀的星际介质。从图1中看星际磁力线呈现南北不对称性，围绕着日球层拉伸，导致了局地星际磁场增加或者减少。太阳系边际的介质是太阳风等离子体与星际介质（等离子体和中性介质、宇宙线等）相互作用的产物，由于星际介质中中性成分比例较大，其与等离子体的电荷交换作用巨大，理论计算表明可直接影响外日球层的大尺度结构[2]。由于太阳系边际距离太阳和地球非常遥远（可能在85AU以上）①，目前主要借助美国“旅行者”1号和2号（Voyager 1/2，本文简称1号和2号）两颗探测器的就地探测和近地轨道的中性原子成像探测

① 1AU=1.5亿km，即1个天文单位。

器——“星际边界探测者”（Interstellar Boundary Explorer，IBEX）的遥感探测，研究内容集中在热等离子体、宇宙线、磁场和电场波动、中性原子等方面的物理特性。

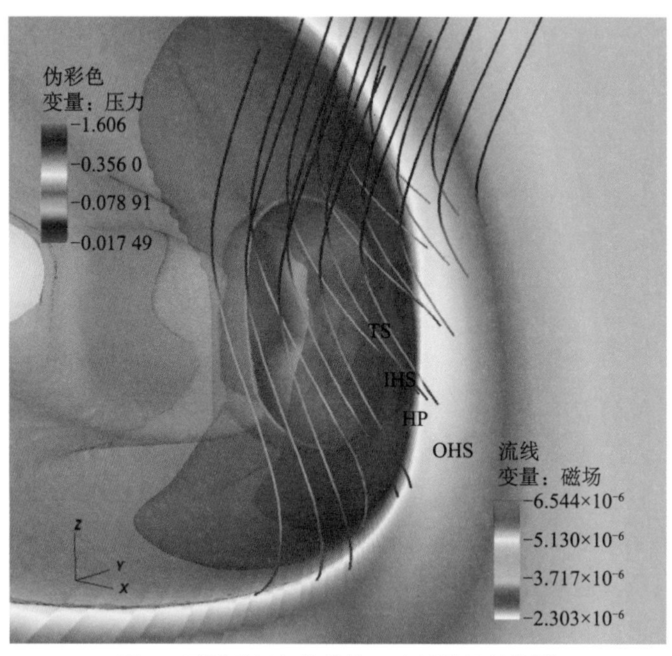

图 1　星际磁场包络的外日球层模拟结构[3]

TS：终止激波；IHS：内日球层鞘；HP：日球层顶；OHS：外日球层鞘。弓激波未显示；太阳在图中心

自 1957 年人类进入空间探测新纪元以来，大量航天器进入空间轨道，极大地拓展了人类对空间的认知范围。尽管绝大多数卫星计划都是集中于几个 AU 以内的内日球层探测，少数飞船计划还是在完成其设计任务之后，踏上了太阳系边际探索的征程。“先驱者”10 号和 11 号（Pioneer 10/11）是美国开展的第一次日球层空间探测任务，分别于 1972 年 3 月和 1973 年 4 月发射升空，其设计任务是飞临主带小行星、木星和土星。在实现了对木星、土星等天体的首次飞越探测之后，“先驱者”10 号和 11 号分别于 2003 年 1 月（距日约 80AU 处）和 1995 年 9 月（距日约 43AU 处）与地面无线电通信中断。

“旅行者”1 号和 2 号在 1977 年 9 月前后发射升空，距今已过 42 年。其间，1 号于 2004 年 12 月在距日 94AU 处穿越终止激波；2 号于 2007 年 8 月穿越终止激波。之后，它们进入内日球层鞘，即抵达太阳系边际。1 号于 2012 年 8 月在距日 122AU 处穿越日球层顶北部，首次离开太阳系进入星际空间；2 号则于 2018 年 11 月于距日 119AU 处穿越日球层顶南部（图 2）。至此，“旅行者”1 号和 2 号成为首次离开太阳系的两颗人造探测器，开创了人类空间探索的历史新纪元。“新视野”号（New Horizons）在2006年1月发射升空，旨在对冥王星、冥卫一等柯伊伯带（Kuiper Belt）天体进行考察，并于2015年飞越了冥王星。目前，“新视野”号距离太阳约45.9AU，正以每年3.5AU的速度穿越太阳系，预计于2038年飞临太阳系边际。

除就位探测外，科学家还利用地球附近的卫星开展遥感探测。2008年10月，美国国家航空航天局（NASA）发射了星际边界探测器IBEX，利用搭载的两台高能中性原子成像仪（IBEX-Hi和IBEX-Lo）探测来自太阳系边际的能量中性原子（energetic neutral atoms，ENAs）。IBEX在围绕地球的高偏心椭圆轨道内运转，每六个月对ENAs实现全空间成像，其中绝大多数的ENAs被认为来自太阳系边际。“旅行者”号探测器未搭载拾起离子的探测仪器，通过ENAs对太阳系边际的拾起离子能谱进行反演有助于解决该问题。此外，人们可以借助其他手段来研究太阳系边际及以上区域的星际介质，例如，利用内日球层的部分飞船（如SOHO）对源自太阳的莱曼-阿尔法（Lyα）散射的遥感探测[4]和哈勃空间望远镜（HST）观测到的Lyα吸收现象来研究太阳系边际以上的星际中性原子流[5]；利用地面观测到的1～10TeV宇宙线各向异性[6]和星光的极化现象等[7]来研究星际磁场。以下针对近年来太阳系边际探测所获取的数据结果，分别对相关的等离子体、磁场、宇宙线和中性原子的主要前沿科学问题作简要说明，对太阳系边际探测途中的行星和小天体探测这里暂不涉及。

二、前沿科学问题

1. 等离子体和磁场

首先是太阳系边际的等离子体分布情况。自穿越终止激波后，“旅行者”1号和2号开始探测内日球层鞘的太阳风等离子体。从磁场特性来看，虽然不同时间尺度具有大的扰动变化，但平均来看仍然遵循帕克（Parker）螺旋场[8,9]；1号持续观测到日球层电流片，而2号有几次进入电流片下的单极磁场区域。从流场来看两者显示不同的趋势，由于1号的等离子体仪器在早期就失去了功能，对速度的测量主要依靠高能带电粒子仪器（LECP和CRS）测量较高能粒子的康普顿获取效应来间接计算[10]。如图2所示，1号测量的径向流速从穿越终止激波时的80km/s左右，到2010年前后逐渐减小到接近零值[11]，直至穿越日球层顶。而2号在穿越终止激波后显示不同的速度变化，但等离子数据显示太阳风流仍然是超声速，表明相当部分的太阳风能量转移到较高能的“拾起离子”，导致热等离子体内能相对减小[12]。之后，2号测量的太阳风流速长时间内始终保持在150km/s左右，但速度方向逐渐发生偏转，后期逐步缓慢减小，直至穿越日球层顶后急剧下降为背景噪声值[13]，这种变化符合人们对日球层顶附近太阳风速度的理论认知。这两个探测器测量的太阳风速度差异使得鞘区里1号的磁通量比2号小一个量级，导致70%的磁能损失[14]。一种解释是可能与1号路径发生磁场重联有关。尽管数值模拟上有些尝试[15]，但磁鞘里是否发生磁场重联仍缺乏观测证据；基于1号获得的磁场数据表明，鞘区里电流片厚度为当地离子惯性尺度的60～70倍，此时无碰撞重联无法发生[16]。因此，目前对1号观测到的临近日球层顶区域的8AU长的速度停滞区仍然没有共识，内日球层鞘的其余区域是否存在类似现象有待未来的观测来证实。

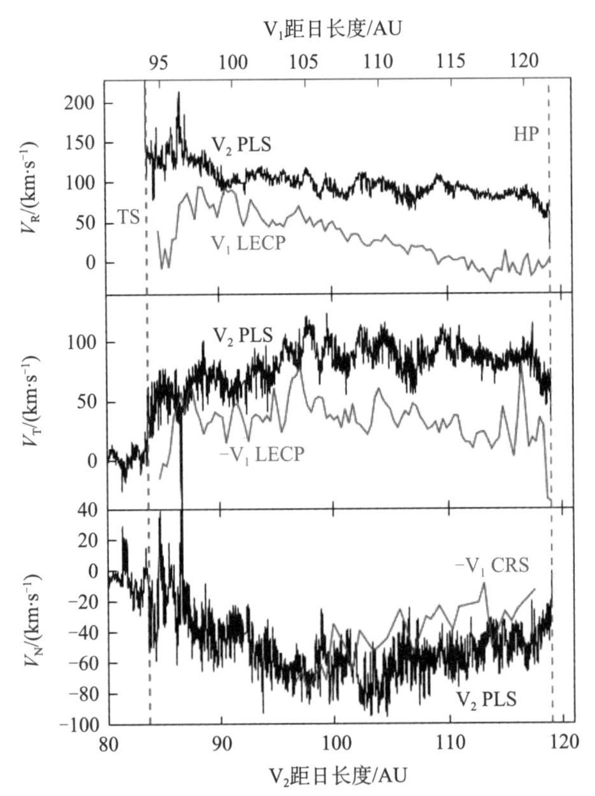

图2 “旅行者”1号（V_1，红色）和2号（V_2，黑色）在穿越日球层顶前的速度变化曲线[13]

TS和HP标记的是终止激波和日球层顶位置；LECP：低能带电粒子；PLS：等离子体测量；CRS：宇宙线测量；HP：日球层顶；TS：终止激波

1号以及最近的2号进入星际空间后的磁场观测表明，星际磁场强度增大，但方向相对于日球层内部并未有大的改变，仍然保持螺旋场的形态[17,18]，这与星际磁场在日球层附近的包络形态有关。随着距离的增大，星际磁场强度和方位角总体持续下降，但仰角逐渐上升[19]。数值模拟能够较好地得到这种趋势，表明预设的星际磁场条件能够较好地符合观测[20]。基于观测数据计算得到的星际磁场的湍流很弱，扰动比值为0.023，可压缩并主要沿着平均磁场方向，与理论预计的星际磁场状况相符合[21]。在星际空间的几年内，1号陆续发现若干弱激波结构，被认为是太阳风合并作用区形成的压力脉冲与日球层顶相互作用的结果，其中若干激波结构被数值模拟所验证[22,23]。绝大部分太阳风由热平衡等离子体组成，其在日球层内的演化是个非常复杂的物理过程[24]，包含了与星际中性原子的电荷交换、拾起离子、太阳风湍流、超热离子等作用。从物理上对其建模仍然具有很大的困难。如何将太阳系边际上的等离子体事件与太阳活动事件建立关联是一个前沿难题，有待通过空间物理理论和观测结合的进一步发展来解决。

2. 宇宙线

通常将太阳系边际的宇宙线划分为两类：能量较高（通常大于100MeV/n）的高能粒子称为银河宇宙线，一般认为源自银河系内超新星爆发产生的激波对银河离子的加速[25]；另一类称为异常宇宙线，其能量通常小于100MeV/n，有时也将能量较高的拾起离子归类于此，其来源理论上认为来自终止激波对拾起离子的加速[26]。但“旅行者”1号和2号并没有在终止激波处发现其源区，能谱也不符合激波加速理论；异常宇宙线分布在穿越激波后变得高度各向同性，其通量随着距离的持续增加而逐渐增大[27]（图3）。由于1号和2号的飞行朝向接近日球层迎风区方向，这似乎表明源区在其他地方。于是有学者认为异常宇宙线来自侧翼终止激波对拾起离子的加速[28]，后期的数值模拟也验证了该可能性[29]。比较有争议的是，有观点认为鞘区里的可压缩湍流能够促进异常宇宙线的生成[30]，鞘区里如果具有磁场重联也可能会促使拾起离子加速形成异常宇宙线[31]，但是观测数据并不支持内日球层鞘区发生重联的条件。因此，异常宇宙线的确切成因仍然是个谜团，有待未来观测的进一步验证，如沿着日球层侧翼方向对异常宇宙线的就位探测。

由于星际磁场湍流很小，所以其对宇宙线近乎无散射环境，是宇宙线传输的“高速公路”[21]。1号穿越日球层顶后发现外来的银河宇宙线平行磁场的通量很快上升到恒定值，而源自日球层内部的异常宇宙线则快速下降至几乎消失[32]。多年的观测表明，1号穿越日球层顶之后开始探测的原初宇宙线在平行磁场的通量梯度变化几乎为零[33]。而刚穿越日球层顶不久的2号返回的数据表明，尽管相隔约167AU的遥远距离，但1号和2号探测得到的宇宙线具有相同的能谱分布，表明它们均为相同的原初宇宙线[34]。该结果验证了人们提出的日球层顶为银河宇宙线调制边界的论点[35,36]。与1号观测略微不同，2号最近探测到的银河宇宙线在日球层顶上仍然存在小范围调

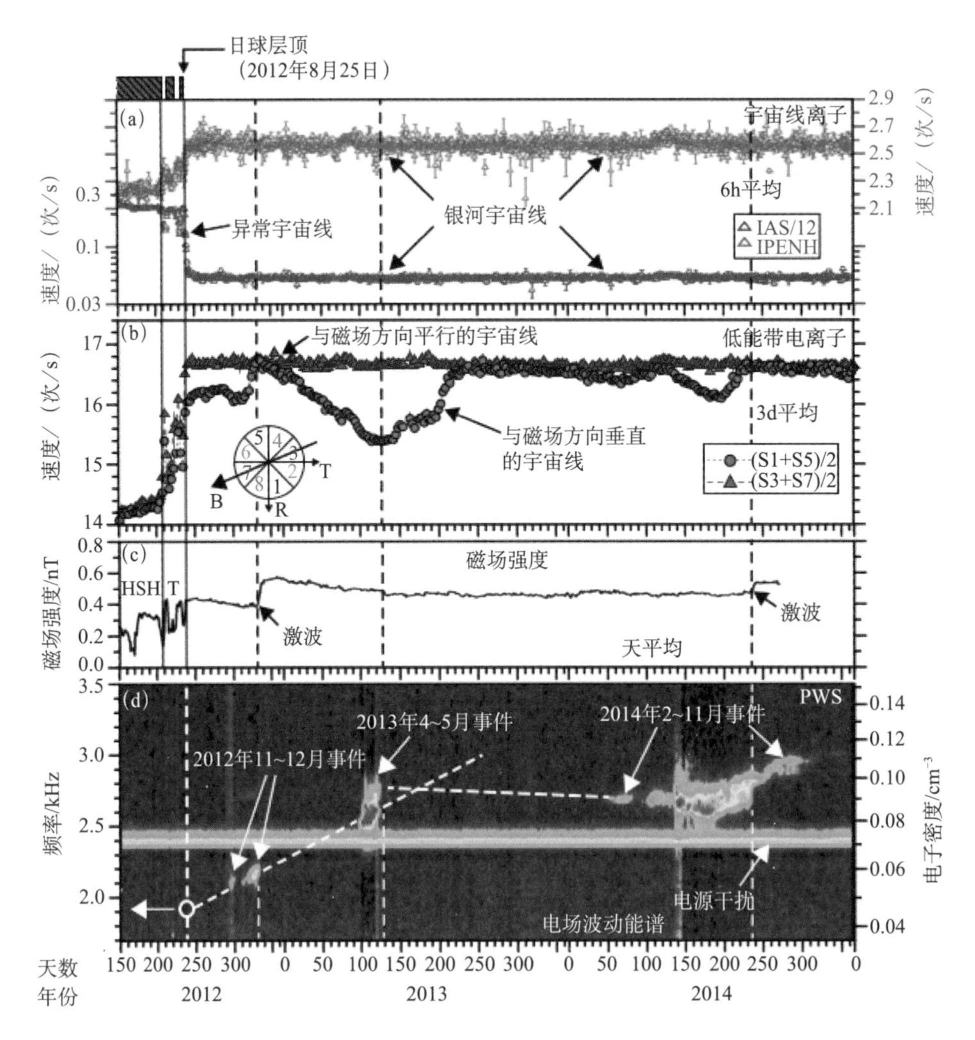

图3 “旅行者”1号穿越日球层顶前后的观测

(a) 银河宇宙线（红色）和异常宇宙线（蓝色）通量变化；

(b) 各方向宇宙线通量［穿越日球层顶后垂直磁场方向（黑色）出现变化，而平行方向（红色）基本不变］；

(c) 磁场变化；(d) 电场波动信息（红色信号可能与激波事件有关）[37]

制现象与日球层磁场在日球层顶上形成的边界层相关[34]。然而，不同于日球层内的情况，银河宇宙线在投掷角上存在明显的各向异性，即垂直于星际磁场方向的银河宇宙线在不同时期存在明显变化，它们与观测到的源自内日球层的星际激波现象存在相关性[37]。尽管目前有一些研究进展，例如外日球层鞘的磁阱和太阳风事件引起的扰动下游冷却区的影响[38,39]，但银河宇宙线在星际空间的各向异性现象仍有待进一步的理论解释。

3. 中性原子

来自太阳系边际甚至星际空间的中性原子由于不受磁场直接作用，在未与等离子体离子电荷交换的情况下能够直接进入到内日球层并被观测到。比如地球轨道附近的 IBEX 能够对 keV 级别的能量中性原子进行全空间成像[40]。观测表明，能段在 1keV 左右的能量中性原子在全空间存在一明亮飘带状（ribbon）分布结构（图 4）。该结构未被之前的理论所预测[41]，其源区的具体位置尚有争议。目前有观点认为，往外径向运动的太阳风离子在与星际中性原子电荷交换后成为原子运动出日球层顶，进入外日球层鞘后与星际等离子体离子电荷交换形成星际拾起离子，之后再次与星际中性原子电荷交换，其中部分生成的能量中性原子返回日球层内部并在地球轨道附近被 IBEX 所观测[42]。理论上，在星际空间产生的星际拾起离子在重新电荷交换形成能量中性原子之前存在一定的问题，在速度相空间上可能无法形成稳定结构[43]。因此对能量中性原子形成的飘带状结构及其来源的解释有待观测上的进一步深入验证。此外，理论认为由于星际等离子体在日球层顶外的外日球层鞘（见图 1 中的 OHS）会大量堆积，通过与中性原子的电荷交换作用后，大量的新生中性原子会在日球层顶外堆积形成“氢墙”[44]。以往通过对 Lyα 吸收现象的观测间接表明了“氢墙”的存在[5]，但仍然缺乏直接的就位观测。“旅行者”号没有携带中性原子探测仪器，未来的星际空间探测对中性原子的直接探测已列出规划，将有望能够提供“氢墙”存在的直接证据。

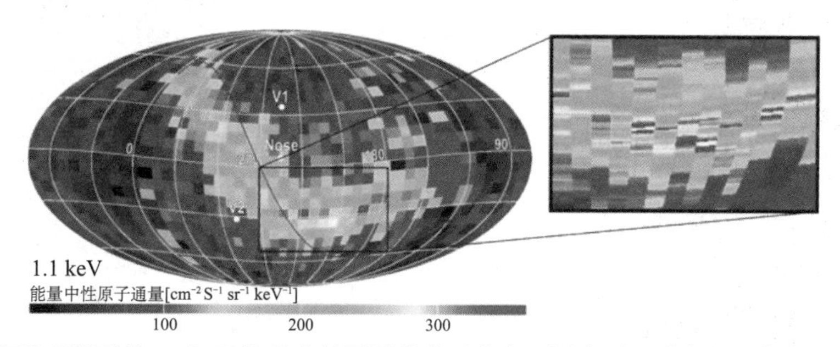

图 4 IBEX 观测到的 1.1keV 能量中性原子的全天分布，图中可见明亮的飘带状分布结构[41]

通过中性原子和宇宙线的观测可以获得太阳系边际的大尺度信息。Parker 最早提出，日球层顶作为分隔太阳风和星际等离子体的间断面具有两种形式：球泡形和磁层形[45]，如图 5 所示。由于缺乏探测证据，过去 50 多年在具体位形上存有争议。基于数值模拟结果，传统上大部分观点认为应是磁层形，在星际介质的迎风方向是球面形，但在下风方向具有很长的背风区[46,47]。Cassini 对外日球层的 5.2～55keV 能量中性原子成像和“旅行者”号在穿越终止激波后对 28～53keV 离子的测量，表明该级别能量中性原子主要来源于内日球鞘区，且在迎风区和背风区的分布近似对称，同时对太阳风响应在 2～3 年；此外 1 号测量星际磁场约 0.5nT，鞘区内等离子热压与磁压之比偏大，这些是日球层迎风区和背风区对称的有利条件[48]；而 IBEX 的能量中性原子遥测显示，星际介质流速亚磁声速可能导致在日球层顶前方无法形成弓激波[49]；通过类似的木卫三的磁层数值模拟结果[50]，可以推测日球层很可能是迎风区和背风区对称的球泡状结构[48]。然而，哈勃空间望远镜显示的氢原子的 Lyα 吸收现象证明日球层迎风区和背风区应存在不对称结构[51]。地面云室宇宙线观测显示，TeV 到 PeV 级别的宇宙线在不同方间上的通量存在变化即各向异性，理论分析发现日球层的长背风区是个重要的因素[52]。由于 1 号和 2 号提供的就位探测基本沿着星际风的迎风方向，目前尚缺乏往背风区方向的就位探测。因此，在日球层的大尺度结构上仍然有争议。未来的星际探测计划如能够提供背风区的探测，比如获得该方向上的终止激波和日球层顶的位置信息，将能够解决目前日球层基本结构的难题。

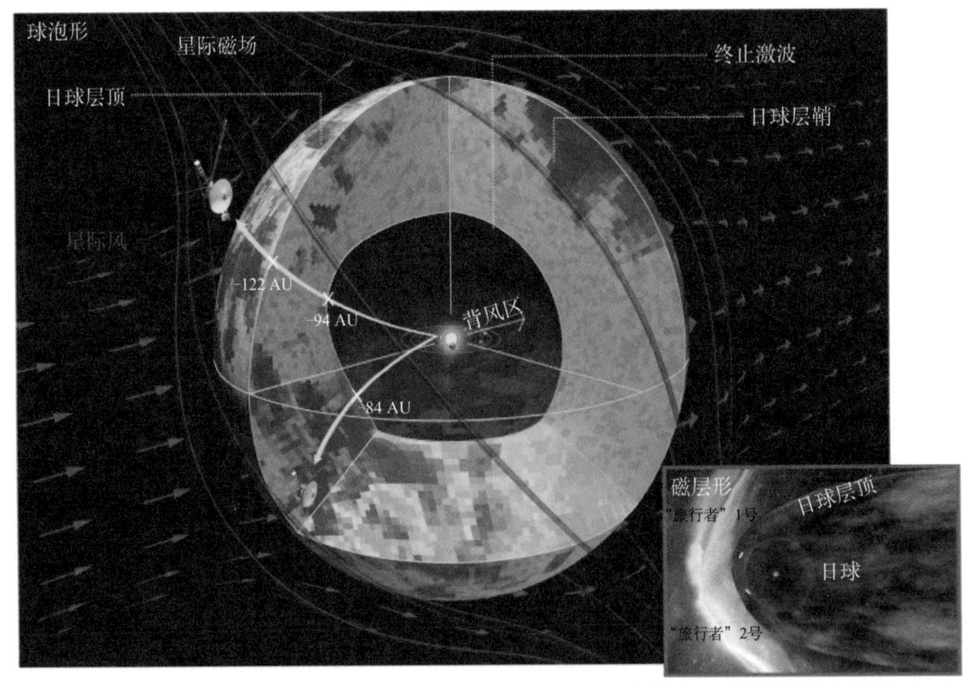

图 5　日球层大尺度结构的争议[48]

三、结语和展望

遥远的太阳系边际是我们人类所感知的太阳系介质与外来的银河系星际介质相互作用的区域，是未来人类走向深空进入遥远宇宙的门户。探测和研究太阳系边际的物质及其物理机理对了解太阳系空间环境至关重要，是人类对宇宙空间的认知和探索的重要一环。始于20世纪70年代的“旅行者”1号和2号探测任务并非针对太阳系边际及以远区域，搭载的仪器缺乏对太阳风拾起离子、太阳系边际的低强度磁场、宇宙尘埃和星际中性成分的探测手段，再加上因电力供应不足而关闭了部分探测设备，使其无法获得太阳系边际和星际空间的一些重要物理参量，从而限制了目前人类对太阳系边际的认知。此外，由于电池即将耗尽，大约再过5年，“旅行者”号飞船将完成历史使命。因此，开展新时期的星际探测计划对人类更深入地了解太阳系和星际的空间环境具有重要意义。

美国发布的《我们的动态空间环境：2014～2033年太阳物理科学和技术路线图》将太阳系边际探测作为高度优先任务之一[53]。美国国家航空航天局、欧洲空间局（ESA）也开展了新一轮的概念研究，并积极推进类似探测任务的实施。例如，2009年欧洲方面提出了一个联合17个国家的国际合作项目“星际日球层顶探针/日球层边界探索计划”（Interstellar Heliopause Probe/Heliospheric Boundary Explorer，IHP/HEX)[54]；2019年，美国进一步深化了星际探针（interstellar probe）的卫星概念，并提出了近期的实施步骤和技术要求[55]。

自月球和深空探测工程顺利实施以来，我国相关部门也开展了相关研究。2015年，中国科学院空间科学战略性先导科技专项空间科学预先研究项目（第三批）启动了“星际快车（Interstellar Express）——‘神梭’探测计划初步方案研究”；中国国家航天局启动了太阳系边际探测计划的前期预先研究项目。2017年，中国工程院在咨询研究项目中支持了相关课题研究。2019年，民用航天“十三五”技术预先研究第三批项目支持了“外日球层空间探测系统关键技术研究”。我国科学家借助各种平台积极发起有美国、欧洲、俄罗斯等国家和地区科学家广泛参与的国际日球层探测会议，深化论证科学目标和任务的顶层设计，并围绕科学目标论证与有效载荷研制等方面积极开展国际合作。2018年10月，以“太阳系边际探测的前沿关键问题”为主题的第639次香山科学会议学术讨论会在北京成功召开。2019年11月，以“外日球层和临近星际空间探测”为主题的国际空间科学研究所北京分部（ISSI-BJ）国际论坛在北京成功召开。

结合我国航天国情，实施至2049年飞至距太阳100AU以远的太阳系边际探测任务，将在科学上揭示太阳系边际结构、星际介质的特性以及二者的相互作用规律；在工程技术上推动空间核动力、超远距离深空测控通信、深空自主技术等尖端技术的跨越式发展，构建我国太阳系全域乃至临近恒星际空间的到达能力，为我国在2050年建成世界航天强国迈出重要一步。

参考文献

[1] Parker E N. Dynamics of the interplanetary gas and magnetic fields. The Astrophysical Journal, 1958,128:664.

[2] Baranov V B, Malama Y G. Model of the solar wind interaction with the local interstellar medium: numerical solution of self-consistent problem. Journal of Geophysical Research, 1993, 98:15157.

[3] Guo X, Florinski V, Wang C. Effects of anomalous cosmic rays on the structure of the outer heliosphere. The Astrophysical Journal, 2018, 859(2):157.

[4] Lallement R, Quémerais E, Bertaux J L, et al. Deflection of the interstellar neutral hydrogen flow across the heliospheric interface. Nature, 2005, 307(5714):1447.

[5] Linsky J L, Wood B E. The α Centauri line of sight: D/H ratio, physical properties of local interstellar gas, and measurement of heated hydrogen(the"hydrogen wall") near the heliopause. The Astrophysical Journal, 1996, 463:254.

[6] Amenomori M, Ayabe S, Bi X J, et al. Anisotropy and corotation of galactic cosmic rays. Science, 2006, 314(5798):439.

[7] Frisch P C, Berdyugin A, Piirola V, et al. Charting the interstellar magnetic field causing the interstellar boundary explorer (IBEX) ribbon of energetic neutral atoms. The Astrophysical Journal, 2015, 814(1):112.

[8] Burlaga L F, Ness N F. Compressible "turbulence" observed in the heliosheath by Voyager 2. The Astrophysical Journal, 2009, 703(1):311.

[9] Burlaga L F, Ness N F. Magnetic field fluctuations observed in the heliosheath by Voyager 1 at 114 ±2AU during 2010. Journal of Geophysical Research, 2012, 117:A10107.

[10] Gleeson L J, Axford W F. The Compton-getting effect. Astrophysics and Space Science, 1968, 2(4):431.

[11] Krimigis S M, Roelof E C, Decker R B, et al. Zero outward flow velocity for plasma in a heliosheath transition layer. Nature, 2011, 474(7351):359.

[12] Richardson J D, Kasper J C, Wang C, et al. Cool heliosheath plasma and deceleration of the upstream solar wind at the termination shock. Nature, 2008, 454(7200):63.

[13] Richardson J D, Belcher J W, Garcia-Galindo P, et al. Voyager 2 plasma observations of the heliopause and interstellar medium. Nature Astronomy, 2019, 3:1019.

[14] Richardson J D, Burlaga L F, Decker R B, et al. Magnetic flux conservation in the heliosheath. The Astrophysical Journal Letters, 2013, 762:L14.

[15] Opher M, Drake J F, Swisdak M, et al. Is the magnetic field in the heliosheath laminar or a turbulent sea of bubbles? The Astrophysical Journal, 2011, 734(1): 71.

[16] Burlaga L F, Ness N F. Current sheets in the heliosheath: Voyager 1, 2009. Journal of Geophysical Research, 2011, 116: A05102.

[17] Burlaga L F, Ness N F, Stone E C. Magnetic field observations as Voyager 1 entered the heliosheath depletion region. Science, 2013, 341(6142): 147.

[18] Burlaga L F, Ness N F, Berdichevsky D B. Magnetic field and particle measurements made by Voyager 2 at and near the heliopause. Nature Astronomy, 2019, 3: 1007.

[19] Burlaga L F, Ness N F. Observations of the interstellar magnetic field in the outer heliosheath: Voyager 1. The Astrophysical Journal, 2016, 829(2): 134.

[20] Guo X C, Florinski V, Wang C. A global MHD simulation of outer heliosphere including anomalous cosmic-rays. The Astrophysical Journal, 2019, 879: 87.

[21] Burlaga L F, Florinski V, Ness N F. In situ observations of magnetic turbulence in the local interstellar medium. The Astrophysical Journal, 2015, 804(2): L31.

[22] Liu Y D, Richardson J D, Wang C, et al. Propagation of the 2012 March coronal mass ejections from the sun to heliopause. The Astrophysical Journal Letters, 2014, 788(2): L28.

[23] Kim T K, Pogorelov N V, Burlaga L F. Modeling shocks detected by Voyager 1 in the local interstellar medium. The Astrophysical Journal Letters, 2017, 843(2): L32.

[24] Zank G P. Interaction of the solar wind with the local interstellar medium: a theoretical perspective. Space Science Reviews, 1999, 89(3/4): 413.

[25] Ackermann M, Ajello M, Allafort A, et al. Detection of the characteristic pion-decay signature in supernova remnants. Science, 2013, 339(6121): 807.

[26] Fisk L A, Kozlovsky B, Ramaty R. An interpretation of the observed oxygen and nitrogen enhancements in low-energy cosmic rays. The Astrophysical Journal, 1974, 190: L35-L37.

[27] Stone E C, Cummings A C, McDonald F B, et al. Voyager 1 explores the termination shock region and the heliosheath beyond. Science, 2005, 309(5743): 2017.

[28] McComas D J, Schwadron N A. An explanation of the Voyager paradox: particle acceleration at a blunt termination shock. Geophysical Research Letter, 2006, 33(4): L04102.

[29] Senanayake U K, Florinski V, Cummings A C, et al. Spectral evolution of anomalous cosmic rays at Voyager 1 beyond the termination shock. The Astrophysical Journal, 2015, 804(1): 12.

[30] Fisk L A, Gloeckler G. The common spectrum for accelerated ions in the quiet-time solar wind. The Astrophysical Journal, 2006, 640(1): L79.

[31] Lazarian A, Opher M. A model of acceleration of anomalous cosmic rays by reconnection in the heliosheath. The Astrophysical Journal, 2009, 703(1): 8.

[32] Stone E C, Cummings A C, McDonald F B, et al. Voyager 1 observes low-energy galactic cosmic rays in a region depleted of heliospheric ions. Science, 2013, 341(6142): 150.

[33] Cummings A C, Stone E C, Heikkila B C, et al. Galactic cosmic rays in the local interstellar medium: Voyager 1 observations and model results. The Astrophysical Journal, 2016, 831(1): 18.

[34] Stone E C, Cummings A C, Heikkila B C, et al. Cosmic ray measurements from Voyager 2 as it crossed into interstellar space. Nature Astronomy, 2019, 3: 1013-1018.

[35] Jokipii J R. Galactic cosmic rays: the outer heliosphere//Scherer K, Fichtner H, Fahr H J, et al. The Outer Heliosphere: The Next Frontiers. Amsterdam: Pergamon, 2001: 513.

[36] Guo X C, Florinski V. Galactic cosmic-ray modulation near the heliopause. The Astrophysical Journal, 2014, 793(1): 18.

[37] Gurnett D A, Kurth W S, Stone E C, et al. Precursors to interstellar shocks of solar origin. The Astrophysical Journal, 2015, 809(2): 121.

[38] Jokipii J R, Kóta J. Interpretation of the disturbance in galactic cosmic rays observed on Voyager 1 beyond the heliopause. The Astrophysical Journal Letters, 2014, 794(1): L4.

[39] Rankin J S, Stone E C, Cummings A C, et al. Galactic cosmic-ray anisotropies: Voyager 1 in the local interstellar medium. The Astrophysical Journal, 2019, 873(1): 46.

[40] McComas D J, Allegrini F, Bochsler P, et al. IBEX—Interstellar Boundary Explorer. Space Science Review, 2009, 146(1-4): 11.

[41] McComas D J, Allegrini F, Bochsler P, et al. Global observations of the interstellar interaction from the Interstellar Boundary Explorer(IBEX). Science, 2009, 326(5955): 959.

[42] Heerikhuisen J, Pogorelov N V, Zank G P, et al. Pick-up ions in the outer heliosheath: a possible mechanism for the Interstellar Boundary Explorer ribbon. The Astrophysical Journal, 2010, 708(2): L126.

[43] Florinski V, Zank G P, Heerikhuisen J, et al. Stability of a pickup ion ring-beam population in the outer heliosheath: implications for the IBEX ribbon. The Astrophysical Journal, 2010, 719(2): 1097.

[44] Baranov V B, Lebedev M, Malama Y. The influence of the interface between the heliosphere and the local interstellar medium on the penetration of the H atoms to the solar system. The Astrophysical Journal, 1991, 375: 347.

[45] Parker E N. The stellar-wind regions. The Astrophysical Journal, 1961, 134: 20.

[46] Pogorelov N V, Zank G P, Ogino T. Three-dimensional features of the outer heliosphere due to coupling between the interstellar and interplanetary magnetic fields. I. Magnetohydrodynamic model: interstellar perspective. The Astrophysical Journal, 2004, 614(2): 1007.

[47] Izmodenov V, Alexashov D, Myasnikov A. Direction of the interstellar H atom inflow in the heliosphere: role of the interstellar magnetic field. Astronomy and Astrophysics, 2005, 437(3): L35.

[48] Dialynas K, Krimigis S M, Mitchell D G, et al. The bubble-like shape of the heliosphere observed by Voyager and Cassini. Nature Astronomy, 2017, 1: 0115.

[49] McComas D J, Alexashov D, Bzowski M, et al. The heliosphere's interstellar interaction: no bow

shock. Science,2012,336:1291.
[50] Kivelson M G,Jia X. An MHD model of Ganymedes mini-magnetosphere suggests that the heliosphere forms in a sub-Alfvénic flow. Journal of Geophysical Research,2013,118(6):839.
[51] Wood B E,Izmodenov V V,Alexashov D B,et al. A new detection of Lyα absorption from the heliotail. The Astrophysical Journal,2014,780(1):12.
[52] Zhang M,Zuo P,Pogorelov N,et al. Heliospheric influence on the anisotropy of TeV cosmic rays. The Astrophysical Journal,2014,790(1):5.
[53] National Aeronautics and Space Administration. Our Dynamic Space Environment: Heliophysics Science and Technology Roadmap for 2014-2033. 2014. https://explorers. larc. nasa. gov/HPS-MEX/MO/pdf_files/2014_HelioRoadmap_Final_Reduced_0. pdf[2019-12-30].
[54] Wimmer-Schweingruber R F,McNutt R,Schwadron N A,et al. Interstellar heliospheric probe/heliospheric boundary explorer mission—a mission to the outermost boundaries of the solar system. Experimental Astronomy,2009,24(1-3):9-46.
[55] Mcnutt L R Jr,Wimmer-Schweingruber R F,Gruntman M,et al. Near-term interstellar probe:first step. Acta Astronautica,2019,162:284-299.

Major Scientific Issues in the Exploration of Heliospheric Interface

Wang Chi, Li Hui, Guo Xiaocheng

The heliosphere is formed by the interaction between the expanding supersonic solar wind and the moving local interstellar medium(LISM). Both the solar wind and the LISM are multicomponents in nature, consisting of relatively low-temperature plasma, hot pickup ions(PUIs), neutrals atoms, and very energetic cosmic-rays. The interaction between the flows produces the heliospheric interface consisting of the termination shock(TS), the inner heliosheath, the heliopause (HP), and the outer heliosheath. Based on the recent observations, we present the major scientific issues at the interface: the unexpected stagnation flow in the inner heliosheath detected by Voyager 1, the physical linkage between solar wind events and the shocks in the interstellar medium, the origin of the anomalous cosmic rays, the anisotropy of the galactic cosmic rays perpendicular to the interstellar magnetic field, the sources of the energetic neutral atoms in the outer heliosphere, the in-situ observation of the hydrogen wall in the outer heliosheath, and the global structure of the outer heliosphere. Finally, we review the on-going strategies of the interstellar missions in the US and Europe, and propose the future Chinese interstellar mission that will have significant scientific impacts in the community.

2.2 量子计算：现状与展望

段路明 吴宇恺

（清华大学交叉信息研究院）

近年来，量子计算以其超越传统计算机的指数加速能力引起了广泛的关注。每当大学或企业的科研团队发布新的量子计算研究进展，都会引起媒体的争相报道，以及公众和学术界对其是否体现了量子优势①的热烈讨论。尽管取得了巨大的进展，但量子计算的研究仍然处于初期，距离制造出有广泛应用的通用量子计算机，仍有大量问题需要研究和解决。本文简要评述实现通用量子计算机的核心问题及其研究进展与未来展望，并重点介绍目前技术上最领先的两种实现量子计算机的实验平台——离子量子计算和超导量子计算。

一、量子计算的基本概念

量子计算的理论基础是量子力学[1]。在传统的计算机（也称作经典计算机）中，基本的信息存储单元是二进制的比特，每一个比特可以处于 0 或者 1 的状态。类似地，量子计算机中的基本信息存储单元也具有 0 和 1 两种状态，称作量子比特（qubit）。但是不同于经典计算机的比特，量子力学允许一个量子比特同时处于 0 和 1 的状态，称为一个叠加态。两个量子比特可以同时处于 00、01、10、11 这四个状态的叠加态；每增加一个量子比特，能够同时存在的状态数就翻倍，因此 n 个量子比特就可以同时处于 2^n 个状态的叠加态。

量子力学表明，当我们对一个叠加态进行操作时，得到的结果是对每个状态分别进行操作的叠加态。这意味着，当我们对 n 个量子比特进行一次量子操作（称作量子门）时，得到的结果里包含对所有 2^n 个状态进行操作的信息，这称作量子并行[1,2]（quantum parallelism）。但是量子力学同时也规定，在对一个叠加态进行测量时，只能概率性地得到其中某一个状态，而且一旦完成测量，就破坏了原有的量子态。因此

① 量子优势（quantum supremacy），也译作量子霸权，指用量子计算机可以解决传统计算机无法解决的问题，无论该问题是否具有实用价值。

量子计算机并非简单地在所有问题上都能获得加速。我们只有对特定的、有内在结构（对称性）的问题，可以巧妙地设计算法、在不同叠加态之间进行量子干涉，提高得到所需信息的概率而降低其他状态的概率，这样才能实现指数加速。著名的例子有肖尔（Peter Shor）的质因数分解和离散对数算法等[1]。不过，就算是没有任何内在结构的搜索问题，量子计算机仍能用格罗弗（Grover）算法实现多项式时间的加速[1]。此外，显而易见，利用量子计算机来研究复杂系统的量子性质时，自然地会比经典计算机更有优势[1]。因此，基于量子计算机的量子模拟，相比于经典算法，通常具有指数加速，可以广泛应用于化学、生物、材料科学等领域。

为了实现这些量子算法，需要保持不同叠加态之间的相干性，即进行量子干涉的能力。然而，尽管使用了最先进的真空、低温等系统，量子比特仍然不可避免地受到其所处环境的干扰。为了保持相干性，需要类比经典计算机的纠错，引入冗余的信息对量子比特进行量子纠错，通常会利用量子纠缠来进行编码。目前对于量子纠错，有一套复杂的容错量子计算理论[1]，其中一个最重要的结果就是阈值定理。这一定理表明，虽然增加量子比特和量子门的数量会引入更多的误差，但是只要每一个操作的误差低于一定的阈值，我们就可以用越来越多的物理量子比特来编码一个逻辑量子比特，实现越来越高的精度。近年来，随着越来越多的量子纠错码被提出，容错阈值从最初的 10^{-6}～10^{-5} 提高到了 1% 以上[1,3]。为了有效地用物理量子比特来进行编码，我们希望每个物理量子门的误差显著地低于容错阈值，因此目前通常在量子计算的硬件研究中把量子门的误差目标定在 0.1% 以下。

二、如何实现量子计算机

所谓通用量子计算机，即不限于执行某一特定功能，而能有效地执行各种量子算法的量子计算机。正如经典计算机中可以使用与、或、非三种基本逻辑门来实现任意的逻辑门一样，量子计算机也可以用几种基本的量子门（称作一组通用量子门，universal gate set）进行组合，得到任意的量子门[1]。通用量子门的选取不是唯一的，可以根据不同的物理系统选择更容易实现的通用量子门。最常见的选择是几个单量子比特门（single-qubit gate）和一个产生纠缠的双量子比特门（two-qubit gate），下文讨论的都是这种情况。

为了实现量子计算，前面提到的量子比特、量子门等抽象的概念都需要有明确的物理载体。这些物理载体应满足迪文森索（David DiVincenzo）于 1996 年提出的一些基本条件[4]：①能得到大量的量子比特；②方便对量子比特的状态初始化；③能实现一组通用量子门；④退相干时间（指量子比特失去相干性的时间）远远长于执行一个量子门的时间；⑤方便测量量子比特的状态。目前的研究中用于实现量子计算的物理系统主要有离子、超导电路、冷原子、光子、金刚石自旋、半导体量子点、拓扑材料这7种[3]，其中又以超导电路和离子体系在量子比特数和量子门的准确度①这两个关键指标上占据领先地位[3]。以下我们将重点介绍这两个系统。但应注意，由于目前量子计算的研究还处于初期，要建造实用的量子计算机仍有大量的技术问题有待解决，且随着量子比特数的增加和量子门精度的提高，仍有可能遇到预料之外的新问题，因此此刻判断哪种物理体系最适合量子计算还为时尚早。未来的量子计算机甚至有可能是结合几种物理体系长处的混合系统。

三、基于囚禁离子的量子计算

离子量子计算机采用被囚禁在真空中的离子作为量子比特。离子具有量子化的能级，通过与环境中的电磁场相互作用，处于高能级（激发态）的离子会在一段时间后发生自发辐射，回到低能级（基态）。我们通常采用离子的基态和一个寿命长的激发态（准稳态）作为一个量子比特。这两个能级之间的相干操作，即单量子比特门，可以通过合适频率的激光或微波来实现。此外，作为量子比特的能级的选择也取决于是否有合适频率的激光器或微波源来进行控制，以及能级对环境中的磁场等噪声的敏感程度。

为了将离子稳定地约束在真空中，得到一个较为纯净的量子系统，保罗（Wolfgang Paul）发明了保罗离子阱（Paul trap，也称作四极离子阱），利用交变电场来囚禁离子[5]，他因此获得了1989年的诺贝尔物理学奖。通常在离子量子计算的实验中，我们会让两个空间方向的约束较强、剩下一个方向的约束较弱，这样离子会沿着该方向排成一列，便于用聚焦的激光对每个离子进行独立操控。典型的离子阱结构和实验中观测到的离子构型如图1所示。

2012年诺贝尔物理学奖的获得者瓦恩兰（David Wineland）在对被囚禁的离子进行量子调控方面做出了奠基性的工作[6]。为了精确地控制离子，首先用合适频率的激光把刚捕获的离子冷却下来[7]：激光的光子带有动量，离子在吸收和自发辐射光子时受到反冲，就会被逐渐减速。接着，使用光泵浦（optical pumping）技术实现对量子比特状态的初始化和测量[7]。这里利用到不同能级之间跃迁所需满足的选择定则（即能量守恒、角动量守恒等条件）。假设用0和1标记量子比特的两个能级。在初始化量子比特时，可以使用合适的激光选择性地激发处于1状态的离子，并允许离子通过

① 以保真度（fidelity）为评价标准，这是一个0到1之间的数，越接近1说明量子门越准确。

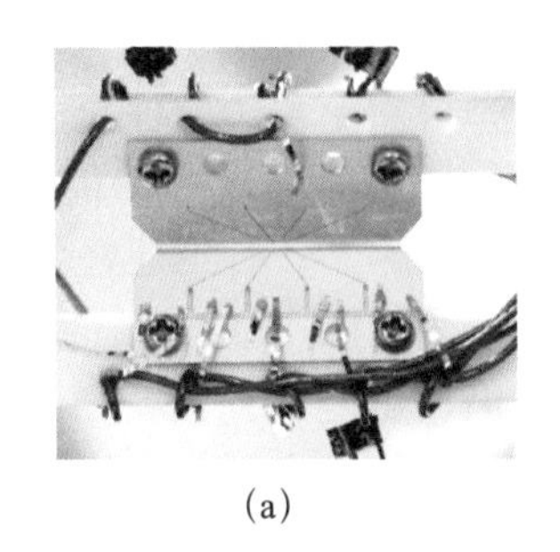

(a)

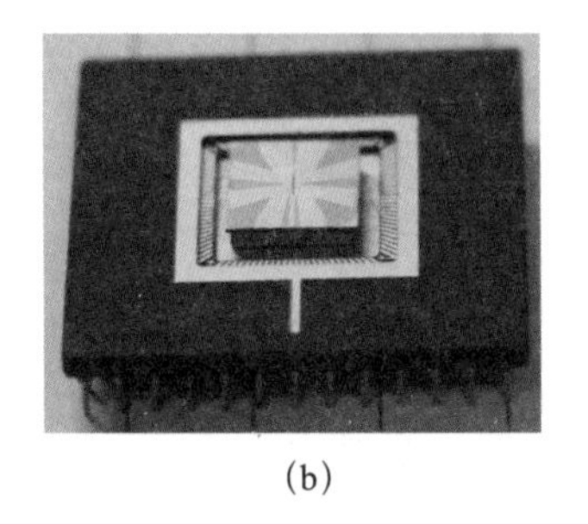

(b)

(c)

图 1　典型的离子阱结构和实验中观测到的离子构型

(a) 一种用于离子量子计算的现代离子阱结构：刀片阱。约束电场由四块刀片状的电极产生（两块位于背面），离子处于中心区域，整个系统置于真空腔中；(b) 一种基于微纳加工技术的集成离子阱结构：芯片阱。约束电场由微芯片上的电极产生，离子处于芯片中心上方；(c) 实验观测到的一维离子链发出的荧光

图片来源：清华大学离子量子计算实验室提供

自发辐射回到 0 状态，那么经过足够长的时间（一般为几微秒），离子就会以接近百分之百的概率被初始化到 0 状态。而在对量子比特进行测量时，选择另一种激光，让原本处于 1 状态的离子不断被激发并通过自发辐射回到 1 状态，并在此过程中向各个方向发出大量光子；而原本处于 0 状态的离子则不会受到影响，几乎不会发出光子。这样一来，通过照射激光并检测离子发出的光子数，就可以区分离子原本处于 0 状态还是 1 状态。

前面已经提到如何在离子体系实现单量子比特门，为了实现通用量子门，我们还需要在任意一对离子之间实现双量子比特门，即实现两个离子的量子纠缠。离子带有电荷，相距较远的两个离子可以通过电荷之间的库仑力产生相互作用。但是，库仑力对于离子的内部状态，即它处于 0 还是 1 的能级不敏感，无法直接产生两个离子之间的纠缠。因此，需要通过离子的空间振动模式来传导相互作用。首先，用合适频率和方向的激光，把离子所处的能级和它在空间中的运动耦合起来；离子间的库仑力又进一步把两个离子在空间中的运动耦合在一起。这样就间接地把两个离子的能级关联了起来。

总体来说，离子系统在实现量子计算方面具有调控性好、保真度高、退相干时间长的优点。目前，离子实验中已经分别演示了超过 10min 的量子态存储[8]、低于 0.01% 的量子态初始化与测量误差[9,10]、在 2 离子系统中平均保真度达到 99.99% 以上的单量子比特门和 99.9% 的双量子比特门[11,12]、在 11 离子系统中平均保真度

99.5% 的单量子比特门和平均保真度 97.5% 的双量子比特门[13]以及对多达 53 个离子系统的整体量子操作[14]。据估计，现在使用的基于一维离子链的方案能直接推广到约 100 个量子比特的系统[15,3]。要进一步增加量子比特数，一种可能的方案是使用二维离子结构[16]。此外，要达到能解决实际问题的程度，离子量子计算平台最终需实现规模集成化。目前主要的构架模型有两种：一是离子输运方案，即通过电场控制离子在不同量子计算模块之间的移动，将各个模块连接起来[17]；二是量子网络方案，不同模块通过与光子的纠缠连接起来，实现量子计算网络[18,19]。这些方案也已经取得了一些初步的实验进展[19-21]。

四、基于超导电路的量子计算

超导量子计算机主要基于超导材料制成的电子线路的量子特性。实际上，量子理论不仅适用于离子这样的微观粒子，也同样能描述宏观物体的行为。但在通常的电路中看不到量子效应，这是因为温度太高、噪声太强，破坏了量子叠加态的相干性。因此，为了制造量子计算机，我们需要采用超导材料来制作电路。在超导材料中，电子会配对形成库珀对，处于集体运动的状态。这一状态下电子没有电阻，极大地减小了能量耗散。此外，我们还把超导电路冷却到约 10mK 的温度[22]（即仅比 0K 高 0.01℃），通过减小热噪声，使量子性质体现出来。

超导量子计算中一个关键的元件是约瑟夫森结，它的发明者约瑟夫森（Brian Josephson）获得了 1973 年的诺贝尔物理学奖。约瑟夫森结有广泛的用途，对于超导量子计算而言，我们可以把它看作一个非线性的电感元件[22]。它和超导线路中的电容一起，组成了一个非线性的振荡电路，相当于一个人工原子。我们可以使用它最低的两个能级作为量子比特。

通过对约瑟夫森结的工作状态以及电路参数进行选择，有多种不同的方式来设计量子比特。最基本的设计方案是电荷量子比特、磁通量子比特和相位量子比特这三种[22,23]。这些早期的量子比特设计通常对某些特定的噪声较为敏感，典型的退相干时间为几到几百纳秒[22,23]。但这些实验大大加深了人们对超导量子比特中噪声的理解，从而有针对性地进行设计优化。目前超导量子比特的退相干时间已经能够达到几十微秒[24]；通过将超导电路置于三维微波腔中进一步屏蔽环境噪声，还可将退相干时间延长到 100μs 以上[25]。另外，有一种方案是用微波腔中的光子来编码量子比特，而用超导量子比特辅助进行控制和测量[26,27]，这里不作进一步的介绍。常见的超导量子计算实验装置和超导芯片设计如图 2 所示。

超导量子计算机的主要优势在于，其可借鉴经典计算机成熟的芯片微加工技术，

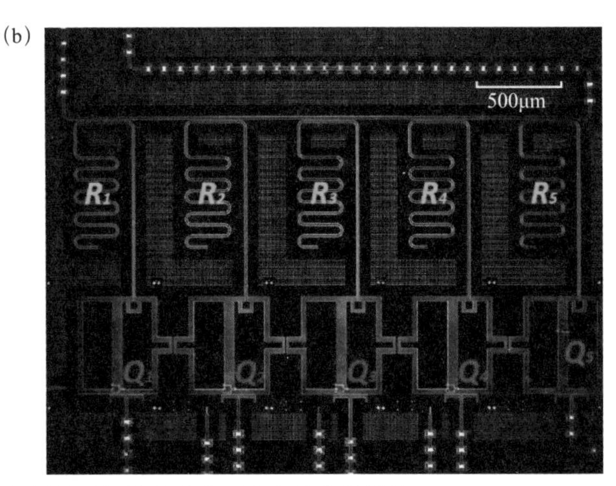

图 2 常见的超导量子计算实验装置和超导芯片设计

(a) 超导电路量子计算的实验装置，整个装置置于多级制冷系统中，将位于装置底部的超导芯片冷却到低温；(b) 一块具有 5 个超导量子比特的芯片。Q_1 至 Q_5 为 5 个量子比特，R_1 至 R_5 为辅助测量的微波谐振腔，下方为控制量子比特的信号线，上方为测量用的信号线。

图片来源：清华大学超导量子计算实验室提供。

方便实现规模化的设计。超导比特之间可以通过电感、电容等产生相互作用；对超导量子比特的操控、测量，也可采用较为成熟的电学控制与微波信号处理技术。通过对超导电路的设计，可以将超导量子比特与控制信号以及超导量子比特之间强烈地耦合起来，实现约 10ns 的单量子比特门以及几十到几百纳秒的双量子比特门[24]，远远快于离子系统。近年来，由于 IBM、谷歌等企业的研发投入，超导量子计算机的研制取得了飞速的进展。IBM 公司在 2016 年发布了一块拥有 5 个超导量子比特的芯片，接入云端服务向公众免费开放，实现了约 99.7% 保真度的单量子比特门、约 96.5% 保真度的双量子比特门和 4% 左右的量子比特测量误差[28,29]；2017 年，IBM 公司又将该服务升级至 16 个超导量子比特，并推出另一块 20 个量子比特的芯片。美国加州大学圣塔芭芭拉分校（UCSB）的马丁尼斯（John Martinis）团队也于 2014 年研制了 5 个超导量子比特的芯片，实现了 99.92% 保真度的单量子比特门和 99% 以上保真度的双量子比特门[30]；在加入谷歌公司后，马丁尼斯的团队于 2019 年发布了对 53 个量子比特的测试结果，实现了 99.85% 保真度的单量子比特门和 99% 以上保真度的双量子比特门，以及约 3% 的量子比特测量误差，并首次在实验中演示了量子优势[31]。

中国各研究组最近在超导量子计算方向也取得了很好的进展[32-35]。中国科学技术大学的研究团队实现了微波光子在 12 个超导量子比特组成的一维阵列上的量子随机游走[32]，并在 24 个量子比特的芯片上进行了 20 个量子比特动力学的量子模拟[33]；

浙江大学的研究人员在 20 个超导量子比特的芯片中制备了多体量子纠缠态[34]；清华大学的团队利用超导量子比特与微波谐振腔耦合演示了微波光子态编码的量子纠错[35]。

五、未来展望

由于量子计算机在信息安全、量子模拟、量子优化、人工智能等方面的潜在应用[3,36]，世界各国都在量子计算及其他相关的量子信息领域投入了大量的人力物力进行研究。最近二十多年来，特别是最近几年中，量子计算机的研究有了巨大的进展。相关的统计数据如图 3 所示。

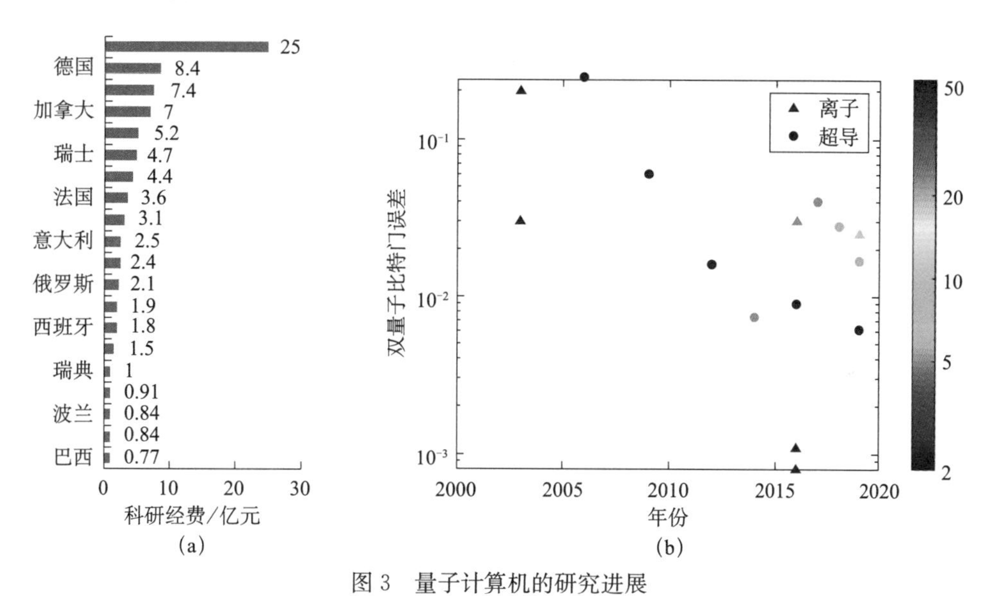

图 3 量子计算机的研究进展

(a) 2015 年世界其他国家在量子技术研究中投入的科研经费[3]；(b) 量子比特数（图中用不同颜色表示）和量子门的误差（以较困难的双量子比特门为代表）逐年发展情况[3,14,31-35,37]

但是，离最终研制出能解决大量实际问题的量子计算机仍有很长的路要走。据估计，要用量子计算机实现前面提到的肖尔质因数分解算法，求解现有的经典计算机无法分解的 1024 位整数，大约需要 2000 个逻辑量子比特；假设能把物理量子比特的误差减小到十万分之一，利用现有的量子纠错码，将会需要约 800 万个物理量子比特，与现在的实验水平仍有几个数量级的差别[3]。未来，在硬件方面，需要在保持乃至提高每个量子比特性能的前提下不断增加量子比特的数量；而在软件方面，要设计具有更高容错阈值、更有效利用物理量子比特的量子纠错码，同时也要寻找更多实用、高效的量子算法，让量子计算的研究尽快转化为经济效益，从而促进该研究领域的长期持续发展。例如，最近受到广泛关注的变分量子算法[38,39]，就有望在中等规模、较低保真度的量子计算机中取得实际应用，并已在现有的小规模量子计算机上得到了实验验证。

最后应指出，量子计算机并不会取代经典计算机。像前文提到的那样，量子计算机并非在所有问题上都会比经典计算机取得加速。对于量子计算机和量子程序的设计，我们会使用经典计算机来进行辅助控制与优化，以提高效率，未来的量子计算机很有可能是量子和经典复合的系统。因此，经典计算机的进一步发展也将促进量子计算的研究。

参考文献

[1] NielsenM A,Chuang I L. Quantum Computation and Quantum Information. New York:Cambridge University Press,2011.

[2] Deutsch D,Jozsa R. Rapid solution of problems by quantum computation. Proceedings of the Royal Society of London(Series A):Mathematical and Physical Sciences,1992,439(1907):553-558.

[3] The National Academies of Sciences,Engineering,and Medicine. Quantum computing:progress and prospects. Washington:The National Academies Press,2019.

[4] DiVincenzo D. Topics in quantum computers. arXiv:cond-mat/9612126.

[5] Paul W. Electromagnetic traps for charged and neutral particles. Reviews of Modern Physics,1990,62(3):531-540.

[6] Wineland D. Nobel lecture:superposition,entanglement,and raising Schrödinger's cat. Reviews of Modern Physics,2013,85(3):1103-1114.

[7] Leibfried D,Blatt R,Monroe C,et al. Quantum dynamics of single trapped ions. Reviews of Modern Physics,2003,75(1):281-324.

[8] Wang Y,Mark U,Zhang J H,et al. Single-qubit quantum memory exceeding ten-minute coherence time. Nature Photonics,2017,11(10):646-650.

[9] Harty T P,Allcock D T C,Ballance C J,et al. High-fidelity preparation,gates,memory,and readout of a trapped-ion quantum bit. Physical Review Letters,2014,113(22):220501.

[10] Crain S,Cahall C,Vrijsen G,et al. High-speed low-crosstalk detection of a $^{171}Yb^{+}$ qubit using superconducting nanowire single photon detectors. Communications Physics,2019,2:97.

[11] Ballance C J,Harty T P,Linke N M,et al. High-fidelity quantum logic gates using trapped-ion hyperfine qubits. Physical Review Letters,2016,117(6):060504.

[12] Gaebler J P,Tan T R,Lin Y,et al. High-fidelity universal gate set for $^{9}Be^{+}$ ion qubits. Physical Review Letters,2016,117(5):060505.

[13] Wright K,Beck K M,Debnath S,et al. Benchmarking an 11-qubit quantum computer. arXiv:1903.

08181.
[14] Zhang J,Pagano G,Hess P W,et al. Observation of a many-body dynamical phase transition with a 53-qubit quantum simulator. Nature,2017,551:601-604.
[15] Lin G D,Zhu S L,Islam R,et al. Large scale quantum computation in an anharmonic linear ion trap. Europhysics Letters,2009,86(6):60004.
[16] Wang S T,Shen T,Duan L M. Quantum computation under micromotion in a planar ion crystal. Scientific Reports,2015,5:8555.
[17] Kielpinski D,Monroe C,Wineland D J. Architecture for a large-scale ion-trap quantum computer. Nature,2002,417:709-711.
[18] Duan L M,Blinov B B,Moehring D L,et al. Scalable trapped ion quantum computation with a probabilistic ion-photon mapping. Quantum Information and Computation,2004,4(3):165-173.
[19] Duan L M,Monroe C. Colloquium:quantum networks with trapped ions. Reviews of Modern Physics,2010,82(2):1209-1224.
[20] Wilson A C,Colombe Y,Brown K R,et al. Tunable spin-spin interactions and entanglement of ions in separate potential wells. Nature,2014,512:57-60.
[21] Hucul D,Inlek I V,Vittorini G,et al. Modular entanglement of atomic qubits using photons and phonons. Nature Physics,2015,11:37-42.
[22] Devoret M H,Martinis J M. Implementing qubits with superconducting integrated circuits. Quantum Information Processing,2004,3(1-5):163-203.
[23] Martinis J M. Superconducting phase qubits. Quantum Information Processing,2009,8(2-3):81-103.
[24] Wendin G. Quantum information processing with superconducting circuits:a review. Reports on Progress in Physics,2017,80(10):106001.
[25] Paik H,Schuster D I,Bishop L S,et al. Observation of high coherence in Josephson junction qubits measured in a three-dimensional circuit QED architecture. Physical Review Letters,2011,107(24):240501.
[26] Heeres R W,Vlastakis B,Holland E,et al. Cavity state manipulation using photon-number selective phase gates. Physical Review Letters,2015,115(13):137002.
[27] Michael M H,Silveri M,Brierley R T,et al. New class of quantum error-correcting codes for a bosonic mode. Physical Review X,2016,6(3):031006.
[28] Adbo B,Bishop L,Brink M,et al. IBM Q 5 Yorktown V1. x. x. https://github. com/Qiskit/ibmq-device-information/tree/master/backends/yorktown/V1[2019-11-01].
[29] Linke N M,Maslov D,Roetteler M,et al. Experimental comparison of two quantum computing architectures. Proceedings of the National Academy of Sciences,2017,114:3305-3310.
[30] Barends R,Kelly J,Megrant A,et al. Superconducting quantum circuits at the surface code threshold for fault tolerance. Nature,2014,508:500-503.

[31] Arute F, Arya K, Babbush R, et al. Quantum supremacy using a programmable superconducting processor. Nature, 2019, 574: 505-510.

[32] Yan Z G, Zhang Y R, Gong M, et al. Strongly correlated quantum walks with a 12-qubit superconducting processor. Science, 2019, 364(6442): 753-756.

[33] Ye Y S, Ge Z Y, Wu Y L, et al. Propagation and localization of collective excitations on a 24-qubit superconducting processor. Physical Review Letters, 2019, 123(5): 050502.

[34] Song C, Xu K, Li H K, et al. Observation of multi-component atomic Schrödinger cat states of up to 20 qubits. Science, 2019, 365(6453): 574-577.

[35] Hu L, Ma Y W, Cai W Z, et al. Quantum error correction and universal gate set operation on a binomial bosonic logical qubit. Nature Physics, 2019, 15: 503-508.

[36] Sarma S D, Deng D L, Duan L M. Machine learning meets quantum physics. Physics Today, 2019, 72(3): 48-54.

[37] Gambetta J, Sheldon S. Cramming more power into a quantum device. https://www.ibm.com/blogs/research/2019/03/power-quantum-device/[2019-11-01].

[38] Farhi E, Goldstone J, Gutmann S. A quantum approximate optimization algorithm. arXiv: 1411.4028.

[39] Kokail C, Maier C, van Bijnen R, et al. Self-verifying variational quantum simulation of lattice models. Nature, 2019, 569: 355-360.

Quantum Computing: Progress and Prospect

Duan Luming, Wu Yukai

Quantum computers have attracted wide attention due to their potential computational power beyond classical computers, but building a practical quantum computer turns out to be very challenging. Recently, significant progress has been made in the research of quantum computing. In this paper, we introduce the basic concepts of quantum computing, the key challenges in this field, and the fundamental requirements on the physical systems to implement a universal quantum computer. Focusing on two leading physical systems, trapped ions and superconducting circuits, we describe how the essential quantum operations can be made and review the recent progress in the qubit number and quantum gate fidelities. Finally, we summarize the possible future research directions.

2.3 纳米绿色印刷技术研究进展

王 思 吴 磊 宋延林

（中国科学院化学研究所）

印刷业是我国国民经济的重要组成部分，2017 年行业总产值超过 1.2 万亿元。19 世纪 30 年代，随着基于感光材料的发现以及照相技术的发展，印刷技术开始进入到感光成像原理的新时代，并进而发展为以平版、凹版、柔性版及丝网印刷为主的多样化感光印刷方式。20 世纪 80 年代，王选院士主持开发的汉字激光照排技术，将我国依赖“铅与火”的活字印刷技术推进到“光与电”的新时代。进入 21 世纪，随着全球范围对环境保护的日益关注，传统以感光材料和光刻技术为基础的印刷、电子和微纳米器件制造等行业都面临巨大的环境压力和可持续发展的挑战。

（1）我国是世界第二大印刷市场。当前，印刷制版的主流技术是激光照排技术和计算机直接制版（CTP）技术。激光照排工艺类似传统的胶卷照相，从胶片的显影、定影、冲洗到印版的显影、冲洗等过程中，均需使用多种化学药品，不可避免地会带来大量的废液排放。CTP 技术虽然省略了胶片过程，但 CTP 版显影、冲洗过程中也存在因感光冲洗废液排放带来的环境污染。同时，传统印刷产业链中还存在版基制造（因电解工艺产生大量废液和固体废弃物），以及油墨污染（挥发性有机化合物排放）等环境污染问题，严重制约了其可持续发展。

（2）中国已成为世界最大的印刷电路生产国，销售额、产量均居世界第一。传统的印刷电路制造主要是基于感光和刻蚀工艺，绝大部分的非电路部分金属材料需要通过曝光腐蚀去除，造成严重的环境污染和资源浪费。同时，传统的蚀刻工艺因在柔性基材的应用限制以及生产工艺复杂、成本高昂等局限，很难满足和适应电子产品未来的柔性化、透明化以及可穿戴等发展需求。

（3）微纳制造技术是从纳米材料到器件应用的核心技术。传统的微纳光刻加工技术难以满足印刷电子、柔性电子和微纳米器件等领域对新材料、新结构和新特性的需求，并且在精度方面有越来越大的局限性。

近年来，随着纳米科技的创新发展，将纳米技术和印刷技术相融合发展的纳米绿色印刷技术，因具有低成本、绿色环保等优势而引起广泛关注，可望成为未来新型纳米结构器件制备的重要发展方向。同时，纳米绿色印刷技术作为增材制造技术，能耗少、材料普适性高，可广泛应用于印刷制版、印刷电路以及印刷微纳器件领域，且通过材料和技术的创新，可实现印刷精度从数十微米到几十纳米的图形制备，从根本上解决光刻腐蚀带来的环境污染问题，为众多产业的技术变革和绿色发展带来新的希望。

一、纳米绿色印刷技术的研究进展

印刷技术作为一种有效的图案化技术，具有“自下而上”增材制造的特点，但现有印刷技术仍存在设备工艺复杂、环保性差、印刷图案精度低、微观结构难以控制等问题。近年来，中国科学院绿色印刷重点实验室的研究人员基于纳米材料的长期研究基础，利用纳米转印材料和纳微米结构版材对表面浸润性的调控，发展了无须曝光冲洗的纳米绿色制版技术，完全避免了感光冲洗过程，实现了从原理性基础研究到技术创新的重要突破，是目前最环保的印刷制版技术。

纳米绿色印刷技术的实现与应用源于对印刷过程中液滴、液膜的控制规律和理论的系统研究，主要通过抑制咖啡环效应、解决瑞利失稳问题和调控马拉格尼效应，可以精确控制墨滴扩散、融合和干燥过程，从而实现对纳米结构的点、线、面、体的精确控制，为解决微纳图案的印刷制备和精确调控提供了理论和技术基础。针对印刷过程中墨滴与基底的碰撞过程，研究人员通过设计独特的图案化浸润性表面，实现了对液滴撞击液滴碰撞前后平动能向转动能的转化的精准调控[1]，该过程突破了经典的牛顿碰撞定律描述的范畴，首次实现了物体碰撞前后运动方式的改变，为解决高精度图案的印刷制备和精确调控提供了新的思路，相关研究成果受到了《科学》（*Science*）、《化学与工程新闻》（*Chemical & Engineering News*）、《纽约时报》（*New York Times*），以及德国的《每日镜报》（*Der Tagesspiegel*）等众多学术期刊和媒体的关注。《自然》（*Nature*）期刊还专访了宋延林研究员，对绿色印刷技术成果进行了专题报道［图 1(a)］。

在系统研究墨滴与基材相互作用的基础上，研究人员将纳米绿色印刷技术应用于功能材料的图案化和微纳结构器件制备领域。他们创新性地将印刷制备的晶种模板引入到结晶体系，发展了一种利用晶种模板可控印刷制备高质量钙钛矿单晶薄膜阵列的普适性方法[2]［图 1(b)］，从而实现了钙钛矿单晶薄膜的可控制备。他们还通过将二维钙钛矿引入到三维钙钛矿体系中，制备出了高度取向的异质结薄膜[3,4]，在提高晶体稳定性的基础上，实现了良好的成膜性，为大面积制备钙钛矿薄膜提供了新的思路。针对大面积制备器件过程的稳定性问题，研究人员通过固-气反应实现了一维到三维锡钙钛矿的转变[5,6]，调控掺杂量可实现钙钛矿晶体的垂直并联结构生长[7,8]，解决了钙钛矿晶体薄膜的脆性问题，可实现大面积、高性能太阳能电池的印刷制备［图1(c)］，对推动绿色印刷制备钙钛矿太阳能电池的应用具有重要意义。

基于对单种液体和功能物质的印刷制备与调控，研究人员进一步利用微结构模板调控印刷两种物质过程中的界面融合与组装。发展了一种任意不相容流体界面间的流体图案化印刷技术。结合理论分析，提出了微结构浸润性和几何结构的设计原则，并用于制备不同形貌的流体图案，实现了流体间界面的可编程图案化[9]。这种以微流体技术为基础的对溶液在微升和纳升尺度的调控，在以溶液加工为基础的印刷电子器件制备技术中具有重要的应用，可以实现微型立体光电探测器的制备，并具有良好的光电响应性［图1(d)］。利用固体微结构设计模板和基材之间毛细液桥的方法，对同一流体内存在的两种颗粒也可实现有效的组装控制，形成不同的颗粒分别自组装的精细结构[10,11]。通过进一步控制液体限域空间的尺寸和颗粒的种类及大小，可巧妙地实现不同颗粒的可控精确程序化组装和图案化［图1(e)］。这种利用微模板控制液体限域实现组装图案化的方法，对微纳米材料精细图案化和功能器件的印刷制造具有重要意义。

进一步的研究发现，这种微米结构的模板可以用于调控二维泡沫的演化[12]。研究表明，在泡沫中的气泡生长演变过程中，微米结构可以对气泡的表面曲率半径进行调控，进而有效地调控泡沫的演变过程。通过微结构的调控，可以实现反奥斯瓦尔德熟化的演变模式。通过改变微结构，泡沫会演变成所设定的图案，从而实现二维泡沫演化的“可编程性”［图2(a)］。这些图案化的二维气泡为高精度印刷组装功能材料提供了新思路。通过把功能材料（如纳米颗粒、导电聚合物等）加入溶液中，随着液体的蒸发，功能材料就会在气泡边界处进行组装，形成高精度的网格图案，从而实现在透明电极等光电器件的应用。这种通过微模板控制二维泡沫演变的新模式，解决了泡沫演化难以操控的难题，实现了以阵列化气泡为模板“印刷”功能材料。

通过在可聚合液态基材上打印墨滴，提出了“液膜嵌入式打印”的印刷新方法[13]。该方法巧妙地利用液态基材对打印墨滴的动态包裹作用，实现了高精度微通道的制备。通过调控液态基材的流变行为和打印墨水的性质，实现了液态基材对墨滴的可控包裹，有效抑制了墨滴的扩散和“咖啡环”效应［图2(b)］，最终实现嵌入式微通道的喷墨打印。同时，通过在打印墨水中加入反应性物质，还可以在打印的同时实现对通道内壁的化学修饰。这种“液膜嵌入式打印”是一种普适的方法，可以实现高精度嵌入式导电银线的直接制备[14]，比通常的喷墨打印精度提高了约20倍。所制备的高精度电路直接嵌入在基材内部，避免了后续的封装步骤。利用这种“液膜嵌入式打印”，采取逐层叠加的方式直接打印实现了多层电路的制备，达到了60μm透明薄膜内嵌入三层电路的集成度［图2(c)］，为打印制备高集成度、高精度的三维结构电路奠定了技术基础。

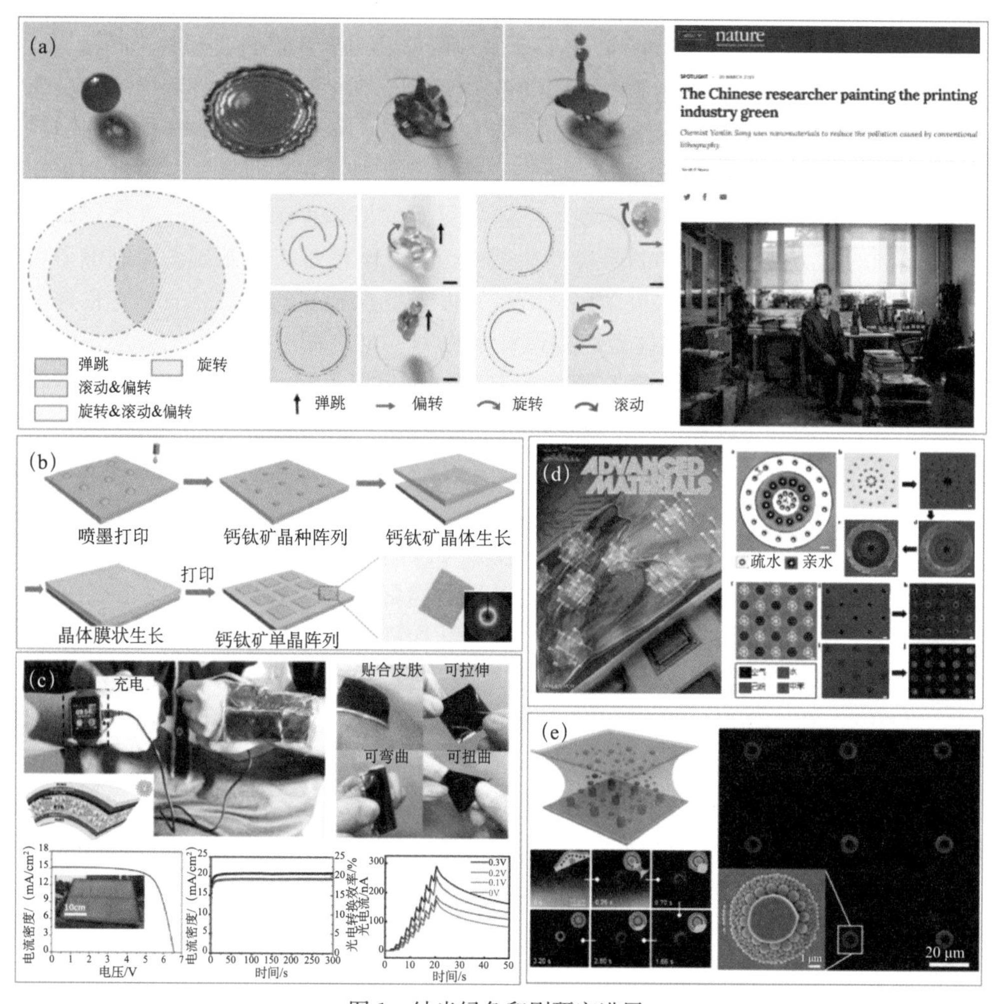

图1 纳米绿色印刷研究进展

(a) 图案化浸润性表面控制液滴碰撞基材的运动方式及《自然》期刊专访[1]；(b) 印刷制备高质量钙钛矿单晶薄膜阵列[2]；(c) 绿色印刷制备柔性太阳能电池[8]；(d) 绿色印刷过程液体融合与微纳立体器件制备[9]；(e) 不同颗粒可控精确程序化组装和图案化[11]。

二、纳米绿色印刷产业化成果

《中国印刷业“十三五”时期发展规划》中，将“纳米印刷”列为重点发展的内容。近年来，中国科学院化学研究所的科研人员以基础研究支撑产业技术突破为目

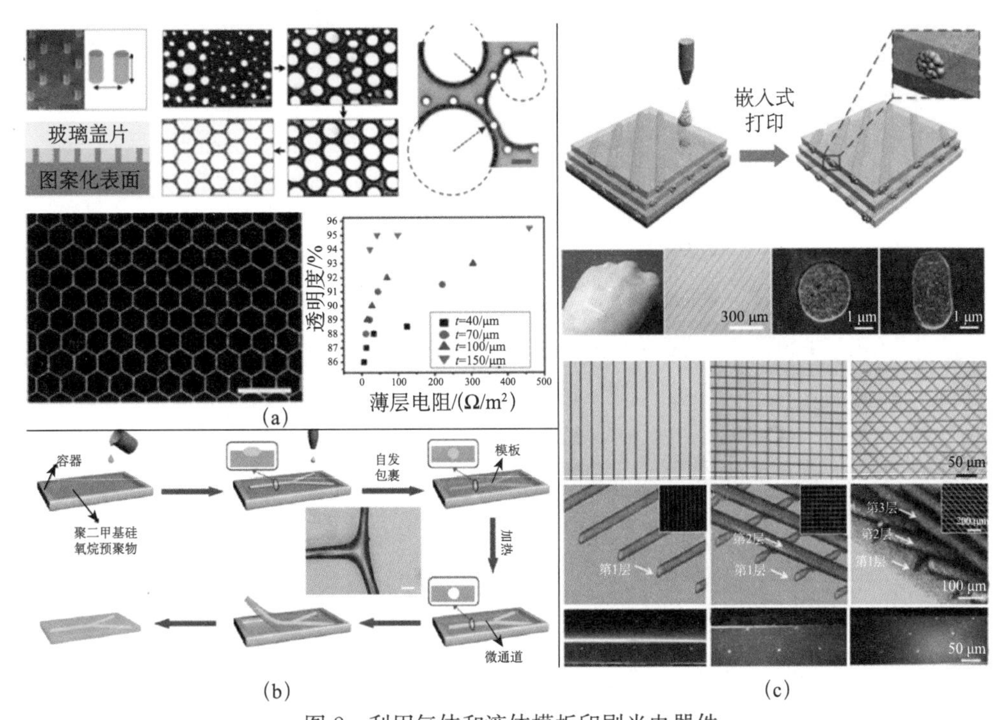

图 2 利用气体和液体模板印刷光电器件

(a) 气泡可控演变及其在微电路制备领域的应用[12]；(b) 液膜嵌入式打印方法可控制备微通道结构[13]；(c) 液膜嵌入打印方法制备高精度三维结构微电路[14]。

标，系统研究和突破了纳米材料绿色印刷的关键科学技术问题。在中国科学院战略性先导科技专项（A 类）“变革性纳米产业制造技术聚焦”支持下，围绕印刷产业链布置创新链，形成包括绿色版基、绿色制版和绿色油墨的完整绿色产业链技术，系统地解决了印刷产业的污染问题，奠定了环保和成本优势；同时，通过纳米材料创新和印刷技术的结合，拓展绿色印刷技术在印刷电路等方面的应用，积极参与印刷行业发展路线图与相关国际标准制定，引领印刷产业向“绿色化、功能化、立体化、器件化”发展。

1. 世界首条百万平方米绿色版材生产线建成

因电解氧化工艺存在严重的高耗能及大量的废酸、废液排放，传统印刷版材给周围环境及人员健康带来严重的隐患。为推动传统印刷版材制备工艺实现绿色、清洁化生产，中国科学院化学研究所研究人员基于绿色制版技术的研发基础，提出一种免砂目的绿色版基制备技术，即将纳米颗粒涂层材料通过特定的涂布工艺在铝版表面构造出特殊的微纳米结构，从而实现印刷过程对水和油介质的浸润性调控。该技术工艺简捷、成本低廉且绿色环保，荣获第二届全国印刷行业科技创新成果中的重点创新成果奖，并在承德天成印刷科技股份有限公司建成首条纳米绿色版材生产线，从源头杜绝了传统电解氧化工艺的电解液严重污染和高能耗问题，在印刷版材行业起到了绿色发展的示范和引领作用。

2. 绿色印刷油墨技术

针对目前广泛使用的苯或甲苯系塑料印刷油墨的严重危害和食品安全隐患，中国科学院化学研究所科研人员通过系统研究成膜树脂分子结构设计及水溶性控制、颜料纳米粒子均匀分散以及规模放大等关键技术，制备出能在不同塑料表面实现良好印刷效果的环保油墨。与成都托展新材料股份有限公司合作，建成了“纳米绿色印刷产业基地成都绿色油墨示范线”，相关产品已销售到十余个国家和地区。

3. 印刷射频标签技术

印刷电子技术以其产品柔性化、透明化和轻薄化的特点，近年来引起国际上的广泛重视。据 NanoMarkets 2010 年预测，2020 年全球印刷电子的市场将达到 570 亿美元，其中 75% 为柔性产品[15]。中国科学院化学研究所在纳米导电油墨制备和印刷电子领域应用方面开展了十余年的研究。与北京中科纳通电子技术有限公司合作，建立了卷到卷印刷射频天线生产线。采用绿色印刷工艺制造的北京 APEC 会议电子票卡、地铁票卡等已得到应用。

三、发展展望

纳米绿色印刷技术是具有变革性意义的绿色增材制造技术，可广泛应用于印刷、电子、微纳结构器件制造等众多重要领域。中国科学院化学研究所的科研人员通过对液滴扩散、融合以及黏附行为的系统研究，实现印刷墨滴从零维到三维结构的精确控制，形成对印刷技术的基本单元“点、线、面、体”精细控制的系统研究成果；并突破传统印刷技术的局限和精度极限，发展了新概念的纳米印刷技术和一系列性能优异的新概念印刷功能器件。利用液膜嵌入式打印制备了高精度多层电路，实现了微纳线路的印刷制造，并发展了系列微纳米功能器件。研究成果发表在《自然·通信》（*Nature Communications*）、《科学·进展》（*Science Advances*）、《先进材料》（*Advanced Materials*）、《德国应用化学》（*Angewandte Chemie International Edition*）、《美国化学会志》（*Journal of the American Chemical Society*）等著名学术期刊，有 30 多篇论文被选为封面或VIP论文，并多次被《自然》《科学》等作为研究亮点报道。中国科学院化学研究所完成的“纳米材料绿色打印印刷基础研究”荣获2016年北京市科学技术奖一等奖，相关科研人员主持起草了我国负责的第一项国际印刷电子标准，并于2019年荣获国际电工委员会（IEC，世界上最早成立的非政府性国际电工标准化机构）的“IEC 1906奖”。

为支撑未来印刷光电器件产业的发展，还需要针对纳米绿色印刷过程中大规模、高精度的图案化技术进行系统研究，揭示印刷过程中材料界面融合和精细结构控制的规律，实现墨滴内纳米材料的可控自组装，并阐明从静态浸润性到动态浸润性、从微液滴操控到大面积液膜图案化控制的规律，发展利用不同形态微模板的调控印刷制备微纳米器件的新概念印刷术，最终实现纳米绿色印刷技术在众多领域的广泛应用。

参考文献

[1] Li H, Fang W, Li Y, et al. Spontaneous droplets gyrating via asymmetric self-splitting on heterogeneous surfaces. Nature Communications, 2019, 10(1): 950.

[2] Gu Z, Huang Z, Li C, et al. A general printing approach for scalable growth of perovskite single-crystal films. Science Advances, 2018, 4(6): eaat2390.

[3] Li P, Zhang Y, Liang C, et al. Phase pure 2D perovskite for high-performance 2D-3D heterostructured perovskite solar cells. Advanced Materials, 2018, 30(52): 1805323.

[4] Li P, Liang C, Liu X L, et al. Low-dimensional perovskites with diammonium and monoammonium alternant cations for high-performance photovoltaics. Advanced Materials, 2019, 31(35): 1901966.

[5] Li F, Zhang Y, Jiang K J, et al. A novel strategy for scalable high-efficiency planar perovskite solar cells with new precursors and cation displacement approach. Advanced Materials, 2018, 30(44): 1804454.

[6] Li F, Zhang C, Huang J H, et al. A cation-exchange approach for the fabrication of efficient methylammonium tin iodide perovskite solar cells. Angewandte Chemie International Edition, 2019, 58(20): 6688-6692.

[7] Hu X, Meng X, Zhang L, et al. A mechanically robust conducting polymer network electrode for efficient flexible perovskite solar cells. Joule, 2019, 3(9): 2205-2218.

[8] Hu X, Huang Z, Li F, et al. Nacre-inspired crystallization and elastic “brick-and-mortar” structure for a wearable perovskite solar module. Energy & Environmental Science, 2019, 12(3): 979-987.

[9] Huang Z, Yang Q, Su M, et al. A general approach for fluid patterning and application in fabricating microdevices. Advanced Materials, 2018, 30(31): 1802172.

[10] Guo D, Li Y, Zheng X, et al. Programmed coassembly of one-dimensional binary superstructures by liquid soft confinement. Journal of the American Chemical Society, 2017, 140(1): 18-21.

[11] Guo D, Zheng X, Wang X, et al. Formation of multicomponent size-sorted assembly patterns by

tunable templated dewetting. Angewandte Chemie International Edition, 2018, 130(49): 16358-16362.

[12] Huang Z, Su M, Yang Q, et al. A general patterning approach by manipulating the evolution of two-dimensional liquid foams. Nature Communications, 2017, 8: 14110.

[13] Guo Y, Li L, Li F, et al. Inkjet print microchannels based on a liquid template. Lab on a Chip, 2015, 15(7): 1759-1764.

[14] Jiang J, Bao B, Li M, et al. Fabrication of transparent multilayer circuits by inkjet printing. Advanced Materials, 2016, 28(7): 1420-1426.

[15] Harrop P. Organic & printed electronics in East Asia. 2009, https://www.idtechex.com/en/research-report/organic-and-printed-electronics-in-east-asia/175[2016-12-30].

Research Progress of Nano Green Printing Technology

Wang Si, Wu Lei, Song Yanlin

Nano green printing technology is a revolutionary green additive manufacturing technology. It intrinsically solves the pollution of the traditional printing industry, and promotes printing technology to nanoscale. Nano green printing technology can be widely used in many important fields such as printing, electronics, micro-nano structure fabrication and device manufacturing. Based on the research in the Institute of Chemistry, Chinese Academy of Sciences, this paper introduces progress from basic research to industrial applications, and application prospects of nano green printing technology.

2.4 精神疾病肠道微生物组研究现状及展望

谢 鹏 郑 鹏

（重庆医科大学附属第一医院）

一、发展现状

随着经济社会发展，中国精神疾病的患病率出现上升趋势，其成人精神障碍的患病率约为16.6%[1]。由于精神疾病多起病于青少年及青年，呈慢性化特征，给家庭和社会带来沉重的负担。强化精神疾病的防治迫在眉睫，但由于其临床症状多样，病因异质性高，给其诊治带来极大的挑战，因此亟待寻找新的突破点。

人类微生物组是指人体内外所有细菌、真菌、病毒及原生生物的全部遗传信息（基因组），其内涵包括微生物与其环境和宿主的相互作用。人体肠道内有大量的共生微生物，其携带的基因信息总量是人自身基因组信息的50～100倍，即“肠道微生物组”（gut microbiome），也被称为人类的“第二基因组”。肠道微生物组是人体最大、最直接的外环境，对维持人体健康发挥着不可或缺的作用[2]。从2007年美国国立卫生研究院（NIH）提出“人体微生物组计划”，到2016年美国政府斥资1.21亿美元启动“国家微生物组计划”（National Microbiome Initiative，NMI），美国引领了肠道微生物组在营养障碍、代谢异常及复杂疾病（如肥胖、糖尿病、炎性肠病及肿瘤等）方面的研究。鉴于肠道微生物的可检测、易修饰特性，有望开发出新的诊治策略，掀起新的生物科技革命。

由于中枢神经系统与外周间存在血脑屏障，早期肠道微生物组是否影响脑功能与疾病存在争议，导致对其研究滞后于其他系统疾病。2012年，克莱恩（John F. Cryan）等[3]撰文指出肠道微生物组可通过微生物源代谢产物、细胞因子及免疫、迷走神经通路等反向影响脑的功能与行为，即“微生物—肠—脑”轴。这一概念的提出，不仅仅是对既往“脑—肠—微生物”轴的丰富与发展，更为揭示精神疾病的发病机制，筛选新的诊治靶点提供全新的切入点。其临床价值在于，一旦锁定导致精神疾病的关键肠道微生物（如肠道细菌菌株、病毒及真菌），可针对这些微生物及效应分子，开发出早期、靶向的诊治新策略，有望成为精神疾病防治的分水岭。短短数年间，从动物模型到临床转化研究，已证实肠道微生物组在抑郁症、自闭症、精神分裂症等复杂精神疾病中起到重要作用。

1. 肠道微生物影响脑功能与行为

生理状态下，肠道微生物能影响大脑功能及与之相关的行为。例如，无菌小鼠与普通清洁小鼠相比较，无菌小鼠出现抑郁及焦虑样行为减少[4,5]、社会交互受损[6]等表现；同时伴有脑内神经递质及其代谢产物紊乱，突触形成及神经营养因子表达异常。此外，抗生素处理的小鼠表现为恐惧消退学习能力明显受损[7]。此类动物研究表明肠道微生物组可通过“微生物—肠—脑”轴影响精神疾病相关的行为及分子表达，但“肠—脑”轴间的具体作用途径仍不明确。

2018年，韩文飞（Wenfei Han）等[8]通过刺激肠道迷走感觉神经能够激活“肠-脑”神经通路，诱导黑质多巴胺释放及偏好相关行为改变，证实“肠—脑”神经通路是大脑奖赏环路重要的组成部分。同年，Kaelberer等[9]采用单细胞分析技术，发现在肠道内分泌细胞中有一亚类细胞，命名为“肠感觉上皮细胞”，其可形成神经上皮环路并与迷走神经形成突触连接从而连接脑干，形成“肠感觉上皮细胞—神经节细胞—迷走神经—脑干”的“肠—脑”神经通路。这两项开创性工作，绘制了“肠—脑”轴间的神经通路，掀起此领域研究新的篇章。

2. 肠道微生物紊乱与主要精神疾病研究现状

动物研究提示肠道微生物组紊乱导致的行为改变与抑郁症、自闭症及精神分裂症等密切相关，也激发研究者依托临床资源，进一步明确：①精神疾病患者是否伴有肠道微生物组紊乱？②其紊乱的肠道微生物组是其潜在新致病因素或仅是精神疾病患者饮食、睡眠及行为改变所导致的结果？③若为潜在新致病因素，其导致疾病的机制是什么？现对肠道微生物组在主要精神疾病的研究现状介绍如下。

（1）抑郁症（major depressive disorder）。其主要表现为情绪低落、兴趣缺乏及精力降低。尽管纳入抑郁症患者的人群不同，但是通过16S rRNA和宏基因组测序，都发现肠道微生物组紊乱与抑郁症高度相关。比如，郑鹏[10]等发现，抑郁症患者肠道微生物组中的厚壁菌门（Firmicutes）、放线菌门（Actinobacteria）丰度降低，但拟杆菌门（Bacteroidetes）丰度显著升高；姜海音等发现，拟杆菌门（Bacteroidetes）、变形菌门（Proteobacteria）和放线菌门（Actinobacteria）在抑郁症患者中丰度显著升高，厚壁菌门（Firmicutes）显著降低，且粪杆菌属（*Faecalibacterium*）表达丰度与抑郁严重程度呈负相关[11]；赖文涛等[12]发现正服用药物的抑郁症患者其肠道微生物组的组成及色氨酸代谢通路与健康对照显著不同。相泽（Emiko Aizawa）等[13]发现抑郁症患者粪便双歧杆菌属（*Bifidobacterium*）及乳杆菌属（*Lactobacillus*）丰度降低。更为重要的是，郑鹏等[10]采用将抑郁症患者粪便移植于无菌小鼠，从而将抑郁表型从人成功传递至动物，使该小鼠表现出典型的抑郁样行为（强迫游泳及悬尾实验不动时间延长）。"肠—脑"轴代谢分析发现，肠道微生物组紊乱主要通过介导"肠—脑"轴氨基酸及碳水化合物代谢致抑郁样行为发生。与之相似的是，凯莉（John R. Kelly）等[14]将抑郁症患者肠道粪便移植于抗生素处理的无特定病原（SPF）小鼠，该小鼠表现出相似的抑郁样行为及色氨酸代谢紊乱。这些研究提示肠道微生物组紊乱可通过影响"肠—脑"轴代谢导致抑郁样行为的发生，是抑郁症发生的潜在新病因。这些研究为将来筛选导致抑郁的关键肠道微生物奠定基础。

（2）双相障碍（bipolar disorder）。其表现为反复抑郁、躁狂（或轻躁狂）交替发作，大多数患者情绪发作以抑郁为主。潘诺德（Annamari Painold）等[15]采用16S rRNA测序，发现双相障碍患者肠道微生物组中放线菌门（Actinobacteria）及红蝽菌科（Coriobacteria）丰度增加，而瘤胃菌科（Ruminococcaceae）及粪杆菌属（*Faecalibacterium*）丰度减少。胡少华等[16]发现双相障碍抑郁发作患者的微生物组中产丁酸的菌群，如罗斯氏菌属（*Roseburia*）、粪杆菌属（*Faecalibacterium*）和粪球菌属（*Coprococcus*）丰度下降；且变化的肠道微生物菌群可以预测患者对喹硫平的治疗反应。这些研究提示肠道菌群可影响双相障碍的发生及药物治疗的效果，但这些改变是原因还是结果亟待进一步明确。

（3）精神分裂症（schizophrenia）。其主要表现为感知觉、思维、情感和行为异常。许瑞环[17]等采用16S rRNA和宏基因组技术测序，发现精神分裂症患者肠道菌群丰度显著低于健康对照组；并结合IgA的含量测定，检测与肠道免疫状态相关的肠道菌群构成，从而阐明肠道菌群是否在精神分裂症发病中起作用。该研究发现，肠道菌群和黏膜免疫系统的相关的特定指标改变，如微生物紊乱指数、IgA和谷氨酸合成酶可能为精神分裂症潜在的生物标志物。郑鹏等[18]发现精神分裂症患者主要伴有肠道微生物组紊乱，改变的肠道微生物可以区分精神分裂症患者与健康对照。与正常对照组相比，精神分裂症及抑郁症仅15.3%上调及30.3%下调的肠道微生物在两者间共表达，提示其具有疾病特异性。此外，将精神分裂症患者粪便移植入无菌小鼠，小鼠表现出精神分裂症相关行为改变（如运动能力增加、强迫游泳不动时间缩短及惊吓反射增强），这主要是通过影响"肠—脑"轴的谷氨酸-谷氨酰胺-γ氨基丁酸代谢导致；此外，朱峰[19]等发现，将未服用药物的精神分裂症患者粪便移植至抗生素廓清的SPF小鼠，该小鼠的运动兴奋性增加，并出现空间学习和记忆损害表现。与移植健康人群粪便的小鼠相比，移植精神分裂症患者粪便的小鼠表现为外周及中枢色氨酸降解产物犬尿氨酸—犬尿喹啉酸代谢通路异常激活，且小鼠大脑前额叶皮质多巴胺及海马中五羟色胺水平上调。这些研究提示紊乱的肠道微生物组可能通过影响外周及中枢的谷氨酸-谷氨酰胺-γ氨基丁酸及犬尿氨酸-犬尿喹啉酸代谢通路导致精神分裂症的发生。这些研究丰富了精神分裂症发病的神经递质紊乱学说，并提供了新的潜在诊治靶点。

(4) 自闭症 (autism)。其主要表现为社交障碍和重复刻板性行为。巴芬顿 (Shelly A. Buffington) 等[20]发现，高脂肪饮食的雌性小鼠其子代幼鼠表现出社交行为障碍，且伴显著的肠道微生物组紊乱。该小鼠与正常小鼠混合饲养后，行为异常及紊乱的肠道微生物组得以逆转。通过粪便移植实验，证实高脂肪饮食的母鼠其子代幼鼠肠道微生物组的紊乱是导致社交行为障碍的潜在原因。其中，罗伊氏乳杆菌的丰度在高脂肪饮食的母鼠子代肠道微生物组中下降至原来的1/9，补充该单菌能够逆转幼鼠受损的社交行为。此外，莎伦 (Gil Sharon) 等[21]发现，将自闭症患者粪便移植入小鼠，该小鼠表现出自闭症样行为（与其他小鼠互动的时间较少，且出现刻板性重复行为)。同时，该自闭样行为小鼠的5-氨基戊酸和牛磺酸表达降低；外源性补充5-氨基戊酸或牛磺酸，可减少自闭样行为。此外，5-氨基戊酸能降低自闭样小鼠前额皮质神经元兴奋性，而牛磺酸则可调控皮层神经元应答γ-氨基丁酸时的兴奋性-抑制性转变。由此可知，肠道菌群的代谢产物可影响神经系统电活动从而调控小鼠的行为学改变。肖 (Elaine Y. Hsiao)[22]等发现给自闭症小鼠后代口服脆弱拟杆菌 (*Bacteroides fragilis*) 后，可以通过恢复结肠白介素-6 (IL-6) 的水平来纠正小鼠肠道通透性的异常，并且可以改善自闭症相关的菌群失调，重塑菌群结构，最终改善自闭样行为。

综上所述，尽管受纳入标准、样本量、地域及药物等混杂因素的影响，现有研究都一致性表明主要精神疾病伴有肠道微生物组的紊乱。现已初步明确肠道微生物组紊乱是自闭症、抑郁症及精神分裂症的潜在致病因素，初步发现这些疾病相关的候选菌属（株）及其效应分子，未来亟待明确其致病的关键菌株、“肠—脑”神经通路及分子机制。此外，若将上述几类主要精神疾病同时纳入研究，采用宏基因组、代谢组学等技术，能够横向对比其肠道微生物组及效应分子的组成，从而绘制出精神疾病的微生物组共性改变，挖掘出各类疾病的特征性改变。进而以此为基础，开展单菌和（或）其效应分子的干预实验，深入开展分子生物学、神经生物学等方面研究，这将帮助我们更加全面地认识肠道微生物组在精神疾病中的作用，有助于开发出诊断、鉴别诊断及治疗的新策略。

二、关键问题与发展方向

近年来，我国在抑郁症、双相障碍及精神分裂症等重大精神疾病的肠道微生物组临床及转化研究中取得了重要进展，绘制相关疾病的肠道微生物菌群组成特征，初步揭示了其潜在的分子机制。但与国际前沿研究水平相比，我国仍存在明显差距，具体表现为：①聚焦于肠道微生物组与精神疾病关联分析，发现一些精神疾病相关的候选肠道菌属（株），但尚未明确其导致疾病发生的关键菌株及其“肠—脑”轴机制；②聚焦于肠道微生物组中细菌变化，缺乏对病毒（噬菌体）及真菌的研究，无法从整体上认识肠道微生物组中细菌、病毒及真菌相互调控在精神疾病发病中的作用；③多为横断面研究，无法回答发现的精神疾病的候选菌群（株）与疾病的发生、发展及药物疗效之间的关系；④缺乏以肠道微生物组为切入点而构建的高质量的多中心临床研究队列，缺乏多学科协同，多组学整合的系统研究，无法全面绘制我国精神疾病肠道菌群特征的全貌。

我国当前处于精神疾病发病率逐年增加，疾病负担日趋严重，临床诊治策略停滞不前的困境，亟待寻求新的突破。因此，根据我国精神疾病的疾病谱特征，着眼于长远，强化顶层设计与引领，以提高精神疾病的诊断率、治疗有效率及降低复发率为落脚点，建议重点开展以下工作：①借鉴美国、欧洲国家及日本等发达国家成立国家微生物组计划的成功经验，启动涵盖精神疾病在内的国家微生物组计划。前期，可在国家自然科学基金委员会或科技部层面，开展中国精神疾病肠道微生物组的重点研究专项，针对抑郁症、自闭症、精神分裂症及双相情感障碍等重大精神疾病，制订统一的临床纳入与排除标准，以及临床样本采集、处理、测试及分析流程。明确肠道微生物组与主要精神疾病病因、临床疗效的相关性，深入挖掘导致精神疾病发生的肠道细菌、病毒及真菌及其效应分子，明确其致病的分子机制。②建立体现重大精神疾病地域特征的多中心、大样本的临床队列，强化多学科协作。整合肠道菌群的宏基因与培养组学、基因组学、代谢组学及功能影像学等研究发现，从而建立以微生物组数据为核心的中国重大精神疾病患者表征数据库，为推动我国该类疾病的精准诊疗奠定基础。

此外，还应推动：①建立无菌动物繁育、单菌移植、益生菌干预及脑功能行为评价的“全链条”研究体系；②开展“微生物—肠—脑”轴的神经通路研究，明确不同疾病模型肠道微生物组调控的主要脑区及神经通路，借助单细胞测序等前沿技术，明确调控的主要细胞类型及机制；③发现调控肠道微生物组的精神疾病风险基因并明确其机制，为认识前期精神疾病的基因组学发现提供新的切入点；④可以在传统中药及其制剂、益生菌、益生元及肠道微生态调节剂或肠菌移植技术方面对重要精神疾病的临床疗效开展探索性研究。

参考文献

[1] Huang Y, Wang Y, Wang H, et al. Prevalence of mental disorders in China: a cross sectional

epidemiological study. Lancet Psychiatry,2019,6(3):211-224.

[2] Clemente J C,Ursell L K,Parfrey L W,et al. The impact of the gut microbiota on human health:an integrative view. Cell,2012,148(6):1258-1270.

[3] Cryan J F,Dinan T G. Mind-altering microorganisms:the impact of the gut microbiota on brain and behaviour. Nature Reviews Neuroscience,2012,13(10):701-712.

[4] Diaz Heijtz R,Wang S,Anuar F,et al. Normal gut microbiota modulates brain development and behavior. Proceedings of the National Academy of Sciences of the United States of America,2011,108(7):3047-3052.

[5] Zeng L,Zeng B H,Wang H Y,et al. Microbiota modulates behavior and protein kinase C mediated cAMP response element-binding protein signaling. Scientific Reports,2016,6:29998.

[6] Desbonnet L,Clarke G,Shanahan F,et al. Microbiota is essential for social development in the mouse. Molecular Psychiatry,2014,19(2):146-148.

[7] Chu C,Murdock M H,Jing D,et al. The microbiota regulate neuronal function and fear extinction learning. Nature,2019,574(7779):543-538.

[8] Han W F,Tellez L A,Perkins M H,et al. A neural circuit for gut-induced reward. Cell,2018,175(3):665-678.

[9] Kaelberer M M,Buchanan K L,Klein M E,et al. A gut-brain neural circuit for nutrient sensory transduction. Science,2018,361(6408):eaat5236.

[10] Zheng P,Zeng B,Zhou C,et al. Gut microbiome remodeling induces depressive-like behaviors through a pathway mediated by the host's metabolism. Molecular Psychiatry,2016,21(6):786-796.

[11] Jiang H Y,Ling Z X,Zhang Y H,et al. Altered fecal microbiota composition in patients with major depressive disorder. Brain,Behavior,and Immunity,2015,48:186-194.

[12] Lai W T,Deng W F,Xu S X,et al. Shotgun metagenomics reveals both taxonomic and tryptophan pathway differences of gut microbiota in major depressive disorder patients. Psychological Medicine,2019:1-12.

[13] Aizawa E,Tsuji H,Asahara T,et al. Possible association of *Bifidobacterium* and *Lactobacillus* in the gut microbiota of patients with major depressive disorder. Journal of Affective Disorders,2016,202:254-257.

[14] Kelly J R,Borre Y,O'Brien C,et al. Transferring the blues:depression-associated gut microbiota induces neurobehavioural changes in the rat. Journal of Psychiatric Research,2016,82:109-118.

[15] Painold A,Morkl S,Kashofer K,et al. A step ahead:exploring the gut microbiota in inpatients with bipolar disorder during a depressive episode. Bipolar Disorders,2019,21(1):40-49.

[16] Hu S H,Ang L,Huang T T,et al. Gut microbiota changes in patients with bipolar depression. Advanced Science,2019,6(14):1900752.

[17] Xu R,Wu B,Liang J,et al. Altered gut microbiota and mucosal immunity in patients with schizo-

phrenia. Brain, Behavior, and Immunity, 2019, (19): S0889-S1591.
[18] Zheng P, Zeng B, Liu M, et al. The gut microbiome from patients with schizophrenia modulates the glutamate-glutamine-GABA cycle and schizophrenia-relevant behaviors in mice. Science Advances, 2019, 5(2): eaau8317.
[19] Zhu F, Guo R, Wang W, et al. Transplantation of microbiota from drug-free patients with schizophrenia causes schizophrenia-like abnormal behaviors and dysregulated kynurenine metabolism in mice. Molecular Psychiatry, 2019, s41380(019): 0475-4.
[20] Buffington S A, Di Prisco G V, Auchtung T A, et al. Microbial reconstitution reverses maternal diet-induced social and synaptic deficits in offspring. Cell, 2016, 165(7): 1762-1775.
[21] Sharon G, Cruz N J, Kang D W, et al. Human gut microbiota from autism spectrum disorder promote behavioral symptoms in mice. Cell, 2019, 177(6): 1600-1618.
[22] Hsiao E Y, McBride S W, Hsien S, et al. Microbiota modulate behavioral and physiological abnormalities associated with neurodevelopmental disorders. Cell, 2013, 155(7): 1451-1463.

Current Insights and Future Research Avenues of Gut Microbiome in Psychiatric Disorders

Xie Peng, Zheng Peng

Psychiatric disorders are common and debilitating disorders in the world, but underlying mechanisms remain largely unknown. Due to the lack of biomarkers, diagnosis of psychiatric disorders is still based on clinical interviews, which results in a high rate of misdiagnosis. The gut microbiome consists of a vast bacterial and viral community that can significantly influence the function in brain, and some behaviors related psychiatric disorders. Currently, disturbances of gut microbiome have been observed in major depressive disorder, bipolar disorder, schizophrenia and autism. Significantly, some specific bacterial species have a causal role in the development of these disorders, providing new target for diagnosis and treatment. However, the research in this field is still in their infancy, which requires further investigations.

2.5 啁啾脉冲放大：超快超强激光的巅峰之路
——2018年诺贝尔物理学奖评述

王兆华 魏志义

（中国科学院物理研究所）

2018年诺贝尔物理学奖被授予美国科学家阿瑟·阿斯金（Arthur Ashkin）、法国科学家杰哈·莫罗（Gérard Mourou）和加拿大科学家唐娜·斯特里克兰（Donna Strickland），以表彰他们在激光物理研究领域作出的开创性贡献（图1）。阿斯金的贡献是发明了一种“光学镊子”，其作为一种全新的操控工具可以在不损伤生物系统的条件下移动细胞、细菌等，在对生物系统的观察、控制方面得到了广泛应用。莫罗和斯特里克兰则发明了一种产生“高强度超短激光脉冲”的技术，即啁啾激光脉冲放大（chirped pulse amplification，CPA）技术[1]，该技术为突破激光非线性损伤对激光强度提高的制约提供了革命性的途径。在过去30多年的时间里，基于CPA技术人们不仅开拓了飞秒激光近视治疗手术、高精密激光微加工技术等造福民生的行业，也将多年不到1GW的峰值功率推进到了突破10PW（$1PW=10^{15}W$）的水平，聚焦后的光场

阿瑟·阿斯金

杰哈·莫罗

唐娜·斯特里克兰

图1　2018年诺贝尔物理学奖获得者

远超过了核爆内部及宇宙中一些致密天体内部的强度，为人们认识和研究从未有过的物理状态及物理现象提供了崭新的手段和平台，开辟了相对论非线性光学、实验室天体物理学、激光粒子加速、X射线激光等新学科的生长与发展，并推动了粒子物理、核物理、加速器物理、等离子体物理、超快物理等研究的前沿发展[2]。

一、啁啾脉冲放大技术原理

1960年，梅曼（T. H. Maiman）研制成功世界上第一台红宝石激光器[2]，使古老的光学焕发了新的生命，人类迎来了光科学时代。激光技术与原子能、半导体、计算机被人们誉为20世纪的四项重大发明，其中激光不仅以相干性、单色性、方向性和高亮度等特点备受各方面的重视而被迅速应用到多个领域，而且其快速闪光时间是所有其他方法及技术难以达到的，在激光近60年的发展历程里，作为表征这一能力的激光脉冲宽度，也从最初的毫秒（10^{-3}s）量级发展到了今天的飞秒（fs，10^{-15}s）乃至阿秒（as，10^{-18}s）量级[3]。在这一过程中，CPA技术起着至关重要的作用。

CPA激光技术的构成主要由超短脉冲激光振荡器、基于色散原理的脉冲展宽器、功率放大器和与展宽器具有相反色散的压缩器四个部分组成[4]，其基本的工作原理可以通过图2来说明。首先，锁模激光振荡器产生飞秒量级的宽带种子脉冲，然后通过一对反平行放置的光栅对与共焦望远镜组成的具有正色散特性的脉冲展宽器使其脉宽被展宽为数百皮秒（ps，10^{-12}s）。由于展宽后的激光峰值功率已被大大降低，这样在其进一步被注入到功率放大器进行能量放大的过程中，能有效地避免非线性效应、放大饱和效应及元件的光学损伤等问题，从而使激光能量得以充分放大。最后，将放大后的激光脉冲输入到由一对平行放置的光栅组成的与展宽器色散相反的压缩器中，通过光路优化调节使脉宽复原到与种子脉冲宽度相近的结果，这样就得到了峰值功率被大大提高了的超短超强激光脉冲。CPA技术的原理可以保证激光放大前后脉冲的宽度基本一致，而能量却可以提高若干数量级，从而大幅度地提升了激光脉冲的峰值功率。由于CPA技术解决了高峰值功率条件下，由介质的非线性效应造成的光学元件损伤、材料的非线性阈值降低、脉冲光斑质量下降等问题，因而能够使得超短激光脉冲的峰值功率获得理想放大。

目前CPA技术已成功地用于飞秒掺钛蓝宝石激光、钕玻璃激光、二极管激光泵浦的全固态激光、光纤激光等多类超短脉冲激光系统中。针对应用研究的不同，CPA激光可分为高重复频率放大器和低重复频率放大器两种。其中高重复频率多在1～10kHz的范围，这类激光一般输出能量有限，峰值功率受泵浦源的限制不能很高，但所获得的压缩脉宽可做到非常短，并可适用于全固态泵浦、光纤激光等多种高效率的

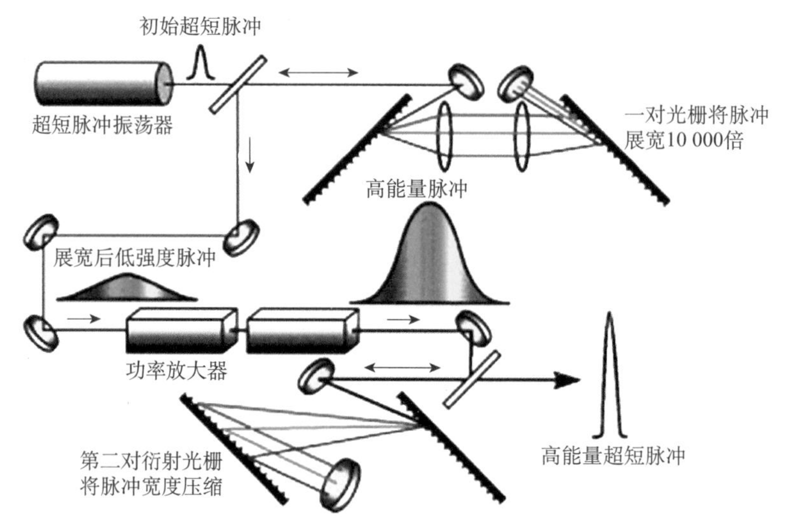

图 2　啁啾脉冲放大激光的原理示意图[4]

器件，在超快现象、光通信、精密微纳加工等领域有广泛的应用，特别是千赫兹重复频率的钛宝石激光脉宽已被压缩到 5fs 的周期量级宽度，并成功地用来驱动产生阿秒 X 射线激光脉冲。相对而言，低重复频率的 CPA 激光主要用于高峰值功率的产生研究，常用的器件有钕玻璃激光和钛宝石激光。通常激光可输出的峰值功率与所运行的重复频率是成反比关系的，虽然钕玻璃激光能提供更高的能量，但只能单次运行。而掺钛蓝宝石激光装置由于采用的是倍频 532nm 激光，重复频率可达到 10Hz。但随着峰值功率的进一步提高而不得不采用更大能量的钕玻璃激光系统泵浦时，其重复频率只能随泵浦激光以每隔 20～30min 的单次方式运行。

二、超短超强激光的应用

超短超强激光的魅力之一在于它的前沿应用性，由于对其聚焦后对应的电场强度远远大于原子内库仑场（10^9 V/m），因此可以相应地产生大于 10^9 Gs（1Gs=10^{-4} T）的超强磁场、高于 10^9 K 的黑体辐射及 10^{11} MPa 的超高压、超过 $10^{23}g$ 的加速度及接近光速的电子振荡速度等极端物理条件[5]；由于其极短的时间特性，超短超强激光也可以在数个光周期内迅速将原子电离。这些特性使得它与物理相互作用后，能够导致并展现前所未有的新现象、新规律，引发凝聚态物理、原子物理、等离子体物理、核物理、粒子物理、高能物理、相对论物理、加速器物理、天体物理等内容的重大突破[6]。图 3 列出了不同激光强度下对应的强场物理领域，以下简要介绍几个典型的应用研究方向。

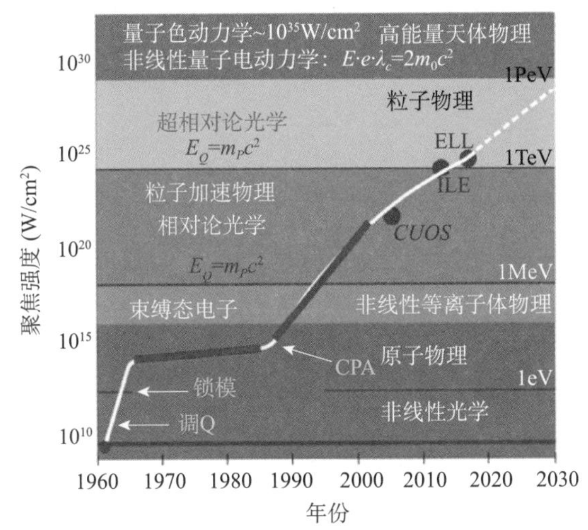

图 3 激光强度的发展及不同强度的物理超强激光的应用领域[5]

1. 激光快点火核聚变

惯性约束聚变（inertial confinement fusion，ICF）是人类探索新能源的重大科学研究课题，鉴于传统 ICF 中心热斑点火方式所遇到的困难，近年来随着超短脉冲激光放大技术的重大突破，美国劳伦斯利弗莫尔国家实验室（Lawrence Livermore National Laboratory，LLNL）的科学家提出了“快点火”的技术方案，即在聚变燃料被均匀压缩到最大密度时，将一束超短脉冲激光（10^{-11} s）聚焦在靶丸表面（光强＞10^{20} W/cm^2），利用极高的有质动力在靶丸表面的等离子体的临界面上“打洞”，并将临界密度面压向靶丸的高密核。此时，在这个过程中产生大量兆电子伏（MeV）能量的超热电子穿透临界密度面入射到高密核，使离子温度迅速升温至点火要求的 5～10keV 条件，并实现快速点火。

2. 新型粒子加速器

粒子加速器是当代物理学研究最重要的实验手段之一，由于受限于技术、材料和地理因素，传统加速器所能产生的最大电场强度不可能无限地靠延长加速距离而提高被加速粒子的动能，目前所能得到的电场梯度仅大约为 100MV/m。既然超强激光场能产生远高于原子内场的电场，其成本又比传统的电子加速装置低廉得多，若能将它运用于电子加速，无疑将会大幅度地降低对加速距离的要求，给加速器物理带来革命性的变化。近 20 年来，各国科学家对此表现出了极大的兴趣，并提出了以真空、气体、等离子体为介质的各种激光加速方案。目前已被实验证实了的激光加速机制有激光拍频波加速、激光尾波场加速、前向拉曼（Raman）散射加速，成为最近两年极具活力的研究内容。

3. 实验室天体物理学

超短脉冲激光产生的高温、高密、强磁场、大加速度的等离子体与太阳及其他许多星体中的条件非常相似。研究这种高温、高密、高压、强磁场、大加速度条件下的等离子体中的辐射输运不稳定性、热核反应等过程，为天体物理学家在实验室里模拟、认识星体中的物理过程提供了极好的实验手段，已有越来越多的天体物理学家对此表示强烈的兴趣并加入这一领域的研究，未来其无疑将是天体物理研究的重要分支。

4. 超快高能X射线源与X射线激光

由于超短脉冲激光与固体靶相互作用的时间极短（约 10^{-14}s），这样在固体靶表面产生的等离子体将来不及膨胀而形成固体密度的等离子体。超短脉冲激光与固体密度的等离子体相互作用可以产生大量的超热电子，在这种极高温度的超热等离子体中，一部分电子将得到电场的进一步加速，变成动能可高达兆电子伏的超热电子，这些超热电子在固体离子场的作用下减速会发出能量大于100keV的超短脉冲的高能X射线。这种高能X射线由于穿透能力强、脉冲极短、亮度远大于相同波段的同步辐射源，可以在原子的级别上直接观察分子、蛋白质和晶体的物质结构随时间的变化情况，从而揭示其化学键的形成和破坏的动力学过程。目前有许多研究组正在深入开展这方面的研究，并形成了近年来强场科学研究的新热点——超快光化学和飞秒生物学。

此外，超短超强激光在超长激光等离子通道的产生、超强太赫兹（THz）辐射源、阿秒脉冲的产生、光核反应及武器物理的研究等方面也有重要的用途。随着激光强度的持续提高，相信还会不断地出现更加激动人心的新突破。

三、超短超强激光的国内外研究进展及发展趋势

目前国际上许多顶级实验室相继建成了多台基于CPA技术的高峰值功率拍瓦飞秒激光装置[7]。例如，美国LLNL实验室的1.5PW、450fs钕玻璃激光装置[8]，中国科学院物理研究所的1.16PW、30fs钛宝石激光装置[9]，韩国光州先进光子学研究所的4.2PW、20fs钛宝石激光装置[10]，中国工程物理研究院激光聚变研究中心的5PW、19fs级激光装置[11]和中国科学院上海光学精密机械研究所所获得的10PW、24fs装置

等[12]。作为欧盟未来大科学装置的极端光基础设施（Extreme Light Infrastructure，ELI），目标定为发展峰值功率高达 200PW 的超强超短激光装置。同时，英国和法国也各自开展了 10PW 级超强超短激光装置的研制。俄罗斯、美国、德国等国也纷纷提出了各自 10PW 级乃至 100PW 级超强超短激光装置研究计划[13]。美国 75PW 的光参量放大束线（optical parametric amplifier line，OPAL）计划、俄罗斯 180PW 的多路光参量啁啾脉冲放大等。中国科学院上海光机所在张江科学园区、中国工程物理研究院在广东中山也制定布局了峰值 100PW 的大科学装置项目。随着激光技术的不断发展及应用研究工作的深入，相信未来不仅将会出现更多 PW 级峰值功率的激光装置，甚至峰值功率达 EW 的激光装置，而且也将推动高重复频率飞秒超强激光及阿秒激光的快速进展。

参考文献

[1] Strickland D, Mourou G. Compression of amplified chirped optical pulses. Optic Communications, 1985, (6): 447-449.

[2] Maiman T H. Stimulated optical radiation in ruby. Nature, 1960, 187: 493-494.

[3] Hentschel M, Kienberger Krausz F. Attosecond metrology. Nature, 2001, 414(6863): 509-513.

[4] Perry M. Multilayer dielectric Gratings Increasing the power of light. Science & Technology Review, 1995, 9: 24.

[5] Mourou G A, Barty C P J, Perry M D. Ultrahigh-intensity lasers: Physics of the extreme on a tabletop. PhysicsToday, 1998, 51(1): 22.

[6] Umstadter D. Review of physics and applications of relativistic plasmas driven by ultra-intense lasers. Phys Plasmas, 2001, 8(5), 1774-1785.

[7] Danson C, Hillier D, Hopps N, et al. Petawatt class lasers worldwide. High Power Laser Sci Eng, 2015, 3: e3.

[8] Perry M D, Pennington D, Stuart B C, et al. Petawatt laser pulses. Optics Letters, 1999, 24(3) 160-162.

[9] Wang Z H, Liu C, Shen Z W, et al. High-contrast 1. 16 PW Ti: sapphire laser system combined with a doubled chirped-pulse amplification scheme and a femtosecond optical-parametric amplifier. Optic Letters, 2011, 36(16): 3194-3196.

[10] Sung H, Lee H W, Yoo J Y, et al. 4. 2 PW, 20 fs Ti: sapphire laser at 0. 1 Hz. Opt Lett, 2017, 42: 2058.

[11] Zeng X M, Zhou K N, Zuo Y L, et al. Multi-petawatt laser facility fully based on optical parametric chirped-pulse amplification. Optics Letters, 2017, 42(10): 2014-2017.

[12] Guo Z, Yu L H, Wang J Y, et al. Improvement of the focusing ability by double deformable mirrors for 10-PW-level Ti: sapphire chirped pulse amplification laser system. Optics Express, 2018, 26

(20):26776-26786.
[13] 李儒新,冷雨欣,徐志展. 超强超短激光及其应用新进展. 物理,2015,(8):509-517.
[14] 魏志义,王兆华,滕浩,等. 啁啾脉冲放大技术——从超快激光技术到超强物理世界. 物理,2018,47(12):763-771.

Chirp Pulse Amplification: Toward the Ultrafast and Ultraintense Laser
——Commentary on the 2018 Nobel Prize in Physics

Wang Zhaohua, Wei Zhiyi

The 2018 Nobel Prize in physics was awarded to Arthur Ashkin, Gérard Mourou and Donna Strickland for their pioneer contributions on laser physics. Among them, both Gérard Mourou and Donna Strickland shared half of the prize for their invention of chirped pulse amplification(CPA), which opened a top wayto generate high-intensity, ultra-short optical pulses. Since the invention, CPA has broken the bottleneck and has become the core technology for laser development toward ultrahigh intensity. Laser power up to more than 10 PW has been generated, it enables us to explore the extreme physics under high laser field laser and ultrafast dynamics on the atomic scale. In this article, we review the background, principle, and application of CPA laser. The status and further development are also introduced and prospected.

2.6 “进化”的力量

——2018 年诺贝尔化学奖评述

林章凛

（华南理工大学生物科学与工程学院）

2018 年诺贝尔化学奖授予美国加州理工学院的弗朗西斯·阿诺德（Frances H. Arnold）教授、美国密苏里大学的乔治·史密斯（George P. Smith）教授，以及英国医学研究委员会（MRC）分子生物学实验室的格雷戈里·温特尔（Gregory P. Winter）教授（图 1），以表彰他们在进化领域中的杰出贡献。其中，阿诺德教授因在酶定向进化领域的贡献，荣获一半奖金，史密斯教授与温特教授因在噬菌体展示技术用于多肽及抗体进化中的贡献分享另一半奖金。

弗朗西斯·阿诺德

乔治·史密斯

格雷戈里·温特尔

图 1　2018 年诺贝尔化学奖获得者

一、获奖成果介绍

地球上的生命之所以存在，是因为进化解决了许多复杂的化学问题。生命的化学特性借助基因编码的蛋白质得以继承和发展，蛋白质的自然进化遵循“基因改变和选择”的原则，实现了生物多样性。获奖的三位科学家将自然进化遵循的“基因改变和选择”原则应用于实验室中，成功驾驭进化的力量，为人类面临的化学问题提出新的解决方案。

其中，阿诺德教授开创了蛋白质定向进化技术，通过基因的随机诱变和突变体的高通量筛选，获得催化特定化学反应的酶，并将其广泛应用于医药、化工、能源等领域。史密斯教授建立了噬菌体展示技术，将多肽文库展示在噬菌体表面，并经筛选获得与目标分子结合能力强的突变体。温特教授则利用该技术成功开发了抗体药物阿达木单抗，将噬菌体展示技术服务于人类健康。

二、定向进化技术的研究进展和重大研究成果

定向进化的两个关键技术问题为：设计并构建高质量的多样性基因文库和建立高效快速的高通量筛选方法（图2)。其中，构建突变体文库的经典策略，包括位点饱和突变（site-saturation mutagenesis，SSM）方法[1]、易错PCR（error-prone polymerase chain reaction，epPCR)[2,3]和DNA改组（DNA shuffling)[4]等。这些经典方法在构建突变库的时候常联合使用，并有后续技术延伸，如基于单点饱和突变而发展的序列饱和突变（sequence saturation mutagenesis，SeSaM)[5]，基于DNA改组而衍生的交错延伸（stagger extension process，StEP）PCR[6]等。基于蛋白质序列同源比对和晶体结构分析，发展了组合活性位点饱和突变（combinatorial active-site saturation test，CAST)[7]和迭代饱和突变（iterative saturation mutagenesis，ISM)[8]等构建突变文库的新方法；信息技术和人工智能的快速发展，推动了计算机辅助设计和分子动力学模拟等预测蛋白质活性位点的方法改进，催生了基于机器学习的蛋白质定向进化新技术[9]。相较于基本成熟的突变文库构建技术，高通量筛选技术尚有较大的改进空间。筛选策略包括经典的平板筛选法（如利用酶催化产物引起的颜色变化)、微孔板筛选法（如根据产物光学特性）和流式细胞仪筛选法（如基于荧光蛋白的表达强度)，基于微流控等新兴技术的筛选方法可有效提高筛选通量[10]。值得一提的是，噬菌体辅助的连续进化（phage-assisted continuous evolution，PACE）同时改进了突变文库构建方式（提高复制错误发生率和抑制读码框校正）和筛选方法（将筛选与噬菌体的存活相耦联)，实现了由噬菌体辅助的连续定向进化[11,12]。

基于上述技术发展，定向进化可在短时间内快速完成自然界需要成千上万年的进化历程，在酶分子改造上展现出惊人的成果，可有效提高天然酶的环境耐受性、底物特异性、催化效率、立体/区域选择性等特性，以及开发酶的新功能，拓展其应用范畴，甚至赋予其催化新化学反应的功能，从而极大地推动了酶在生物医药、精细化工、生物能源、环境修复以及基础科研等领域中的应用。其中，典型的重大研究成果

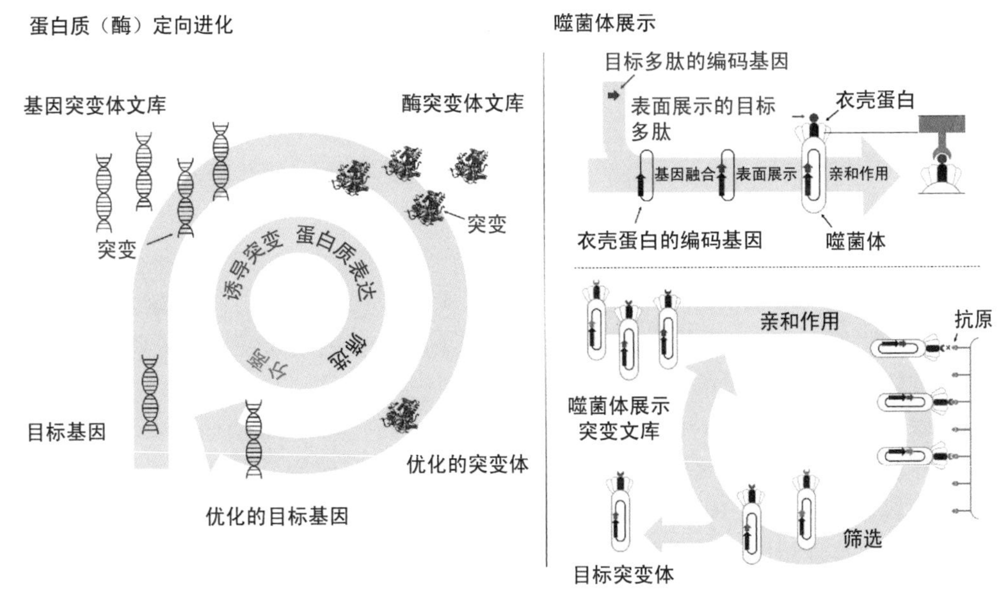

图 2 定向进化和噬菌体展示技术示意图

包括：默克公司通过定向进化转氨酶，使其成功应用于 2 型糖尿病药物西他列汀的生产，替代传统化学合成工艺，大大简化了生产工艺并降低了生产成本[13]；埃尔布（Tobias J. Erb）团队对人工生物固碳新途径（CETCH）的关键酶甲基琥珀酰辅酶 A 脱氢酶（Mcd）和乙酰辅酶 A 氧化酶（Aco）进行定点饱和突变改造，以实现二氧化碳的高效固定[14]；埃林顿（Andrew D. Ellington）团队通过改造逆转录酶的高保真度，赋予其原本不存在的校对功能[15]，以及刘（David R. Liu）课题组通过噬菌体辅助的连续进化改变 Cas9 蛋白的识别特异性，以靶向更多的基因位点，并减少错误编辑的风险[16]，均为基础科学研究提供重要的工具酶；阿诺德实验室对细胞色素 P450 酶的定向进化实现了传统化学上难以合成的高能高张力小分子碳环的生物合成[17]，以及在生物体内催化尚未发现的反应——形成手性碳-硅键[18]和碳-硼键[19]等。

我国科学家在定向进化研究领域也颇有建树。例如，华南理工大学的林章凛教授在其博士后工作期间师从阿诺德教授，回国后一直从事相关研究，其课题组揭示了 P450 酶系电子传递界面是一个之前尚未被充分认识的提高该酶系活性的重要途径，促进了 P450 酶在药物和精细化学品制造上的应用潜力[20,21]；上海交通大学的冯雁课题组建立了对酶复杂性质进行超高通量筛选的技术平台，可提高酶定向进化的效率[10,22]。此外，中国科学院生物物理研究所的王江云课题组、华东理工大学的许建和课题组、中国科学院上海有机化学研究所的周佳海课题组、中国科学院天津工业生物技术研究所的朱敦明课题组和孙周通课题组、北京大学的张文彬课题组、中国科学院微生物研究所的吴边课题组、华南理工大学的陈庭坚课题组、华中科技大学的吴钰周课题组等也在基于定向进化的蛋白质设计与改造方面取得了出色的研究成果。

三、噬菌体展示技术的研究进展和重大研究成果

噬菌体展示技术的基本原理是把随机序列的多肽或蛋白展示在噬菌体颗粒表面，再利用多肽或蛋白与靶分子结合能力的差别，筛选获得高亲和力的目标多肽或蛋白（图 2）。噬菌体展示技术系统把多肽或蛋白与其对应的基因之间建立了联系，在多肽、单克隆抗体等生物大分子的筛选方面具有极大的优势。

史密斯（George P. Smith）首次提出了噬菌体展示技术，成功地将限制性内切酶的多肽片段展示于丝状噬菌体 f1 的表面[23]，并通过提高建库质量和引入生物淘洗筛选，在平板上实现了 10^8 库容量的快速特异性的筛选[24]。温特教授将噬菌体展示技术实际应用于免疫球蛋白轻链和重链可变区基因的单链抗体（single-chain variable fragment，scFv）的展示，并成功筛选出了一种鸡溶菌酶的抗体[25]。随后，对人源抗体文库（human antibody libraries）的成功展示[26]，意味着人类从此进入了可直接通过体外筛选而不经过免疫即获得特异性人源化抗体的时代。至今，已经有多个人源抗体库，库容量可达到 10^{10}，并能筛选得到 pM～nM 级别的抗体[27]，催生了多种治疗用抗体的临床研究和上市。

目前，噬菌体展示系统已有较大的发展，M13 噬菌体的 5 种衣壳蛋白都已应用于表面展示，且除了 M13、f1、fd 丝状噬菌体，还发展了 T4、T7、λ 等有尾噬菌体展示体系，以应用于性质不同、大小不同的蛋白的表面展示与筛选，拓展了其应用范围，特别是在疾病的诊断与治疗上得到广泛的应用[28,29]。噬菌体文库的筛选方式也得到了拓展，如罗斯拉蒂（Erkki Ruoslahti）实验室发展了体内噬菌体展示（*in vivo* phage display）技术，将噬菌体展示的多肽文库从尾静脉注射到小鼠体内，成功筛选出能够靶向到肿瘤或特定器官的多肽[30]。迈克尔·麦卡尔平（Michael C. McAlpine）通过结合微流控技术发展了微流控噬菌体展示（microfluidic phage display）系统以提高效率[31]。

噬菌体展示技术在治疗性单克隆抗体的研发上取得了令人瞩目的成果。单克隆抗体是近年来增长最快的生物药，截至 2018 年底已有 10 种通过噬菌体展示技术研发的单克隆抗体获得美国 FDA 批准上市[27,32,33]（表 1）。其中最著名的是首个使用噬菌体展示技术开发的阿达木单抗（Adalimumab，商品名为 Humira），这也是第一个获得美国 FDA 批准的单克隆抗体药物。阿达木单抗于 2002 年上市，用于类风湿性关节炎

等自身免疫疾病的治疗，近年来一直高居全球最畅销药物榜首，2018 年销售额高达 199 亿美元[34]。当前，噬菌体展示技术用于研发单克隆抗体的速度加快，仅 2017 年和 2018 年就有 4 种单抗上市，包括第一个纳米抗体卡普塞珠单抗（Caplacizumab），且有超过 50 种治疗性单抗进入临床试验[27]。

噬菌体展示技术在其他应用上也取得了较好的进展。1999 年，噬菌体展示技术开始应用于疫苗的筛选，如抗幽门螺杆菌疫苗[35]。2001 年，应用于展示主要组织相容性复合体Ⅰ（MHCⅠ）类限制特异性的 Fab 片段的筛选，获得用于细胞免疫治疗的抗体，以代替通过细胞毒性 T 细胞获得 T 细胞受体的烦琐过程[36]。2006 年，应用于嵌合抗原受体 T 细胞（chimeric antigen receptors T cell，CAR-T）治疗中 scFv 片段的筛选，寻找更高特异性、亲和力的嵌合抗原受体（CAR），成为提高 CAR-T 疗法研发的关键环节[37]。2009 年，由噬菌体展示技术发现的多肽艾卡拉肽（Ecallantide）获得美国 FDA 批准上市，用于治疗遗传性血管水肿，目前还有其他多种多肽已进入临床试验[29,38]。近年来，噬菌体展示技术还应用在临床诊断，如副肿瘤性脑炎生物标志物的筛选[39]。

表 1 噬菌体展示技术研发的上市单抗药物

单抗名称	美国食品药品监督管理局批准年份	适应证
阿达木单抗（Adalimumab）	2002 年	类风湿关节炎、溃疡性结肠炎、银屑病关节炎等
兰尼单抗（Ranibizumab）	2010 年	黄斑变性、黄斑水肿、糖尿病视网膜病变等
贝利木单抗（Belimumab）	2011 年	系统性红斑狼疮
瑞西巴库单抗（Raxibacumab）	2012 年	吸入性炭疽
雷莫芦单抗（Ramucirumab）	2014 年	非小细胞肺癌、肝癌、胃癌、结直肠癌
耐昔妥珠单抗（Necitumumab）	2015 年	非小细胞肺癌
古赛库单抗（Guselkumab）	2017 年	中重度斑块型银屑病
阿维鲁单抗（Avelumab）	2017 年	默克尔细胞癌、尿路上皮癌、肾癌
拉那芦人单抗（Lanadelumab）	2018 年	遗传性血管性水肿
卡普塞珠单抗（Caplacizumab）	2018 年	成人获得性血栓性血小板紫癜

参考文献

[1] Hutchison C A 3rd, Phillips S, Edgell M H, et al. Mutagenesis at a specific position in a DNA sequence. Journal of Biological Chemistry, 1978, 253(18): 6551-6560.

[2] Leung D W, Chen E, Goeddel D V. A method for random mutagenesis of a defined DNA segment using a modified polymerase chain reaction. Technique, 1989, 1: 11-15.

[3] Chen K Q, Arnold F H. Tuning the activity of an enzyme for unusual environments: sequential random mutagenesis of subtilisin E for catalysis in dimethylformamide. PNAS, 1993, 90(12): 5618-5622.

[4] Stemmer W P C. Rapid evolution of a protein *in vitro* by DNA shuffling. Nature, 1994, 370(6488): 389-391.

[5] Wong T S, Tee K L, Hauer B, et al. Sequence saturation mutagenesis(SeSaM): a novel method for directed evolution. Nucleic Acids Research, 2004, 32(3): e26.

[6] Zhao H M, Giver L, Shao Z X, et al. Molecular evolution by staggered extension process (StEP) *in vitro* recombination. Nature Biotechnology, 1998, 16(3): 258-261.

[7] Reetz M T, Bocola M, Carballeira J D, et al. Expanding the range of substrate acceptance of enzymes: combinatorial active-site saturation test. Angewandte Chemie International Edition, 2005, 44(27): 4192-4196.

[8] Reetz M T, Carballeira J D. Iterative saturation mutagenesis (ISM) for rapid directed evolution of functional enzymes. Nature Protocols, 2007, 2(4): 891-903.

[9] Yang K K, Wu Z, Arnold F H. Machine-learning-guided directed evolution for protein engineering. Nature Methods, 2019, 16(8): 687-694.

[10] Ma F Q, Chung M T, Yao Y, et al. Efficient molecular evolution to generate enantioselective enzymes using a dual-channel microfluidic droplet screening platform. Nature Communications, 2018, 9(1): 1030.

[11] Packer M S, Rees H A, Liu D R. Phage-assisted continuous evolution of proteases with altered substrate specificity. Nature Communications, 2017, 8(1): 956.

[12] Esvelt K M, Carlson J C, Liu D R. A system for the continuous directed evolution of biomolecules. Nature, 2011, 472(7344): 499-503.

[13] Savile C K, Janey J M, Mundorff E C, et al. Biocatalytic asymmetric synthesis of chiral amines from ketones applied to sitagliptin manufacture. Science, 2010, 329(5989): 305-309.

[14] Schwander T, von Borzyskowski L S, Burgener S, et al. A synthetic pathway for the fixation of carbon dioxide *in vitro*. Science, 2016, 354(6314): 900-904.

[15] Ellefson J W, Gollihar J, Shroff R, et al. Synthetic evolutionary origin of a proofreading reverse transcriptase. Science, 2016, 352(6293): 1590-1593.

[16] Hu J H, Miller S M, Geurts M H, et al. Evolved Cas9 variants with broad PAM compatibility and

high DNA specificity. Nature,2018,556(7699):57-63.

[17] Chen K, Huang X, Kan S, et al. Enzymatic construction of highly strained carbocycles. Science, 2018,360(6384):71-75.

[18] Kan S B, Lewis R D, Chen K, et al. Directed evolution of cytochrome c for carbon-silicon bond formation: bringing silicon to life. Science, 2016, 354(6315): 1048-1051.

[19] Kan S B J, Huang X, Gumulya Y, et al. Genetically programmed chiral organoborane synthesis. Nature, 2017, 552(7683): 132-136.

[20] Ba L, Li P, Zhang H, et al. Semi-rational engineering of cytochrome P450sca-2 in a hybrid system for enhanced catalytic activity: insights into the important role of electron transfer. Biotechnology Bioengineering, 2013, 110(11): 2815-2825.

[21] Ba L, Li P, Zhang H, et al. Engineering of a hybrid biotransformation system for cytochrome P450sca-2 in *Escherichia coli*. Biotechnology Journal, 2013, 8(7): 785-793.

[22] Ma F, Fischer M, Han Y, et al. Substrate engineering enabling fluorescence droplet entrapment for IVC-FACS-based ultrahigh-throughput screening. Analytical Chemistry, 2016, 88(17): 8587-8595.

[23] Smith G P. Filamentous fusion phage: novel expression vectors that display cloned antigens on the virion surface. Science, 1985, 228(4705): 1315-1317.

[24] Parmley S F, Smith G P. Antibody-selectable filamentous fd phage vectors: affinity purification of target genes. Gene, 1988, 73(2): 305-318.

[25] McCafferty J, Griffiths A D, Winter G, et al. Phage antibodies: filamentous phage displaying antibody variable domains. Nature, 1990, 348(6301): 552-554.

[26] Marks J D, Hoogenboom H R, Bonnert T P, et al. By-passing immunization: human antibodies from V-gene libraries displayed on phage. Journal of Molecular Biology, 1991, 222(3): 581-597.

[27] Hentrich C, Ylera F, Frisch C, et al. 2018. Monoclonal antibody generation by phage display: history, state-of-the-art, and future // Vashist S K, Luong J H T. Handbook of Immunoassay Technologies. San Diego: Academic Press: 47-80.

[28] Pande J, Szewczyk M M, Grover A K. Phage display: concept, innovations, applications and future. Biotechnology Advances, 2010, 28(6): 849-858.

[29] Mimmi S, Maisano D, Quinto I, et al. Phage display: an overview in context to drug discovery. Trends in Pharmacological Sciences, 2019, 40(2): 87-91.

[30] Pasqualini R, Ruoslahti E. Organ targeting *in vivo* using phage display peptide libraries. Nature, 1996, 380(6572): 364-366.

[31] Cung K, Slater R L, Cui Y, et al. Rapid, multiplexed microfluidic phage display. Lab on a Chip, 2012, 12(3): 562-565.

[32] Kumar R, Parray H A, Shrivastava T, et al. Phage display antibody libraries: a robust approach for generation of recombinant human monoclonal antibodies. International Journal of Biological Macromolecules, 2019, 135: 907-918.

[33] Urquhart L. Regulatory watch: FDA new drug approvals in Q3 2018. Nature Reviews Drug Discovery,2018,17:779.

[34] Philippidis A. Top 15 best-selling drugs of 2018: sales for most treatments grow year-over-year despite concerns over rising prices. Genetic Engineering & Biotechnology News,2019,39(4):16-17.

[35] Houimel M,Mach J P,Corthésy-Theulaz I,et al. New inhibitors of helicobacter pylori urease holoenzyme selected from phage-displayed peptide libraries. European Journal of Biochemistry,1999,262(3):774-780.

[36] Willemsen R A,Debets R,Hart E,et al. A phage display selected fab fragment with MHC class i-restricted specificity for MAGE-A1 allows for retargeting of primary human T lymphocytes. Gene Therapy,2001,8(21):1601-1608.

[37] Pameijer C R J,Navanjo A,Meechoovet B,et al. Conversion of a tumor-binding peptide identified by phage display to a functional chimeric T cell antigen receptor. Cancer Gene Therapy,2006,14(1):91-97.

[38] Cicardi M,Levy R J,Mcneil D L,et al. Ecallantide for the treatment of acute attacks in hereditary angioedema. The New England Journal of Medicine,2010,363(6):523-531.

[39] Mandel-Brehm C,Dubey D,Kryzer T J,et al. Kelch-like protein 11 antibodies in seminoma-associated *Paraneoplastic encephalitis*. The New England Journal of Medicine,2019,381(1):47-54.

The Power of Evolution

—Commentary on the 2018 Nobel Prize in Chemistry

Lin Zhanglin

The 2018 Nobel Prize in Chemistry was awarded to three scientists, one half awarded to Frances H. Arnold for the directed evolution of enzymes, and the other half jointly to George P. Smith and Gregory P. Winter for the phage display of peptides and antibodies. Here is a brief summary of the development and outlook of directed evolution of enzymes and phage display of peptides and antibodies.

2.7　癌症免疫疗法新进展及其未来展望
——2018 年诺贝尔生理学或医学奖评述

李　斌

（上海交通大学医学院上海市免疫学研究所）

2018 年 10 月 1 日，诺贝尔奖委员会把本年度生理学或医学奖授予了美国 MD 安德森癌症中心教授詹姆斯·艾利森（James P. Allison）和日本京都大学教授本庶佑（Tasuku Honjo）（图 1）。两位教授发现了“通过抑制负向免疫调节机制来治疗肿瘤”的新途径[1]。

詹姆斯·艾利森

本庶佑

图 1　2018 年诺贝尔生理学或医学奖获得者[1]

詹姆斯·艾利森 1948 年 8 月 7 日出生于美国得克萨斯州艾丽斯市。他 15 岁在中学期间参加得克萨斯大学奥斯汀分校的科学训练营，激发了从事科学研究的兴趣。后来在该校就读微生物学本科及生命科学专业研究生，并于 1973 年获得博士学位。博士毕业后，获得斯克里普斯临床及研究基金会资助，主要从事氨基酸测序及免疫细胞功能研究，其间开始对免疫细胞如何识别肿瘤着迷[2]。20 世纪 70 年代中期，艾利森在 MD 安德森癌症中心开始其独立科研生涯，研究 T 细胞如何识别抗原的机制，并成功绘出 T 细胞受体基因位点图谱。随后，他在得克萨斯大学奥斯汀分校、斯坦福大学、MD安德森癌症中心及加州大学伯克利分校继续其研究，其间他发现T细胞表面蛋白CD28是正向调控T细胞激活的受体蛋白，而CTLA-4与之相反，是负向调控T细胞激活的受体蛋白。当向移植了肿瘤的小鼠注射CTLA-4阻断性抗体时，小鼠的T细胞免疫反应被激活，进而导致小鼠体内移植肿瘤缩小。该激活免疫反应治疗肿瘤的方法，如今众所周知，即所谓的免疫检查点疗法。其后，艾利森将其主要研究精力聚焦于如何更好地理解CTLA-4阻断免疫抑制的生理效应。2006～2012年，艾利森把实验室从加州大学伯克利分校搬到纽约纪念斯隆-凯特琳癌症中心，其间他与生物制药公司合作开发的人源CTLA-4单克隆抗体，即伊匹单抗（ipilimumab），于2011年成为美国FDA首次批准的免疫检查点疗法药物，用于治疗晚期恶性黑色素瘤，商品名为Yervoy[3]。近年来，有关伊匹单抗的作用研究，美国马里兰大学医学院刘阳教授实验室等的研究也给出了新的机理解释，即伊匹单抗治疗恶性肿瘤，主要是通过清除肿瘤微环境中的调节性T细胞，而不是主要通过阻断B7-CTLA-4相互作用的生理效应[4]。

本庶佑于1942年1月27日出生于日本京都，1966年获得京都大学医学学士，1975年获得京都大学医学化学博士。博士期间获得卡耐基研究基金资助，赴美国国立卫生研究院进一步学习和研究免疫学。其后，本庶佑回到日本在东京大学开始其研究生涯，并于1979年进入大阪大学医学院继续免疫学和遗传学研究，其间发现了抗体免疫球蛋白遗传位点在抗原刺激下发生同源重组的分子机理。1984年本庶佑教授回到大阪大学医学化学系工作，在20世纪90年代和实验室同事们一起，发现了被称为程序性细胞死亡相关蛋白PD-1的T细胞表面受体蛋白。其后，本庶佑团队发现PD-1蛋白功能是负向调控免疫反应，而遗传突变的PD-1蛋白则会导致类似于狼疮样的自身免疫性疾病。2000年后，本庶佑团队发现PD-1阻断性抗体可以恢复肿瘤疾病动物模型体内T细胞杀伤肿瘤细胞的活力[5]。本庶佑的发现，为开发PD-1抗体用于肿瘤免疫治疗提供了理论基础和突破口。当前市场上至少已有5种用于抗肿瘤临床免疫治疗的PD-1抗体获批上市，分别为国外的Nivolumab和Pembrolizumab，以及国内的君实生物、信达生物和恒瑞医药三家企业生产的PD-1抗体。2005年后，本庶佑成为大阪大学免疫学及基因组医学教授，目前他依然活跃于科研第一线。

肿瘤是多细胞高等生物特有的疾病，其主要特征为肿瘤细胞的不受控增殖。长期以来，肿瘤临床治疗都面临着复发转移的难题。临床医生渴望能攻克常规疗法（包括外科切除、化疗、放疗等临床“三板斧”）不能解决的难题。在免疫检查点疗法发现之前，这些临床治疗聚焦的靶点往往是肿瘤细胞，在治疗的进程中，肿瘤细胞会发生新的突变，对药物产生抵抗，甚至发生转移，加剧病情。而新型免疫检查点疗法的靶点则是针对调控肿瘤微环境的免疫系统活性，可以把肿瘤牢牢控制，阻止其不受控增殖，实现肿瘤治愈或带瘤长期生存的临床效果。在免疫检测点药物上市用于临床免疫治疗的百年征程中，很多免疫学家、临床专家、制药企业、政府相关管理部门以及广大肿瘤患者在新药研发的不同阶段都做出了突出贡献，其中科学家艾利森和本庶佑有关CTLA-4 及 PD-1的原始发现为负负得正的免疫治疗提供了重大原创性贡献及新理论基础[6]。

尽管当前的免疫检查点疗法已取得突破性进展，临床上彻底治愈肿瘤仍然面临多个重要瓶颈，有待克服。比如针对 CTLA-4 的单克隆抗体自从 2011 年上市以来，由于其严重的细胞因子释放综合征导致其应用受限，主要原因在于 CTLA-4 抗体非特异性清除了所有表达 CTLA-4 的 $FOXP3^+$ 调节性 T 细胞[7]，而不能特异性地仅仅清除肿瘤微环境中阻止 $CD8^+$ T 细胞及 NK 细胞对肿瘤细胞杀伤的肿瘤微环境特异性的 $FOXP3^+$ 调节性 T 细胞。其次，针对 PD-1 的单克隆抗体尽管在某些类型黑色素瘤及肺癌患者中取得显著疗效，但就算在最好的情况下，也从来没有在任何某类癌症患者群中达到五年生存率超过 30%，并且部分肿瘤患者治疗过程中会出现严重的心肌炎，少部分患者治疗过程中甚至出现肿瘤超进展[8]。当前，更多的新型联合肿瘤免疫疗法临床实验正在如火如荼地进行。利用合成生物学、材料生物学及单细胞分析技术等领域近年来的新进展来研究肿瘤免疫微环境肿瘤细胞、成纤维细胞、免疫细胞动态演变，将会为肿瘤临床个体化治疗提供新思路和新策略[9]。具有选择性受体结合特性及稳定性的新型细胞因子疗法，结合肿瘤新抗原的新型肿瘤疫苗，杀伤性 T 细胞体外扩增及回输技术的发展，针对实体瘤的包括但不限于 Car-T、Car-NK、Car-B 等新型工程化免疫细胞疗法也在不断更新换代，在晚期乳腺癌、胆管癌等恶性肿瘤临床疗法中都产生了令人振奋的治愈案例，但依然是个例较多，有待深入研究其免疫机理，为更好、更多地治愈恶性实体瘤患者打下更为扎实的科学基础。

免疫学是一门古老而年轻的生命科学学科。免疫学领域发现最重要的两类免疫细胞即 T 细胞和 B 细胞的科学家，如美国埃默里大学医学院的 Max D. Cooper 教授和澳大利亚墨尔本的沃尔特和伊丽莎・霍尔医学研究所的（WEHI）Jacques Miller 教授，2019 年刚刚获得美国最具声望的拉斯克基础医学奖。人类要想完全消灭恶性肿瘤等这类重大疾病，还需要依赖于人体免疫学研究及生物医药界更多原创性、突破性进展。展望未来，基于单细胞分析的临床患者肿瘤微环境海量数据积累、基于免疫学知识背景下的肿瘤生物信息学新工具研发、人工智能应用于免疫疗效生物标识物的超前预测，以及基于合成生物学的新型细胞因子和双特异性抗体、个体化肿瘤疫苗和工程化免疫细胞疗法等新领域突破，将会为肿瘤患者带来更多有效的临床治疗选择。

参考文献

[1] The Nobel Prize. Scientific background: discovery of cancer therapy by inhibition of engative

immune regulation. https://www.nobelprize.org/prizes/medicine/2018/advanced-information/[2019-12-10].

[2] Rogers K, James P. Allison: American immunologist. https://www.britannica.com/biography/James-P-Allison[2019-12-10].

[3] Rogers K. Tasuku Honjo: Japanese immunologist. https://www.britannica.com/biography/Tasuku-Honjo[2019-12-10].

[4] Littman D R. Releasing the brakes on cancer immunotherapy. Cell, 2015, 162(6): 1186-1190.

[5] Du X X, Tang F, Liu M Y, et al. A reappraisal of CTLA-4 checkpoint blockade in cancer immunotherapy. Cell Research, 2018, 28: 416-432.

[6] 李丹，王晓霞，李斌. 免疫疗法可望治愈肿瘤——解读 2018 年诺贝尔生理学或医学奖. 自然杂志，2018，40(6)：407-410.

[7] Riley R S, June C H, Langer R, et al. Delivery technologies for cancer immunotherapy. Nature Reviews Drug Discovery, 2019, 18(3): 175-196.

[8] Porter D L, Maloney D G. Cytokine release syndrome (CRS). https://www.uptodate.com/contents/cytokine-release-syndrome-crs[2019-12-10].

[9] Champiat S, Ferrara R, Massard C, et al. Hyperprogressive disease: recognizing a novel pattern to improve patient management. Nature Reviews Clinical Oncology, 2018, 15(12): 748-762.

The Future of Anticancer Immunotherapy

——Commentary on the 2018 Nobel Prize in Physiology or Medicine

Li Bin

The 2018 Noble Prize for Physiology or Medicine was awarded to James P. Allison and Tasuku Honjo for their pioneer work on revealing the negative regulator of antitumor immune therapy. By blocking these negative regulation pathways with monoclonal antibodies, we have new tools to meet the previous unmet medical needs against cancer. The new frontiers in antitumor immune therapy include the identification of new therapeutic targets to revoke antitumor immune response, the prevention of unfavorable side effects of immune checkpoint blockers and the discovery of novel biomarkers to predict most effectivepersonnel immune therapy molecules against cancer.

第三章

2018年中国科研代表性成果

Representative Achievements of Chinese Scientific Research in 2018

3.1 利用 LAMOST 发现系外行星族群

东苏勃

（北京大学科维理天文与天体物理研究所）

自1995年Mayor和Queloz发现绕类太阳恒星的第一颗太阳系外行星（简称系外行星）51Pegb[1]起（该发现获2019年诺贝尔物理学奖），系外行星的发现和探索飞速发展。51Pegb的发现还标志着人类开始认识一类特殊的系外行星族群。这类行星的公转轨道距离它们的宿主恒星很近（不到地球与太阳距离的1/10），所以行星表面温度相当高（有效温度约1000K），而它们的质量、大小却与太阳系中的木星相当，因此这个族群被称为“热木星”。20多年来，虽然人们发现了数百颗热木星并对它们进行了大量的研究，但是热木星的起源却仍是一个未解之谜[2]。

热木星的一些独特性质蕴含着其起源的重要线索：首先，热木星是比较稀少的，大概每100颗恒星周围才有1颗热木星；其次，热木星的宿主恒星大多数比太阳的金属丰度要高[3]，并且热木星的频度与宿主恒星金属丰度有很强的相关性[4,5]；最后，热木星比较“孤独”，它们的附近一般很少发现其他的行星[6]。

近几年，开普勒（Kepler）卫星探测到了小至地球半径的几千颗系外行星，给研究系外行星族群带来了前所未有的契机。然而，利用开普勒卫星的发现系统研究系外行星族群的一个重大障碍是严重缺乏目标恒星的基本性质（如金属丰度）。能在大视场中同时观测数千天体的光谱的我国重大科学设施郭守敬望远镜（LAMOST），已在开普勒卫星观测天区得到了数万条光谱，其中包括上千颗行星的宿主恒星[7]。通过LAMOST光谱可获得高精度的金属丰度等恒星参数，可用来系统研究开普勒卫星发现的系外行星系统[8]。

利用LAMOST的精确恒星参数，我们[9]分析了不同恒星金属丰度情况下开普勒卫星发现的短周期行星的轨道周期和行星半径的分布（图1）。我们发现了一个行星族群：它们比热木星要小（半径为2～6倍地球半径，平均接近海王星半径）；与热木星一样，也偏好绕转富金属恒星；而且与热木星类似，它们也大多发现于单凌星系统中。另外，与热木星相似，它们的出现频度也约为1%。但在周期和半径的分布图中，它们和热木星之间有一个明显的“低谷”，即很少有短周期行星的半径在6～10倍地球半径。我们用一个新的英文名词Hoptune（热海星）命名了这个行星族群。

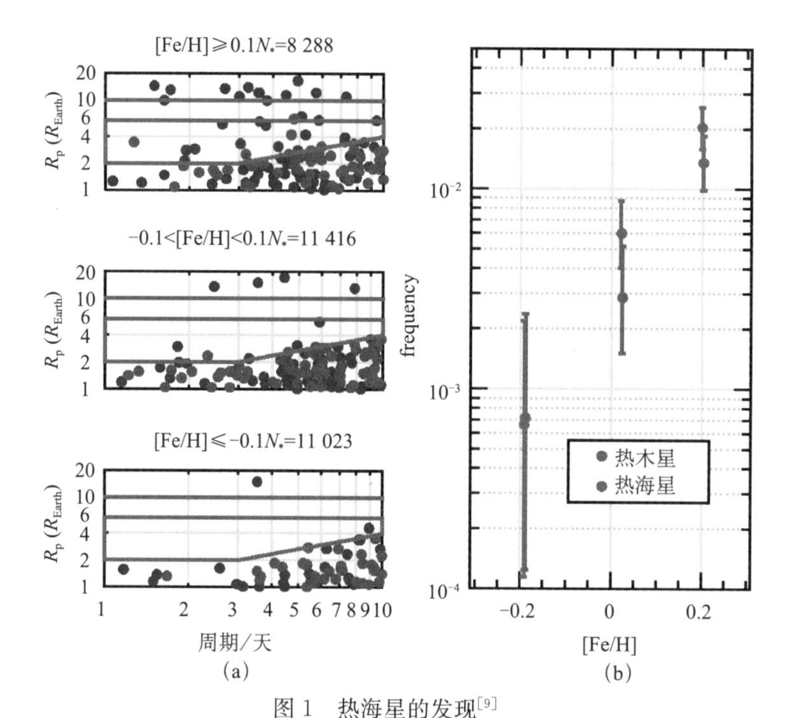

图 1 热海星的发现[9]

(a) 同宿主恒星金属丰度（[Fe/H]）下的行星轨道周期（period）和行星半径（R_p）的分布。从下至上，金属丰度增加。蓝色的点表示单凌星系统（系统中只发现这颗行星），红色的点是多凌星系统。热木星的区域在绿色横线之上。紫色线段围成的就是热海星区域。

(b) 热海星（紫色）和热木星（绿色）的频度相似，且随宿主恒星金属丰度有类似的相关性。

20 多年来，人们对热木星的形成和演化机制提出了多种理论，但是关于热木星的起源仍未有定论。热海星与热木星有着几个相同的标志特征，这为揭开热木星和其他短周期行星起源这个重大谜题提供了新线索和研究的新方向。该研究成果引起了国内外天文界的广泛关注。Dawson 和 Johnson 发表在权威的《天文学和天体物理学年度评论》(*Annual Review of Astronomy and Astrophysics*) 期刊的述评文章《热木星的起源》(*Origins of Hot Jupiters*)[2] 中着重讨论了热海星的发现及其意义。该发现入选中国天文学会与中国科学院国家天文台评选的 2018 年度“中国十大天文科技进展”，同时也引起了公众的兴趣，数家新闻媒体报道了这项研究成果。

参考文献

[1] Mayor M, Queloz D. A Jupiter-mass companion to a solar-type star. Nature, 1995, 378: 355.

[2] Dawson R, Johnson J. Origins of hot Jupiters. Annual Review of Astronomy and Astrophysics,

2018,56:175-221.
[3] Gonzalez G. Spectroscopic analyses of the parent stars of extrasolar planetary system candidates. Astronomy and Astrophysics,1998,334:221-238.
[4] Santos N, Israelian G, Mayor M. Spectroscopic[Fe/H]for 98 extra-solar planet-host stars: Exploring the probability of planet formation. Astronomy and Astrophysics,2004,415:1153-1166.
[5] Fischer D, Valenti J. The planet-metallicity correlation. The Astrophysical Journal,2005,622:1102-1117.
[6] Steffen J H, Ragozzine D, Fabrycky D C, et al. Kepler constraints on planets near hot Jupiters. Proceedings of the National Academy of Sciences,2012,109:7982-7987.
[7] Ren A B, Fu J N, de Cat P, et al. LAMOST observations in the Kepler field. Analysis of the stellar parameters measured with LASP based on low-resolution spectra. The Astrophysical Journal Supplement Series,2016,225:28.
[8] Dong S B, Zheng Z, Zhu Z H, et al. On the metallicities of Kepler stars. The Astrophysical Journal Letters,2014,789:L3.
[9] Dong S B, Xie J W, Zhou J L, et al. LAMOST telescope reveals that Neptunian cousins of hot Jupiters are mostly single offspring of stars that are rich in heavy elements. Proceedings of the National Academy of Sciences,2018,115:266-271.

Discovery of an Extrasolar Planet Population with the LAMOST

Dong Subo

Using accurate stellar parameters from the LAMOST, we discover a population of short-period extrasolar planets (dubbed "Hoptunes") with radii between twice and six times that of the Earth found by the *Kepler* satellite that share key similarities with hot Jupiters. Both populations preferentially orbit around metal-rich stars and are more likely found in the single-transiting systems. The "kindship" between them suggests likely common processes are responsible for their origins.

3.2 发现锂丰度最高的巨星
——富锂巨星中锂元素的形成之谜

闫宏亮　施建荣
（中国科学院国家天文台）

标准恒星演化模型[1]描述了不同质量的恒星在诞生之后是如何变化的。形象地看，它是一部讲述恒星在整个生命周期中所有经历的命运之书。当恒星演化至相当于人类晚年的红巨星阶段，其外层会出现深入恒星内部的对流。这些对流将恒星表层的物质带入温度更高的内部区域，并破坏一些不耐高温的元素，锂就是其中之一。标准恒星演化模型预言红巨星的锂丰度会被降低到原来的1/60，但观测却发现少量红巨星中依然含有大量的锂元素，这种红巨星被称为富锂巨星，它们对标准恒星演化理论提出了直接挑战。是经典理论尚有瑕疵还是人们对锂元素的形成机制缺乏理解，一直是一个悬而未决的问题。

第一颗富锂巨星于1982年被发现[2]，之后便引起了天文学家的广泛兴趣。然而，经过系统性的搜寻，人们发现富锂巨星的数量十分稀少。国际上几乎所有大型的巡天项目都涉及过富锂巨星的搜寻工作，例如斯隆数字巡天（SDSS）、视向速度实验巡天（RAVE）、赫耳墨斯探测器银河系考古巡天（GALAH）、盖亚-欧洲南方天文台巡天（Gaia-ESO）等。虽然不同的数据体现的富锂巨星比例略有不同，但大多集中在1%左右[3]。因此搜寻富锂巨星的工作就如同“星海捞针”，非常困难。此外，关于富锂巨星中锂的来源也一直众说纷纭，特别是近年来不同研究得出的结论甚至相互矛盾，令人莫衷一是。更重要的是，作为在宇宙大爆炸之初就被合成出的锂，其含量在不同尺度的天文问题中都出现了与标准恒星演化理论的偏离，因此锂元素的形成与演化一直以来都是国际天文界所致力于解决的前沿热点问题，而富锂巨星正是其中关键的一环。

我国自主设计建造的郭守敬望远镜（LAMOST）大规模巡天的开展，为搜寻富锂巨星提供了宝贵的机遇（图1）。由中国科学院国家天文台、中国原子能科学研究院、北京师范大学等单位的科研人员组成的团队利用LAMOST发现了富锂巨星中的“王者”——TYC429-2097-1（图2），它的锂含量达到同类天体的3000倍，是目前人类已知的锂丰度最高的红巨星。由于锂元素易损耗的特性，能在恒星中观测到如此高的锂丰度，说明这些锂元素应该是刚刚产生的，这为我们探索锂元素在恒星中的形成提供了最好的机会。这颗恒星的锂丰度不但刷新了观测上的纪录，同时也超过了现有理论所给出的上限。在红巨星的锂增丰理论中，通过吞噬行星所能达到的锂丰度上限仅为这颗星的 1%[4]，而通过额外对流机制所生成的锂丰度也只能达到这颗恒星的 1/10[5]。为了解决这个问题，研究团队首次将不对称对流理论引入到恒星中锂元素的形成问题中，并利用最新的原子数据对恒星内部的核反应网络以及物质交换进行了模拟，最新的计算结果突破了原有理论在锂丰度上遇到的天花板，成功再现了锂元素的形成过程。基于此模型的理论计算与观测结果很好地吻合。这项研究发表于 2018 年 10 月出版的《自然・天文》（*Nature Astronomy*）期刊上[6]。

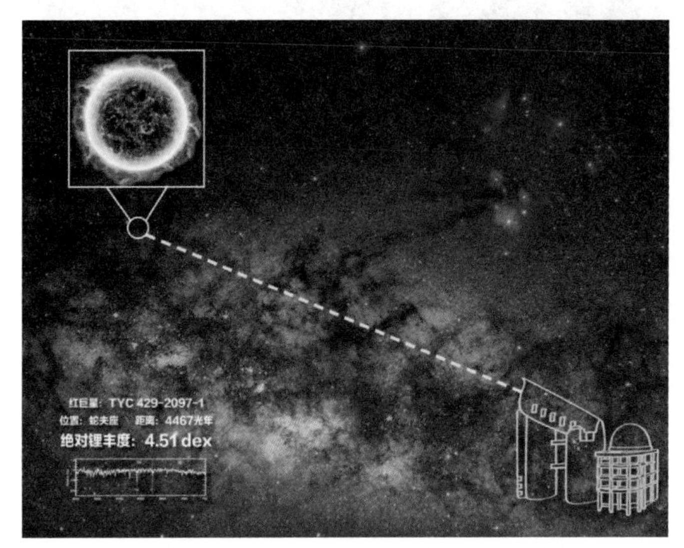

图 1　LAMOST 发现锂丰度最高的巨星示意图

本图的背景是这颗恒星附近区域的真实银河照片（白色圆圈标记了这颗恒星的大致位置），这个区域是银河系的中心，蛇夫座和半人马座两个星座位于这个区域

从科学的角度来说，这项工作攻克了两个难点。第一，富锂巨星的数量十分稀少，因此发现富锂巨星本身就是一项十分有挑战性的工作。这一发现充分发挥了 LAMOST 在国际上独有的优势——最强的光谱获取能力，在千万量级的恒星光谱中，捕获了富锂巨星中的"王者"。第二，如此高的锂丰度超过了传统理论计算所能给出的极限。科研人员重新审视了恒星内部的对流过程，突破了原有理论方面的局限性，回答了富锂巨星中锂元素的形成机制，也对"宇宙锂问题"的解决做出了重要推进。

富锂巨星 TYC429-2097-1 的发现刷新了人类对锂元素的认知，它将作为一个独特

图 2　人类发现的锂含量最高巨星 TYC429-2097-1 的真实光学图像（左侧绿色十字所标记的恒星）和艺术想象图

的天体在以后的科学研究中持续发挥价值。这一成果是我国大型科学装置 LAMOST 在前沿基础学科取得突破性进展的又一实例，也是基础研究领域跨学科深入推进合作研究的一次成功尝试。该工作入选中国天文学会与中国科学院国家天文台评选的“2018 年中国十大天文科技进展”，排名第一。《自然·化学》（*Nature Chemistry*）在纪念元素周期表发表 150 周年的专题活动中，将此研究作为推荐文章与国际化学界进行分享①。此工作还引起了国内外媒体的广泛关注，被包括中央电视台、新华社、人民日报等国内主流媒体和 EurekAlert、Phys. org 等国际著名科学媒体所报道。

参考文献

[1] Iben I Jr. Stellar evolution. VI. Evolution from the main sequence to the red-giant branch for stars of mass 1 $M_\odot$, 1. 25 $M_\odot$, and 1. 5 $M_\odot$. The Astrophysical Journal Letters, 1967, 147: 624.

[2] Wallerstein G, Sneden C. A K giant with an unusually high abundance of lithium: HD 112127. The Astrophysical Journal, 1982, 255: 577-584.

[3] Brown J A, Sneden C, Lambert D L, et al. A search for lithium-rich giant stars. The Astrophysical Journal Supplement Series, 1989, 71: 293-322.

[4] Aguilera-Gómez C, Chanamé J, Pinsonneault M H, et al. On lithium-rich red giants. https://iopscience. iop. org/article/10. 3847/0004-637X/829/2/127/pdf[2019-12-20].

① 参见：https：//www. nature. com/immersive/d42859-019-00001-7/index. html.

[5] Denissenkov P A, Herwig F. Enhanced extra mixing in low-mass red giants: lithium production and thermal stability. The Astrophysical Journal, 2004, 612: 1081-1091.
[6] Yan H L, Shi J R, Zhou Y T, et al. The nature of the lithium enrichment in the most Li-rich giant star. Nature Astronomy, 2018, 2: 790.

The Discovery of the Most Li-rich Giants
——Probing the Mechanism of Li Production

Yan Hongliang, Shi Jianrong

The standard stellar evolution model predicts a severe depletion of lithium (Li) abundance during the first dredge-up (FDU) process. Yet a small fraction of giant stars are still found to preserve a considerable amount of Li in their atmospheres after FDU. A large amount of work dedicated to search for and investigate this minority of the giant family, yet the origins of Li-rich giants are still being debated. We report the discovery of the most Li-rich giant known to date, of which the Li abundance is as 3,000 times high as that of the normal giants. Such a high Li abundance indicates that the star might be at the very beginning of its Li-rich phase, which provides a great opportunity to investigate the origin and evolution of Li in the Galaxy. A detailed nuclear simulation is presented with up-to-date reaction rates to recreate the Li enrichment process in this star. Our results provide tight constraints on both observational and theoretical points of view, suggesting that low-mass giants can internally produce Li to a very high level through ^{7}Be transportation during the red giant phase.

3.3 首次“看见”离子水合物的原子结构并揭示离子输运的幻数效应

彭金波[1] 曹端云[1] 何智力[2] 高毅勤[2]
徐莉梅[1] 王恩哥[1,3] 江 颖[1,3]

（1. 北京大学物理学院量子材料科学中心；
2. 北京大学化学与分子工程学院；3. 量子物质协同创新中心）

水是自然界中最丰富、人们最为熟悉却最不了解的一种物质。《科学》期刊在创刊125周年之际，公布了21世纪125个最具挑战性的科学问题，其中就包括：水的结构如何？虽然水分子的结构简单，但是水分子形成的氢键网络构型却极其复杂，它随着温度、压强的变化而具有多种多样的结构。水与其他物质的相互作用使得水的结构变得更加复杂和具有挑战性。水作为溶剂能使很多盐溶解，而且能与溶解的离子结合在一起形成团簇，此过程称为离子水合，形成的离子水合团簇称为离子水合物。离子水合是自然界最为常见的现象之一，在很多物理、化学、生物过程中扮演着重要的角色。

早在19世纪末，人们就意识到离子水合的存在并开始了系统的研究。虽然经过了100多年的努力，但是离子的水合壳层数、各个水合层中水分子的数目和构型、水合离子对水氢键结构的影响、决定水合离子输运性质的微观因素等诸多问题，至今仍没有定论。尤其是对于界面和受限体系，由于表面的不均匀性和晶格的多样性，水分子、离子和表面三者之间的相互作用使得这个问题更加复杂。实验上，关键在于如何实现单原子、单分子尺度的表征，并能对其结构和动力学进行原子级调控。传统使用的各种谱学技术因为空间分辨能力较差而受到很大的限制[1,2]。

北京大学物理学院江颖课题组利用扫描隧道显微镜（scanning tunneling microscope，STM）和原子力显微镜（atomic force microscope，AFM）技术[3-6]，与王恩哥领导的课题组及北京大学化学与分子工程学院高毅勤课题组通过紧密合作，首次制备出单个Na^{+}水合物并直接确定了水合物的原子构型，同时揭示了离子输运的幻数效应，该工作于2018年5月在《自然》期刊上在线发表[7]。

基于STM的原子/分子操控技术[8]，研究人员首先人工制备出了单个离子水合物。接着，利用发展的基于CO针尖修饰的非侵扰式原子力显微镜成像技术[4]，依靠CO针尖和样品之间极其微弱的高阶静电力来扫描成像，在国际上首次获得了离子水合物的原子级分辨成像，并结合密度泛函理论（density functional theory，DFT）和原子力显微镜图像模拟（AFM simulation），成功确定了其原子吸附构型（图 1）。这也是水合离子的概念提出一百多年来，人们首次在实验中直接“看到”水合离子的原子级图像。

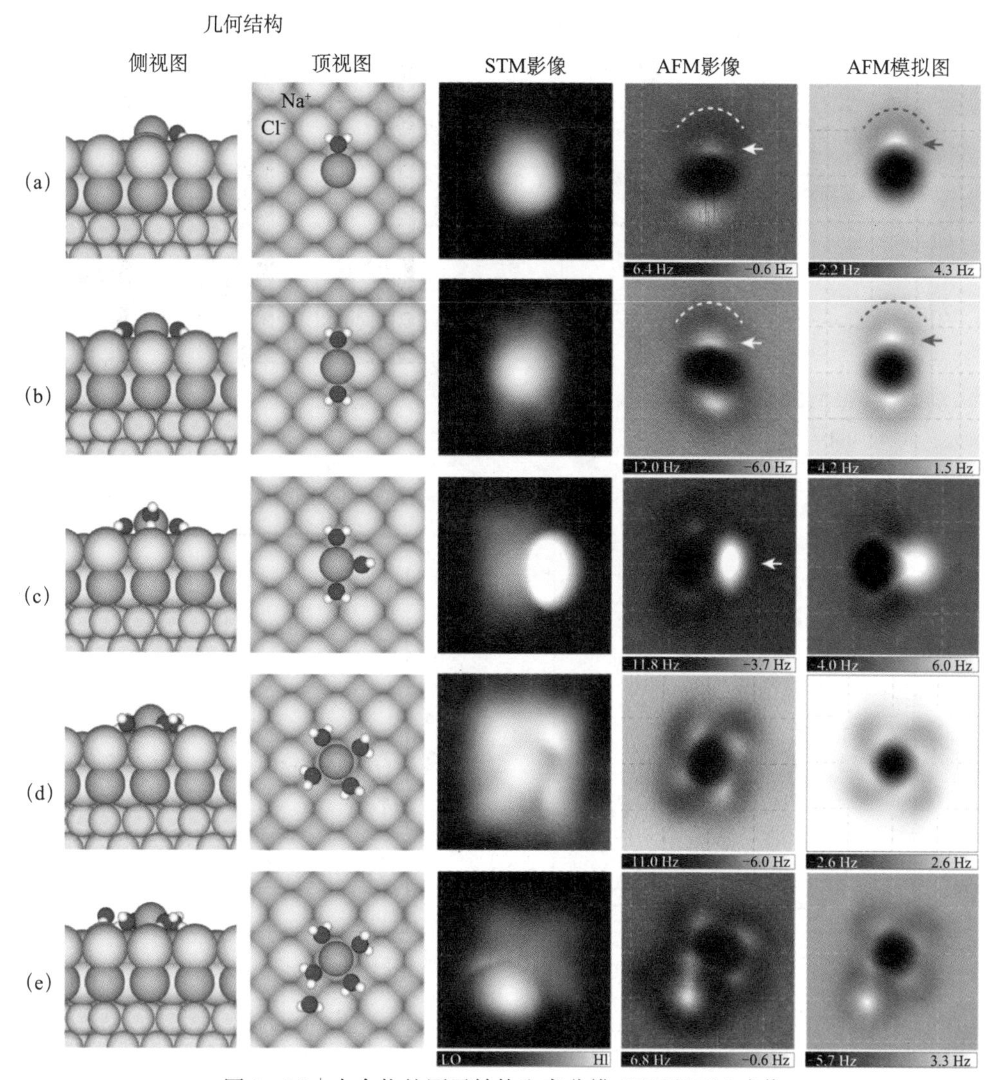

图 1　Na^+ 水合物的原子结构和高分辨 STM/AFM 成像

（a）～（e）分别为 $Na^+ \cdot nD_2O$（n =1～5）的原子模型几何结构（侧视图和顶视图）、STM/AFM 图像（用 CO 针尖获得）和 AFM 模拟图；

H、O、Cl、Na 原子分别用白色、红色、蓝绿色和紫色小球表示，图像尺寸为 1.5nm×1.5nm

进一步，研究人员利用非弹性电子隧穿技术[9]，控制单个水合离子在 NaCl 表面上的输运［图 2(a)］，发现了一种新奇的幻数现象：包含有特定数目水分子的 Na^+ 水合物具有异常高的扩散能力，迁移率比其他水合物要高 1～2 个量级［图 2(b)］。结合 DFT 计算，发现这种现象来源于离子水合物与表面晶格的对称性匹配程度：包含 1、

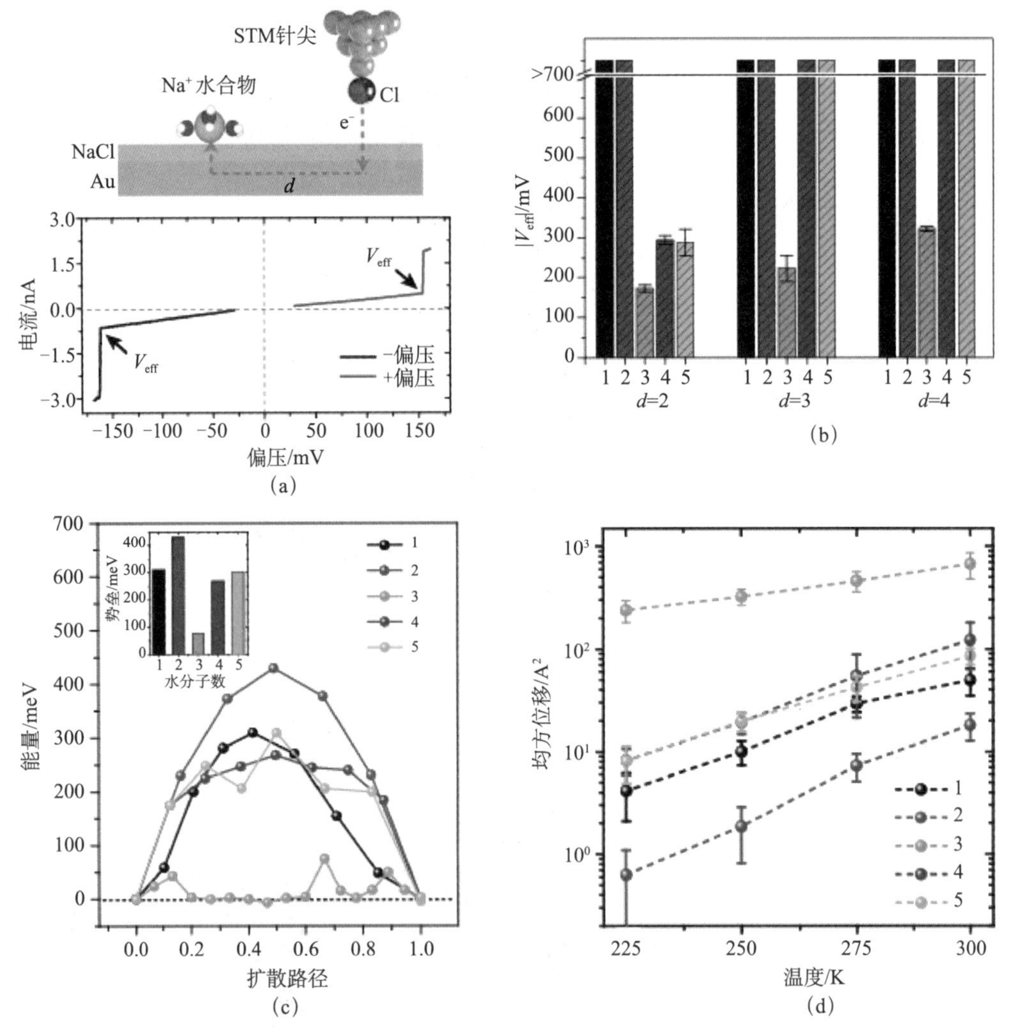

图 2　水分子数目对 Na^+ 水合物在 NaCl 表面输运的影响

(a) 非弹性电子诱导的 Na^+ 水合物扩散的示意图和对应的电流曲线；(b) 不同离子水合物在不同针尖横向距离（d=2，3，4 个 NaCl 晶格）下的扩散难易程度 V_{eff} 的比较；(c) DFT 计算得到的不同离子水合物 $Na^+ \cdot nD_2O$（n =1～5）在 NaCl 表面扩散的势垒；(d) 分子动力学模拟得到的不同离子水合物在 225～300K 下 1ns 时间内扩散的均方位移

2、4、5个水分子的离子水合物与NaCl衬底的四方对称性晶格更加匹配，因此与衬底束缚很紧，不容易运动；而含有3个水分子的离子水合物，却很难与四方对称性的NaCl衬底匹配，因此会在NaCl表面形成很多亚稳态结构，再加上水分子很容易围绕Na^+集体旋转，使得离子水合物的扩散势垒大大降低［图2(c)］，迁移率显著提高。分子动力学模拟表明，这一新奇的现象可以在很大一个温度范围内存在（包括室温）［图2(d)］且这种幻数效应适用于多种盐离子体系。

该工作首次建立了离子水合物的微观结构和输运性质之间的直接关联，刷新了人们对受限体系中离子输运的传统认识。结果表明，可以通过改变表面晶格的对称性和周期性来控制受限环境或纳米流体中离子的输运，这对离子电池、防腐蚀、盐溶解、电化学、海水淡化、生物离子通道等领域都具有重要的潜在意义。此外，该工作发展的实验技术有望应用到更多更广泛的水合物体系，开辟全新的研究领域。

参考文献

[1] Omta A W, Kropman M F, Woutersen S, et al. Negligible effect of ions on the hydrogen-bond structure in liquid water. Science, 2003, 301(5631): 347-349.

[2] Heisler I A, Meech S R. Low-frequency modes of aqueous alkali halide solutions: glimpsing the hydrogen bonding vibration. Science, 2010, 327(5967): 857-860.

[3] Guo J, Meng X Z, Chen J, et al. Real-space imaging of interfacial water with submolecular resolution. Nature Materials, 2014, 13(2): 184-189.

[4] Peng J B, Guo J, Hapala P, et al. Weakly perturbative imaging of interfacial water with submolecular resolution by atomic force microscopy. Nature Communications, 2018, 9: 122.

[5] Meng X Z, Guo J, Peng J B, et al. Direct visualization of concerted proton tunnelling in a water nanocluster. Nature Physics, 2015, 11(3): 235-239.

[6] Guo J, Bian K, Lin Z, et al. Perspective: Structure and dynamics of water at surfaces probed by scanning tunneling microscopy and spectroscopy. The Journal of Chemical Physics, 2016, 145(16): 160901.

[7] Peng J B, Cao D Y, He Z L, et al. The effect of hydration number on the interfacial transport of sodium ions. Nature, 2018, 557: 701-705.

[8] Jiang Y, Huan Q, Fabris L, et al. Submolecular control, spectroscopy and imaging of bond-selective chemistry in single functionalized molecules. Nature Chemistry, 2013, 5(1): 36-41.

[9] Stipe B C, Rezaei M A, Ho W. Single-molecule vibrational spectroscopy and microscopy. Science, 1998, 280(5370): 1732-1735.

"Seeing" the Ion Hydrates and Revealing the Magic Number Effect on Ion Transport

Peng Jinbo, Cao Duanyun, He Zhili, Gao Yiqin, Xu Limei, Wang Enge, Jiang Ying

Ion hydration and transport at interfaces are relevant to a wide range of applied fields and natural processes. To correlate the atomic structure with the transport properties of hydrated ions, both the interfacial inhomogeneity and the complex competing interactions among ions, water and surfaces require detailed molecular-level characterization. Here we construct individual sodium ion (Na^+) hydrates on a NaCl(001) surface and identify their atomic structures using a combined scanning tunnelling microscopy and noncontact atomic force microscopy system. We found that the Na^+ hydrated with three water molecules diffuses orders of magnitude more quickly than other ion hydrates. This scenario would apply even at room temperature according to our classical molecular dynamics simulations. Our work suggests that anomalously high diffusion rates for specific hydration numbers of ions are generally determined by the degree of symmetry match between the hydrates and the surface lattice.

3.4 铁基高温超导中的"马约拉纳三部曲"

孔令元 丁 洪

(中国科学院物理研究所)

经过人类不懈努力，计算机芯片尺寸已经进入10nm量级。受量子效应和技术条件限制，人类已经很难通过进一步微型化晶体管的方法来实现计算能力的大幅提升。量子计算则通过利用量子力学的态叠加原理，可以同时处理大量信息，其计算能力随着比特数目的扩展呈指数增长，在这一方面显著超越了遵从线性拓展规律的经典计算。量子计算被认为是推动下一次工业革命的潜在引擎之一。

然而量子计算一直被"退相干"的问题所困扰。当外界环境存在干扰或者进行操纵测量时，量子比特会"退相干"从而丢失"量子"特征，导致储存于其中的信息被破坏。为了从根本上解决这一问题，科学家构思出了具有本征容错性的拓扑量子计算方案：将拓扑量子计算材料中一个量子比特劈成两半，分别存储在相隔很远的一对材料边界上，因此这个量子比特存储的信息对局域扰动天然免疫。这些"半量子比特"边界态被称为马约拉纳零能模，这个命名来自于它们可以与宇宙中"正反粒子等价"的马约拉纳费米子相互类比。在材料中寻找马约拉纳零能模是实现拓扑量子计算的第一步。

自2014年起，我们科研团队与多个科研团队合作，开启了铁基高温超导体拓扑非平庸能带结构和马约拉纳零能模研究的新方向，且于2018年实现了拓扑超导表面态的直接观测[1]，并发现了迄今最干净的马约拉纳零能模[2]。与以往的马约拉纳材料体系相比，高温铁基超导体避免了复杂的异质结结构，并且其中的马约拉纳零能模被很大的拓扑能隙保护，可以在更高的温度存活。这些特征使得仔细研究马约拉纳零能模的性质成为可能，也为未来拓扑量子计算的应用带来了曙光。2017年4月至2019年12月，由高鸿钧和丁洪领导的联合科研团队通过深入研究铁基超导体铁碲硒的磁通涡旋，相继发现了铁基超导体中马约拉纳零能模的三个重要实验证据，奏响了铁基高温超导中的"马约拉纳三部曲"。

1. 第一部曲

发现了具有马约拉纳特征的零能峰波函数特征[2]。波函数是量子态在空间中的分布。理论预言，马约拉纳零能模的能量不随空间位置的改变而改变，而其波函数随着远离磁通涡旋中心呈现衰减行为，其具体规律由相关的拓扑能带参数决定。我们通过利用^{3}He极低温-强磁场-扫描隧道显微镜系统，在铁碲硒的超导磁通涡旋上探测到了马约拉纳束缚态峰位不随空间位置变化，实验峰宽接近于系统的能量分辨率。理论拟合显示磁通涡旋中的马约拉纳束缚态来源于拓扑表面态超导的准粒子激发。这些结果表明，实验观测到的马约拉纳束缚态不与平庸的低能激发态混合，首次清晰地观测到了纯的马约拉纳束缚态（图1）。

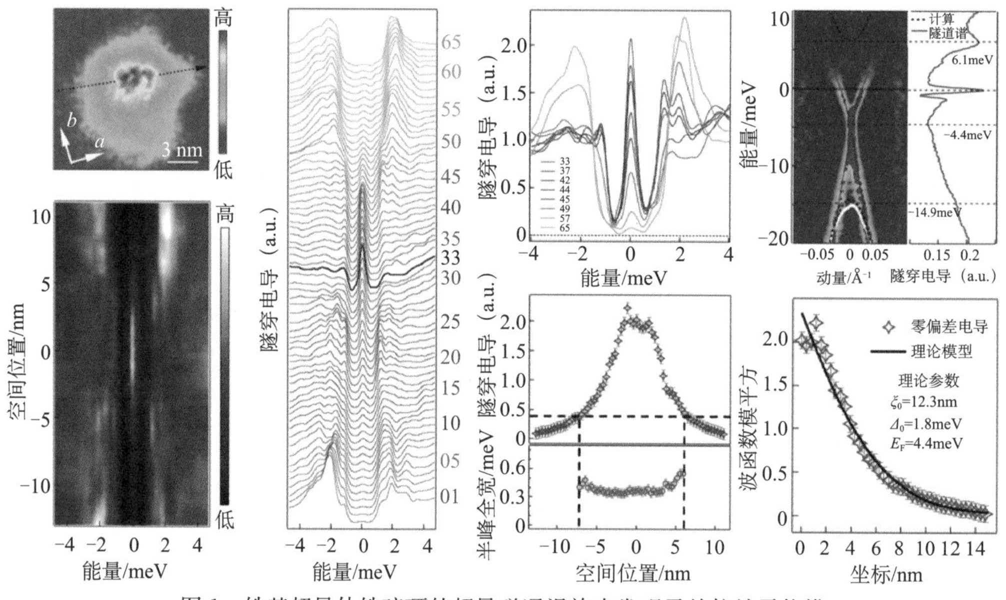

图1　铁基超导体铁碲硒的超导磁通涡旋中发现马约拉纳零能模

2. 第二部曲

揭示了马约拉纳零能模的拓扑本质[3]。通过进一步研究发现了伴随零能模出现的涡旋束缚态半整数能级嬗移。这一现象是由拓扑表面态携带的本征自旋角动量导致的，反映了马约拉纳零能模的拓扑本质。在此基础上，我们研究团队提出了铁基超导体超导涡旋中马约拉纳零能模出现或消失的整体相图。这项工作开创性地将马约拉纳零能模的拓扑本质与涡旋束缚态的全局行为建立联系，不仅进一步证明了铁基超导体超导涡旋中出现的鲁棒零能模是拓扑非平庸的准粒子激发（马约拉纳零能模），而且为证明其他凝聚态物理系统中的马约拉纳零能模提供了新的思路（图2）。

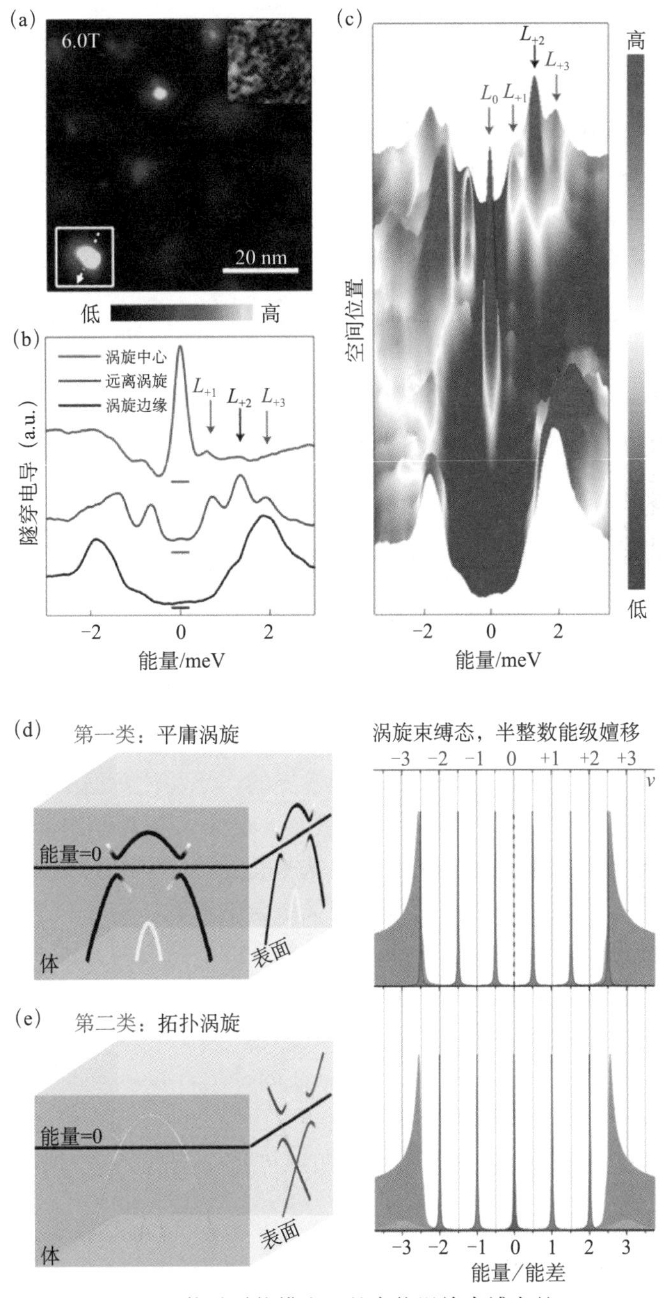

图 2　伴随零能模出现的高能涡旋束缚态的
半整数能级嬗移反映了马约拉纳零能模的拓扑本质

3. 第三部曲

发现了近量子化的马约拉纳共振电导平台[4]。马约拉纳零能模满足电子空穴等价性，这使得由马约拉纳零能模传递的电子-空穴隧穿始终满足共振隧穿要求，在完美条件下，实验可以测到不受势垒大小影响的马约拉纳量子化电导。铁基超导体具有大的拓扑能隙，十分适合进行共振电导测量。我们开发了变隧道结扫描隧道谱的新方法，在国际上首次观察到空间位置分辨的马约拉纳共振电导平台（图 3）。

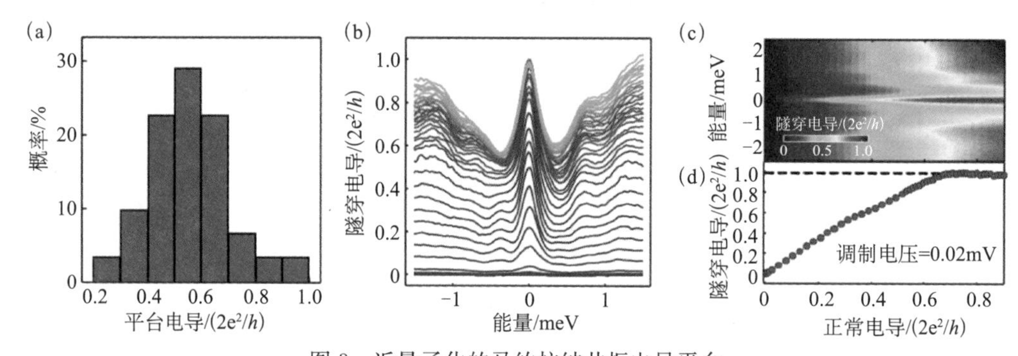

图 3　近量子化的马约拉纳共振电导平台

注：$2e^2/h$ 表示量子电导，其中 e 为元电荷量，h 为普朗克常数

我们的这一系列工作被多个课题组在多种铁基超导材料上独立验证[5-8]。时至今日，拓扑非平庸的铁基超导体已经引起了学术界的广泛关注，据不完全统计，在 2018 年和 2019 年的短短两年时间内，预印本文献库（arXiv）先后贴出了 40 多篇实验和理论文章聚焦铁基超导体马约拉纳相关物理。铁基超导体中马约拉纳零能模的发现是高温超导、拓扑材料、量子计算等多个领域交叉融合的产物。这不仅为铁基超导研究领域注入了一剂强心剂，而且为拓扑量子计算材料开辟了新方向[9]。

参考文献

[1] Zhang P, Yaji K, Hashimoto T, et al. Observation of topological superconductivity on the surface of an iron-based superconductor. Science, 2018, 360: 182.

[2] Wang D, Kong L, Fan P, et al. Evidence for Majorana bound states in an iron-based superconductor. Science, 2018, 362: 333.

[3] Kong L, Zhu S, Papaj M, et al. Half-integer level shift of vortex bound states in an iron-based superconductor. Nature Physics, 2019, 15: 1181.

[4] Zhu S, Kong L, Cao L, et al. Nearly quantized conductance plateau of vortex zero mode in an iron-based superconductor. Science, 2020, 267: 189.

[5] Liu Q, Chen C, Zhang T, et al. Robust and clean Majorana zero mode in the vortex core of high-temperature superconductor($Li_{0.84}Fe_{0.16}$)OHFeSe. Physical Review X, 2018, 8: 041056.
[6] Machida T, Sun Y, Pyon S, et al. Zero-energy vortex bound state in the superconducting topological surface state of Fe(Se, Te). Nature Materials, 2019, 18: 811.
[7] Chen C, Liu Q, Zhang T, et al. Quantized conductance of Majorana zero mode in the vortex of the topological superconductor($Li_{0.84}Fe_{0.16}$)OHFeSe. Chinese Physics Letters, 2019, 36: 057403.
[8] Liu W, Cao L, Zhu S, et al. A new Majorana platform in an Fe-As bilayer superconductor. https://arxiv.org/abs/1907.00904[2019-07-01].
[9] Kong L, Ding H. Majorana gets an iron twist. National Science Review, 2019, 6: 196.

"Majorana Trilogy" in Iron-Based High-Temperature Superconductors

Kong Lingyuan, Ding Hong

We have created a new and promising Majorana platform in iron-based high-temperature superconductors (FeSCs) during recent years. Benefited from the intrinsic combination among high-T_c, strong correlation and nontrivial topology in a single material, a pure Majorana zero mode (MZM) was clearly observed in the vortex core of Fe(Te, Se). During the last year and a half, the joint research team led by Gao Hongjun and Ding Hong has found three pieces of experimental evidence for MZM in the FeSCs, namely, zero-energy peak, half-integer level shift, and quantized conductance plateau, thus launching "Majorana trilogy" in iron-based high-temperature superconductors.

3.5 人工基因组重排驱动基因组快速进化

贾 斌 谢泽雄 元英进

（天津大学化工学院，教育部合成生物学前沿科学中心）

基因组结构变异是生物进化的重要驱动力。“人工合成酵母基因组计划”（Sc2.0）中的一项重要的设计原则是在每个非必需基因的3′端插入loxPsym位点[1-8]。该位点是一个长度为34bp的完全对称的回文序列。在Cre重组酶的作用下，任意两个loxPsym位点都可能发生相互作用。合成型染色体被众多loxPsym位点间隔划分为不同的重组单元。在合成型酵母中表达Cre重组酶[9]，可以使整个染色体上的重组单元随机发生重复、缺失、倒位、易位。

针对Cre重组酶在细胞内容易泄漏表达这一难题，天津大学的合成生物学团队设计了“与门”基因回路，精确调控合成型基因组的重排[10]。运用基因回路开头，特异性精准控制基因组的多轮迭代重排，通过基因组持续提高胡萝卜素产量，经过5轮迭代重排，使胡萝卜素产量提升了38.8倍。深度测序分析，揭示了基因组的重复、缺失、倒位和易位与产量提升的关联。

单倍体酵母在基因组重排过程中容易发生必需基因的删除而导致大量酵母死亡，而二倍体酵母基因组重排则可以显著降低致死率。天津大学的合成生物学团队与纽约大学合作研究发现杂合二倍体酵母基因组重排可通过环境选择快速产生新的表型，分别通过杂合二倍体基因组重排和跨物种基因组重排，获得可以在42℃下生长加快的菌株和咖啡因耐受性明显增强的菌株[11]。

基因组重排系统的关键是loxPsym位点与Cre重组酶的相互作用，不但可以用于体内反应，而且也可以用于体外反应[12]。通过Cre酶与包含多loxPsym位点DNA的体外反应体系构建，天津大学的合成生物学团队与纽约大学合作开发体外构建结构变异的DNA文库方法，展示了自上而下的体外SCRaMbLE构建途径结构变异库，并证明该方法通过相关转录单元的重排来优化生物合成途径通量。

染色体的环化与癌症、癫痫等多种疾病的发生密切相关，目前对环形染色体结构变异及所产生表型的认知相对缺乏。以人工合成的酿酒酵母环形5号染色体为研究对象，天津大学的合成生物学团队利用SCRaMbLE基因组重排系统对其进行基因组重排，发现环形染色体不同于线性染色体的多种结构性变化。通过多轮重排来探究染色体结构变异对细胞功能的影响，发现环形染色体重排过程中会连续产生复杂的基因组结构变异和表型优化[13]。

上述这些工作发表在 2018 年的《自然·通讯》（*Nature Communications*）上。《自然》评述："他们将重排系统应用于合成型基因组，帮助理解生命的基本过程。"[14]《自然·生物技术》（*Nature Biotechnology*）评述："基因组多轮迭代重排进一步推动基因型多样化的快速产生，大幅提升了化合物的产量。"[15]综上，人工基因组重排技术可以研究基因型与生物表型关系，有望用于染色体重排、微生物细胞工厂性能提升、生命快速进化和人类染色体异常疾病等研究。

参考文献

[1] Dymond J S, Richardson S M, Coombes C E, et al. Synthetic chromosome arms function in yeast and generate phenotypic diversity by design. Nature, 2011, 477(7365): 471-476.

[2] Annaluru N, Muller H, Mitchell LA, et al. Total synthesis of a functional designer eukaryotic chromosome. Science, 2014, 344(6179): 55-58.

[3] Mitchell L A, Wang A, Stracquadanio G, et al. Synthesis, debugging, and effects of synthetic chromosome consolidation: synVI and beyond. Science, 2017, 355(6329): eaaf4831.

[4] Shen Y, Wang Y, Chen T, et al. Deep functional analysis of *synII*, a 770 kb synthetic yeast chromosome. Science, 2017, 355(6329): eaaf4791.

[5] Wu Y, Li B Z, Zhao M, et al. Bug mapping and fitness testing of chemically synthesized chromosome X. Science, 2017, 355(6329): eaaf4786.

[6] Xie Z X, Li B Z, Mitchell L A, et al. "Perfect" designer chromosome V and behavior of a ring derivative. Science, 2017, 355(6329): eaaf4704.

[7] Xie Z X, Liu D, Li B Z, et al. Design and chemical synthesis of eukaryotic chromosomes. Chemical Society reviews. 2017; 46(23): 7191-207.

[8] Zhang W, Zhao G, Luo Z, et al. Engineering the ribosomal DNA in a megabase synthetic chromosome. Science, 2017, 355(6329): eaaf4791.

[9] Shen Y, Stracquadanio G, Wang Y, et al. SCRaMbLE generates designed combinatorial stochastic diversity in synthetic chromosomes. Genome Research, 2016, 26(1): 36-49.

[10] Jia B, Wu Y, Li B Z, et al. Precise control of SCRaMbLE in synthetic haploid and diploid yeast. Nature Communications, 2018, 9(1): 1933.

[11] Shen M J, Wu Y, Yang K, et al. Heterozygous diploid and interspecies SCRaMbLEing. Nature Communications, 2018, 9(1): 1934.

[12] Wu Y, Zhu R Y, Mitchell L A, et al. In vitro DNA SCRaMbLE. Nature Communications, 2018, 9(1): 1935.

[13] Wang J, Xie Z X, Ma Y, et al. Ring synthetic chromosome V SCRaMbLE. Nature Communica-

tions,2018,9(1).
[14] Foo J L,Chang M W. Yeast shuffles towards a diverse future. Nature,2018,557(7707):647-648.
[15] Jones S. SCRaMbLE does the yeast genome shuffle. Nat Biotech,2018,36(6):503.

Artificial Genomic Rearrangements Drive Rapid Evolution of Genomes

Jia Bin, Xie Zexiong, Yuan Yingjin

Genomic structural variation is important for biological evolution. Based on the synthetic yeast genomes project, the genome rearrangement technology can make genomic fragment or even entire chromosome to randomly duplicate, delete, inverse and translocate, generating a large number of genomic structural variations. This article reviews a variety of genomic rearrangement techniques, including precise control of genomic rearrangements, heterozygous diploid genomic rearrangements, in vitro genomic rearrangements, and genomic rearrangements of circular chromosomes. Genomic rearrangements can generate a large number of genotypes and phenotypes, which can be used for improving the production efficiency of cell factories, accelerating the evolution of industrial microbial species and discovering biological knowledge.

3.6　主族碱土金属八羰基化合物的 d 轨道成键及 18 电子规则

周鸣飞

（复旦大学化学系，能源材料化学协同创新中心，
上海市分子催化和功能材料重点实验室）

俄国化学家门捷列夫于 1869 年发明了元素周期表，经过多年修订完善形成了完整的当代元素周期表。元素周期表揭示了化学元素的特性及其之间的内在联系，对促进化学及其他科学的发展起了巨大的作用。元素周期表将元素分为主族 s 区和 p 区，过渡金属 d 区以及镧系和锕系金属 f 区。主族元素包含（n）s 和（n）p 价电子轨道，形成的稳定化合物分子往往满足 8 电子规则；对于过渡金属元素，除了（n）s 和（n）p 价电子轨道以外，还包含 5 个（$n-1$）d 轨道，通常满足 18 电子规则。

碱土金属是第二主族元素，具有（n）s^2 电子构型，其化学性质相对简单，在化学反应中易失去两个价电子，生成＋2 价的离子型化合物。笔者课题组采用脉冲激光溅射-低温基质隔离技术，通过碱土金属原子与一氧化碳（CO）分子反应的方法在 4K 低温惰性氖基质中成功制备了饱和配位的碱土金属钙、锶和钡的八羰基配合物分子 $M(CO)_8$（M＝Ca，Sr，Ba）。红外光谱探测结合同位素取代实验确定了八羰基配合物分子具有立方体结构 O_h 对称性（图 1）。按照经典的电子计数规则，中心金属满足 18 电子规则。除了中性化合物以外，笔者课题组还利用气相选质量红外光解离光谱实验确认了相应的 17 电子碱土金属钙、锶和钡的八羰基配合物正离子 $[M(CO)_8]^+$（M＝Ca，Sr，Ba）的存在。南京工业大学和德国马德堡大学 Gernot Frenking 教授课题组的理论计算进一步证实了这些碱土金属八羰基配合物分子具有 O_h 对称性以及三重电子基态（$^3A_{1g}$），其中金属中心与 CO 配体之间通过 σ-π 配键方式结合，与过渡金属羰基配合物的成键完全一致。成键分析表明碱土金属与 CO 之间的成键主要来自碱土金属（$n-1$）d_π 轨道向 CO 反键 π 轨道的反馈作用（图 2）。

该项研究成果发表在《科学》期刊上[1]。结果表明，主族元素钙、锶和钡除了（n）s 和（n）p 价电子轨道以外，其（$n-1$）d 轨道也可以参与或主导化学成键，表现出了典型的过渡金属成键特性。该项工作将过渡金属的 18 电子规则推广到了钙、锶和

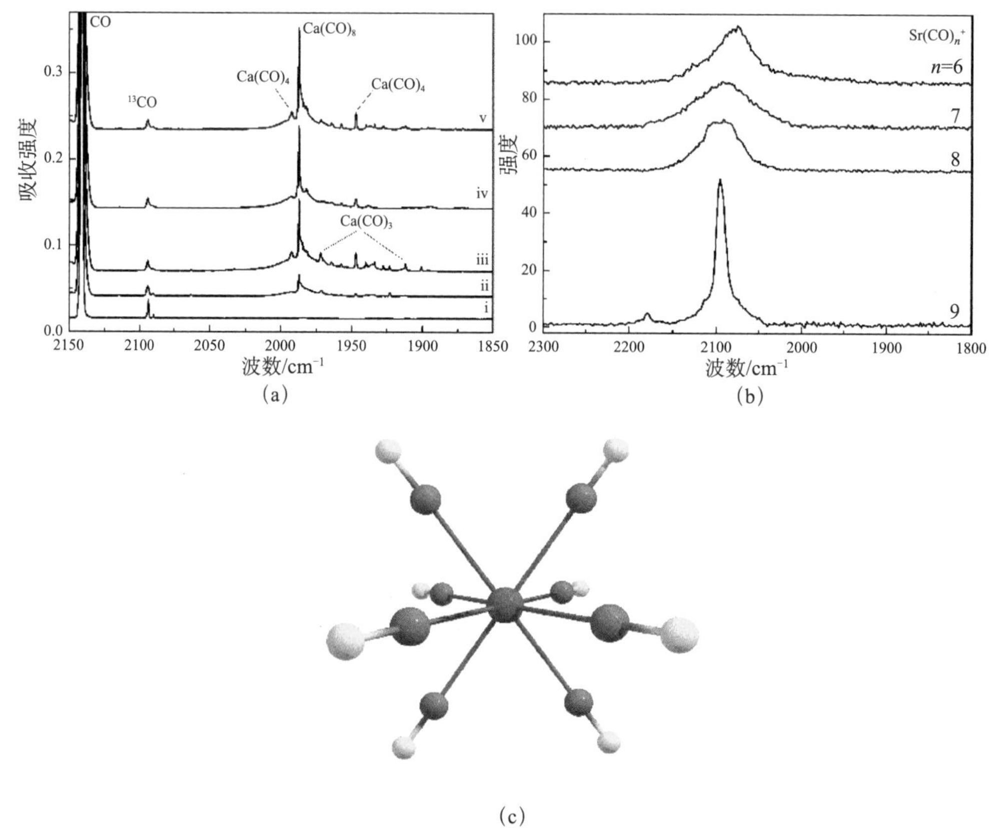

(c)

图 1 (a) 低温氖基质中的钙羰基化合物的红外吸收光谱；
(b) 锶羰基化合物正离子 Sr $(CO)_n^+$，(n=6，7，8，9) 的红外光解离光谱；
(c) 钙、锶、钡八羰基化合物的结构示意图

钡等主族元素，模糊了主族元素与过渡金属元素之间的划分界限。研究结果预示了碱土金属元素或具有与一般认知相比更为丰富的化学性质，将有助于未来设计合成出更多具有特殊结构、成键和反应特性的碱土金属化合物。《科学》期刊同期发表了评述文章，指出该项工作将过渡金属的 18 电子规则拓展到了碱土金属羰基化合物体系[2]；英国皇家化学会（Royal Society of Chemistry，RSC）的《化学世界》（*Chemistry World*）期刊以“碱土金属羰基化合物打破规则”为题进行了报道[3]，美国化学会（American Chemical Society，ACS）的《化学与工程新闻》（*Chemical & Engineering News*）期刊评论认为该项工作在理解碱土金属成键规则方面迈出了重要的一步[4]。

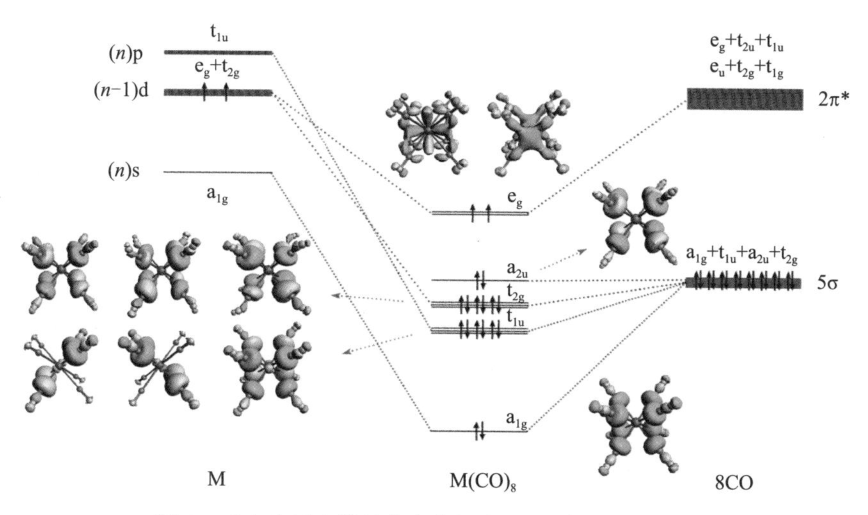

图 2　碱土金属八羰基化合物的分子轨道及成键示意图

参考文献

[1] Wu X, Zhao L L, Jin J Y, et al. Observation of alkaline earth complexes $M(CO)_8$ (M=Ca, Sr, or Ba) that mimic transition metals. Science, 2018, 361: 912-916.

[2] Armentrout P B. 18 electrons and counting. Science, 2018, 361: 849-850.

[3] Welter K. Alkaline earth carbonyls break the rules. https://www.chemistryworld.com/news/alkaline-earth-carbonyls-break-the-rules/3009449.article[2018-08-31].

[4] Lemonick S. Alkaline earth metals can form 18-electron complexes. Chemical & Engineering News, 2018, 96(35): 8.

d Orbital Bonding and the 18-Electron Rule for Main Group Alkaline Earth Octacarbonyl Complexes

Zhou Mingfei

The alkaline earth metals calcium, strontium and barium typically engage in chemical bonding as classical main-group elements through their (*n*) s and (*n*) p valence orbitals. We found that the heavier alkaline earth atoms calcium, strontium, and barium form stable eight-coordinate carbonyl complexes $M(CO)_8$ (M=

Ca, Sr, Ba) in a low-temperature neon matrix. These 18-electron complexes are characterized to have cubic O_h symmetric structures based on infrared spectroscopic studies. The bonding analysis indicates that the metal-CO bonds arise mainly from $[M(d_\pi)] \rightarrow (CO)_8$ π back donation. The results demonstrate that the 18-electron rule and d orbital bonding conventionally associated with transition metal chemistry can be extended to main group heavier alkaline earth elements.

3.7 H+HD反应中的几何相位效应研究

王兴安[1] 孙志刚[2] 张东辉[2] 杨学明[2,3]

（1. 中国科学技术大学化学物理系，合肥微尺度物质科学国家研究中心；
2. 中国科学院大连化学物理研究所分子反应动力学国家重点实验室；
3. 南方科技大学理学院化学系）

波恩-奥本海默近似是研究分子等量子体系动力学过程的重要基石。在这一近似下，动力学研究一般忽略非绝热相互作用而只考虑最低的绝热能电子态。一般情况下，这是非常好的近似。但是当体系存在锥形交叉如狄拉克锥时，波恩-奥本海默近似在描述这些体系的动力学时就会失效。半个多世纪以前，科学家发现在波恩-奥本海默近似或绝热近似下，必须引入“几何相位”才能在绝热近似下准确描述这些体系的量子动力学行为[1,2]。而引入“几何相位”对量子体系的动力学行为会产生明显的效应，这就是众所周知的几何相位效应。几何相位效应在很多重要物理体系中存在，如众所周知的量子霍尔效应中的一种重要的情况[3]就是由电子的几何相位效应导致的。

几何相位效应对化学反应的影响也是理论化学和物理化学领域一个长期备受关注的重要科学问题。在最简单的化学反应体系 $H+H_2$ 中，电子基态和第一电子激发态势能面之间存在典型的锥形交叉（图1）。由于该体系只包含3个原子，可以采用目前的计算方法和计算资源，在理论上对其进行精确的描述。因此，$H+H_2$ 反应及其同位素取代反应一直是用来研究“几何相位”效应对化学反应影响的模型体系。在过去的几十年间，国际上许多著名的科学家进行了大量的研究工作。然而，由于实验和理论上存在的巨大挑战，该问题一直以来没有得到令人信服的结论。

在实验上，我们自主研制了一台独特的结合阈值激光电离技术以及离子速度成像技术的交叉分子束反应动力学研究装置，使得氢原子产物的散射角度分辨率达到了世界上同类仪器的最高水平[4]。利用这一装置，我们成功地测得了 $H+HD \rightarrow H_2+D$ 反应的全量子态分辨产物速度影像，观测到了转动态分辨的 H_2 产物前向角分布快速振荡结构。我们基于自行发展的高精度势能面，以独特的描述化学反应中几何效应的动力学理论，开展了精确的量子动力学分析。研究发现，只有引入几何相位效应的理论

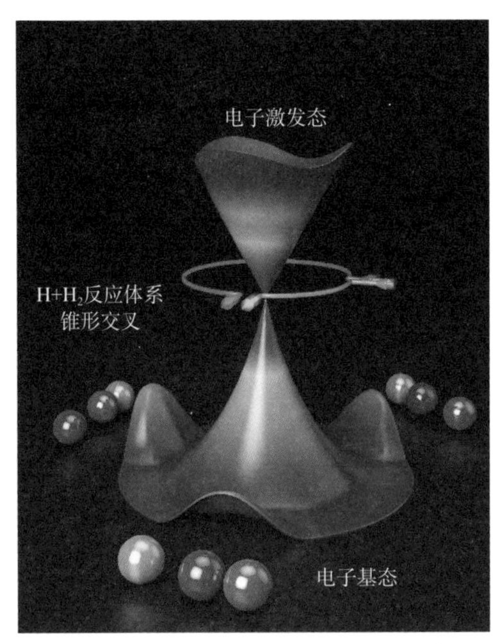

图1 $H+H_2$体系中势能面锥形交叉示意图

计算才能正确地描述实验观测到的前向散射振荡结构[5]。

该研究成果于2018年12月发表在国际著名学术期刊《科学》上。这项研究揭示了几何相位在化学反应中独特的作用以及几何相位效应的物理本质，对研究广泛存在锥型交叉的量子体系具有重要意义。

参考文献

[1] Longuet-Higgins H C, Öpik U, Pryce M H L, et al. Studies of the Jahn-Teller effect. II. The dynamical problem. Proceedings of the Royal Society of London (Series A, Mathematical and Physical Sciences), 1958, 244(1236): 1-16.

[2] Berry M V. Quantal phase factors accompanying adiabatic changes. Proceedings of the Royal Society of London (Series A, Mathematical and Physical Sciences), 1984, 392(1802): 45-57.

[3] Xiao D, Chang M-C, Niu Q. Berry phase effects on electronic properties. Reviews of Modern Physics, 2010, 82: 1959-2007.

[4] Yuan D F, Yu S R, Chen W T, et al. Direct observation of forward-scattering oscillations in the $H+HD \rightarrow H_2+D$ reaction. Nature Chemistry, 2018, 10: 653-658.

[5] Yuan D F, Guan Y F, Chen W T, et al. Observation of the geometric phase effect in the $H+HD \rightarrow H_2+D$ reaction. Science, 2018, 362: 1289-1293.

The Study of the Geometric Phase Effect in the H+HD Reaction

Wang Xing'an, Sun Zhigang, Zhang Donghui, Yang Xueming

The influence of the geometric phase on chemical reactions is a long-standing and extremely fascinating question in the study of reaction dynamics. However, no convincing conclusions were drawn primarily due togreat challenges in the experimental and theoretical researches. Here, we carried out the study on the H+HD→H_2+D reaction using a self-developed crossed molecular beams velocity map ion imaging apparatus combing with the high-resolution near threshold ionization technique. Rapid forward-scattering oscillations of rotational quantum state resolved H_2 products have been observed. Based on our full quantum dynamical calculations on a newly developed highly accurate potential energy surface, the unique role of "geometric phase" in this reaction and its physical nature were revealed successfully.

3.8 基于“生色团反应”的新型超高响应荧光探针

杨国强

（中国科学院化学研究所，中国科学院大学）

分子是构成物质世界的基础，而光则是物质世界最原始、最廉价的能量来源。研究光与分子之间的相互作用，为物质世界光的利用提供理论和实验依据一直是光化学发展的任务和推动力。目前光化学的研究覆盖了化学、能源、材料等各个领域，其中，荧光传感技术的发展可为分子识别和生物成像等工作提供直观可视化的工具。现有的荧光传感机制大多基于底物诱导的荧光探针光物理过程的改变而进行，如光诱导电子转移（photoinduced electron transfer，PET）、分子内电荷转移（intramolecular charge transfer，ICT）、荧光共振能量传递（fluorescence resonance energy transfer，FRET）等。相比之下，基于化学反应机理所设计的荧光探针往往具有更高的检测选择性和灵敏度。例如：利用氟-硅间特殊的亲和作用设计的氟离子荧光探针，实现了15s内对饮用水中氟离子的可视化检测[1,2]；基于酶与底物的专一性相互作用所设计的生物分子荧光探针，可在细胞及活体层面对目标底物进行选择性成像等[3,4]。

硼原子由于具有空的p轨道从而呈现出强烈的缺电子性能，当硼原子与π电子结合后，可构成具有特殊分子内电荷转移性质的含硼π-共轭体系，进而表现出一系列非常特异的光物理、光化学性质。其中，硼原子可以采用sp^2杂化的方式形成三配位的含硼化合物，最具特色的就是有机三芳基硼系列化合物。由于三价硼原子上空的p轨道使其具有很强的吸电子性能，这类化合物往往具有明显的分子内电荷转移性质，可作为优异的荧光温度计实现对大面积及微小体积范围温度的可视化检测[5-7]；此外，硼原子还可以采用sp^3杂化的方式形成四配位的有机硼化合物，其中的代表性染料分子为氟化硼络合二吡咯甲川（BODIPY）类化合物。

一般研究认为BODIPY染料分子具有非常优异的结构稳定性和光谱稳定性，故而对BODIPY生色团的化学反应研究甚少[8-10]。中国科学院化学研究所杨国强研究员课题组选择改变核心生色团的策略，通过对*meso*-位无取代的BODIPY的2,6-位取代基进行选择性修饰，首次实现了在弱碱诱导下的BODIPY生色团的快速可逆二聚反应。反应过程中，体系由红色、强荧光状态迅速转变为无色、无荧光状态，并且这种转变在外加酸的作用下具有高度重复可逆性。研究发现，在碱的催化作用下，荧光分

子的 *meso*-位 C 原子由不饱和的 sp^2 杂化状态变为饱和的 sp^3 杂化状态，致使整个分子的共轭结构受到破坏，失去了在可见光范围的吸收和荧光发射，而呈现无色、无荧光的二聚体状态。二聚体遇到可以与诱导剂碱发生反应的物质时又可以快速解离，恢复 BODIPY 的强发光性质。基于该体系设计的甲醛荧光探针和温度荧光探针具有非常高的信噪比，其 turn-on 比率（on 状态信号/off 状态信号）高达 120 000，对甲醛的检测灵敏度可低至 0.1ppb①，为目前 turn-on 比率最高的荧光探针。

从“分子结构变化改变分子性能”这一基本原理出发，笔者研究团队设计出独特的生色团反应过程，在 BODIPY 领域尚属首例。除此之外，还对这种独特的现象从本质上进行了深入研究和阐述，希望能为荧光探针的开发提供新的设计思路。相关研究结果发表在《自然·通讯》（*Nature Communications*）期刊上[11]。

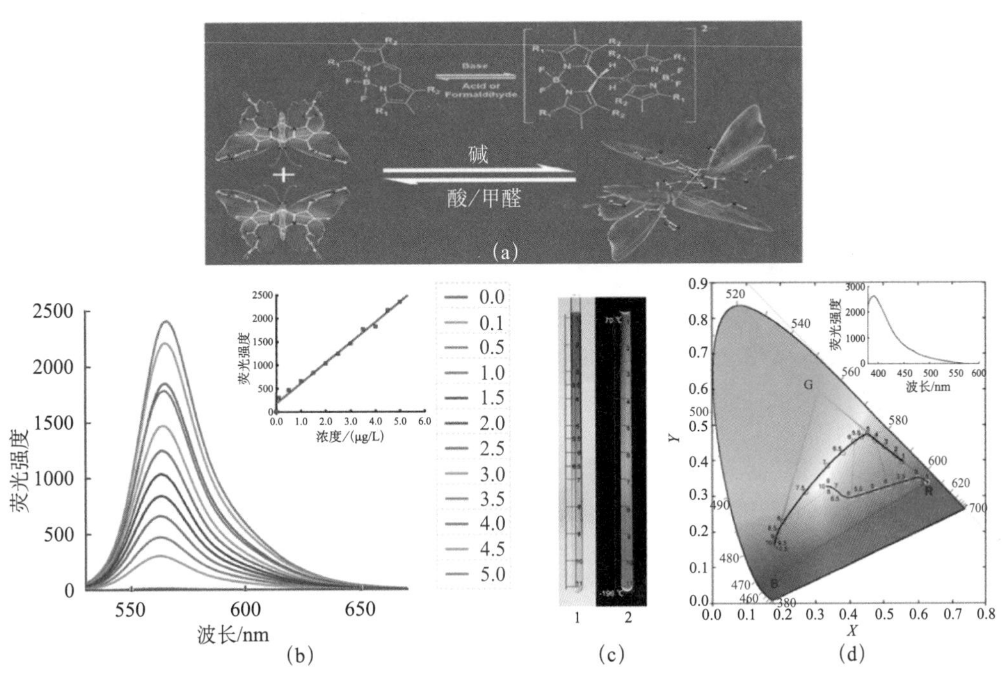

图 1　(a) 碱诱导 *meso*-位无取代的 BODIPY 二聚反应机理及反应示意图；(b) BODIPY 二聚反应体系对甲醛的光谱响应；(c) 和 (d) BODIPY 二聚反应体系对温度的荧光响应

① ppb 表示 10^{-12}。

参考文献

[1] Hu R,Feng J,Hu D H,et al. A rapid aqueous fluoride ion sensor with dual output modes. Angewandte Chemie International Edition,2010,49(29):4915-4918.

[2] Xiong L,Feng J,Hu R,et al. Sensing in 15 s for aqueous fluoride anion by water-insoluble fluorescent probe incorporating hydrogel. Analytical Chemistry,2013,85(8):4113-4119.

[3] Li S,Hu R,Yang C L,et al. An ultrasensitive bioluminogenic probe of γ-Glutamyltranspeptidase in vivo and in human serum for tumor diagnosis. Biosensors and Bioelectronics,2017,98:325-329.

[4] Li S,Hu R,Wang S Q,et al. Specific imaging of tyrosinase in vivo with 3-hydroxybenzyl caged D-luciferins. Analytical Chemistry,2018,90(15):9296-9300.

[5] Feng J,Tian K J,Hu D H,et al. A triarylboron-based fluorescent thermometer:sensitive over a wide temperature range. Angewandte Chemie International Edition,2011,50:8072-8076.

[6] Feng J,Xiong L,Wang S Q,et al. Fluorescent temperature sensing using triarylboron compounds and microcapsule for detection of a wide temperature range on the micro-and macroscale. Advanced Functional Materials,2013,23(3):340-345.

[7] Liu J,Guo X D,Hu R,et al. Intracellular fluorescent temperature probe based on triarylboron substituted poly *N*-isopropylacrylamide and energy transfer. Analytical Chemistry,2015,87(7):3694-3698.

[8] Shah M,Thangaraj K,Soong M-L,et al. Pyrromethene-BF_2 complexes as laser dyes:1. Heteroatom Chemistry,1990,1:389.

[9] Nepomnyashchii A B,Bard A J. Electrochemistry and electrogenerated chemiluminescence of BODIPY dyes. Accounts of Chemical Research,2012,45:1844-1853.

[10] Krumova K,Cosa G. BODIPY Dyes with tunable redox potentials and functional groups for further tethering:Preparation,electrochemical,and spectroscopic Characterization. Journal of the American Chemical Society,2010,132:17560-17569.

[11] Hu D,Zhang T,Li S,et al. Ultrasensitive reversible chromophore reaction of BODIPY functions as high ratio double turn on probe. Nature communications,2018,9(1):1-10.

Development of New Ultrasensitive Fluorescence Probes Based on the Reversible Chromophore Reaction of BODIPYs

Yang Guoqiang

The chromophore reactions, accompanied by conjugation degree changes, will cause a large spectral variation. To realize this process, a series of meso-naked BODIPYs with two electron-withdrawing groups showing bright red emission were synthesized. The BODIPYs are quite sensitive to bases and can be reversibly induced into the colorless and non-fluorescent state at the presence of bases. Studies have shown that the colorless system is metastable boron dipyrrolmethane dimers formed by the connection of the C—C single bond at the meso-position of twoBODIPY monomers. When the base in the system is run out, the dimer can be immediately decomposed into red, highly fluorescent BODIPY monomers, concomitantly with a strong emission turn-on over than 120, 000 times. Based on this reversible chromophore reaction, these BODIPYs were further used as sensitive dual-signal probes including formaldehyde and temperature detectors which all presented quite well performances.

3.9 克隆猴的诞生

孙 强

（中国科学院脑科学与智能技术卓越创新中心；中国科学院神经科学研究所）

提起现代生物技术，其中令人印象深刻的一项就是克隆技术。1997 年“多莉”羊的诞生，让克隆这个词一下子家喻户晓。之后许多其他体细胞克隆哺乳动物如雨后春笋般被相继报道出来。但与人类最相近的非人灵长类动物体细胞克隆的难题却一直没有得到解决，成为世界性难题。而如今，这个难题被攻克了，2017 年 11 月 27 日世界上首个体细胞克隆猴“中中”诞生；12 月 5 日第二个克隆猴“华华”诞生，该研究成果于 2018 年 2 月 8 日作为封面文章在《细胞》（*Cell*）期刊发表（图 1）[1]。该成果在世界范围引起广泛关注。密歇根州立大学的动物克隆专家约瑟·希贝里（Jose B. Cibelli）和 2012 年诺贝尔奖得主约翰·格登（John B. Gurdon）在同期《细胞》期刊上共同发表评论[2]说：“作者通过精细优化已有数十年历史的克隆技术，结合表观遗传修饰因子的运用，攻克了体细胞核移植过程中最早期的一些障碍，完成了这个里程碑式的工作……一个可定制卵母细胞的时代开启了。”

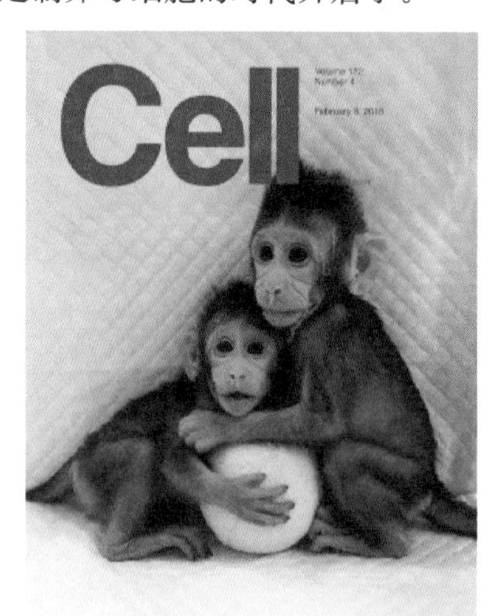

图 1 《细胞》期刊当期封面图片：体细胞克隆猴“中中”和“华华”

体细胞核移植，又叫作体细胞克隆，是指将体细胞和去核的卵母细胞融合并激活，重新构建成一个克隆胚胎，再将克隆胚胎移植进受体动物，最后发育成后代个体。从 2002 年开始就有了关于非人灵长类体细胞核移植的研究报道，以美国科学家为首的多个团队不断地进行尝试，但一直都没能得到出生个体[3-5]。在科学家们工作的基础上，中国科学院神经科学研究所孙强研究团队发现非人灵长类体细胞克隆胚胎的发育能力要低于小鼠、牛、羊和猪等。体细胞克隆这个过程，胚胎没有自然受精，需要通过显微操作技术，胚胎激活重编程，卵裂直至发育成个体。因此在这个过程中，孙强研究团队主要针对卵母细胞显微操作、重构胚胎重编程这两方面进行摸索和优化。

在卵母细胞的去核操作中，由于猴的细胞不透明，在显微镜下看不到细胞核，因此孙强研究团队采用偏振光把细胞核显示出来，并做到快速精准地取出一个卵母细胞核和注入猴成纤维体细胞。体细胞克隆过程中另一个更重要的难点是重构胚胎的重编程。孙强研究团队参考小鼠核移植的研究进展[6-8]，通过离子霉素＋6-DMAP 激活、组蛋白乙酰化酶抑制剂 TSA、H3K9me3 去甲基化酶 Kdm4d 等条件，提高了食蟹猴核移植胚胎的发育效率。最终，孙强研究团队利用胎猴成纤维细胞作为供体细胞，进行体细胞核移植，构建了世界上首批克隆猴“中中”和“华华”。微卫星分析结果表明，两只克隆猴“中中”和“华华”的核基因组信息与供体体细胞完全一致。线粒体基因单核苷酸多态性分析结果表明克隆猴“中中”和“华华”的线粒体来源于卵母细胞供体。

非人灵长类动物是与人类亲缘关系最近的实验动物。由于可短期内批量生产遗传背景一致且无嵌合现象的动物模型，体细胞克隆技术被认为是构建非人灵长类基因修饰动物模型的最佳方法。克隆猴的诞生，成功突破了与人类最相近的非人灵长类动物克隆的难题，为未来神经科学对特定疾病的研究提供了最接近人类的动物模型，进而推动灵长类生殖发育、生物医学，以及脑认知科学和脑疾病机理等研究的快速发展。

参考文献

[1] Liu Z, Cai Y J, Wang Y, et al. Cloning of macaque monkeys by somatic cell nuclear transfer. Cell, 2018, 172(4): 881-887.

[2] Cibelli J B, Gurdon J B. Custom-made oocytes to clone non-human Primates. Cell, 2018, 172(4): 881-887.

[3] Mitalipov S M, Yeoman R R, Nusser K D, et al. Rhesus monkey embryos produced by nuclear transfer from embryonic blastomeres or somatic cells. Biology of Reproduction, 2002, 66: 1367-1373.

[4] Mitalipov S M, Zhou Q, Byrne J A, et al. Reprogramming following somatic cell nuclear transfer in

primates is dependent upon nuclear remodeling. Human Reproduction, 2007, 22: 2232-2242.

[5] Sparman M L, Tachibana M, Mitalipov S M. Cloning of nonhuman primates: the road "less traveled by". The International Journal of Developmental Biology, 2010, 54: 1671-1678.

[6] Antony J, Oback F, Chamley L W, et al. Transient JMJD2B-mediated reduction of H3K9me3 levels improves reprogramming of embryonic stem cells into cloned embryos. Molecular and Cellular Biology, 2013, 33: 974-983.

[7] Chung Y G, Matoba S, Liu Y T, et al. Histone demethylase expression enhances human somatic cell nuclear transfer efficiency and promotes derivation of pluripotent stem cells. Cell Stem Cell, 2015, 17: 758-766.

[8] Matoba S, Liu Y T, Lu F L, et al. Embryonic development following somatic cell nuclear transfer impeded by persisting histone methylation. Cell, 2014, 159: 884-895.

Cloning of Macaque Monkeys by Somatic Cell Nuclear Transfer

Sun Qiang

Non-human primates are useful animal models in biomedical research due to their proximity in evolution, and similarities in physiology and anatomy, to humans. In this study, we reported the generation of two healthy cloned cynomolgus monkeys (*Macaca fascicularis*) by the SCNT method using fetal monkey fibroblasts. We found that the injection of H3K9me3 demethylase Kdm4d mRNA and treatment with histone deacetylase inhibitor trichostatin A at the one-cell stage following SCNT greatly improved blastocyst development and pregnancy rate of transplanted SCNT embryos in surrogate monkeys. We can use the SCNT method to generate cloned monkeys from gene-edited fibroblasts so that to develop macaque monkey disease models with uniform genetic backgrounds.

3.10　衰老基因 *SIRT6* 调控灵长类动物的发育

张维绮[1]　刘光慧[2]

（1. 中国科学院北京基因组研究所；2. 中国科学院动物研究所）

衰老是一个随着年龄增长机体自然发生的必然过程，实质是细胞衰老引发的身体各组织器官的功能逐渐衰退[1,2]。细胞衰老的根本原因之一是基因表达调控网络的改变[3]。去乙酰化酶家族蛋白是一类烟酰胺腺嘌呤二核苷酸（nicotinamide adenine dinucleotide，NAD）依赖的去乙酰化酶，其核心区域高度保守，部分成员还具有 ADP 和糖基转移酶的活性。该家族蛋白在细胞代谢、DNA 损伤应答、炎症反应、细胞周期和细胞凋亡等过程中发挥重要的作用[4]，在酵母、线虫、果蝇、小鼠和人类中的表达都是保守的。人类 Sirtuin 基因家族包括 *SIRT* 1～7，其中 *SIRT6* 被认为是经典的长寿基因。敲除 *SIRT6* 的小鼠动物模型只有几周的寿命[5]，*SIRT6* 纯合敲除的人间充质干细胞（human mesenchymal stem cells，hMSC）也表现出加速衰老[6]。那么，究竟 *SIRT6* 在人类寿命调控的过程中又扮演什么样的角色呢？

为了解决这个问题，本团队在胚胎发育早期，采用高效的 CRISPR/Cas9 基因编辑技术构建长寿基因 *SIRT6* 彻底敲除的食蟹猴模型，结合现有的细胞生物学、分子生物学和生物信息学分析等技术手段，阐明 SIRT6 蛋白通过去除印记基因 *H19* 基因调控区域的组蛋白 H3 第 56 位赖氨酸乙酰化修饰水平（H3K56ac），阻止 CTCF 蛋白在此结合，抑制 *H19* 基因表达，以保证大脑正常发育[7]。本研究证明了 *SIRT6* 基因并没有参与人类衰老的调控，反而 *SIRT6* 基因的缺失破坏了胚胎基因的时序表达，导致全身发育迟缓（图 1）。

SIRT6 蛋白通过去除 *H19*-ICR 的 H3K56ac，阻止 CTCF 蛋白在此结合，抑制 *H19* 的转录表达。当 *SIRT6* 基因被敲除，*H19*-ICR 的 H3K56ac 水平增加，CTCF 蛋白结合，促进*H19* 的转录表达，导致个体发育迟缓。

该研究不仅揭示了传统长寿基因 *SIRT6* 对调节灵长类胚胎发育的全新作用，丰富了人们对 *SIRT6* 基因的认知，还首次阐明了灵长类和啮齿类动物在衰老和寿命调节通路方面的差异，为探究出生前发育迟缓提供了重要的动物模型，为深入了解人类胚胎发育迟缓和阻滞导致流产或新生儿死亡的分子机制提供了参考，为开展人类发育和衰老的机制研究以及相关疾病的治疗奠定了重要基础。

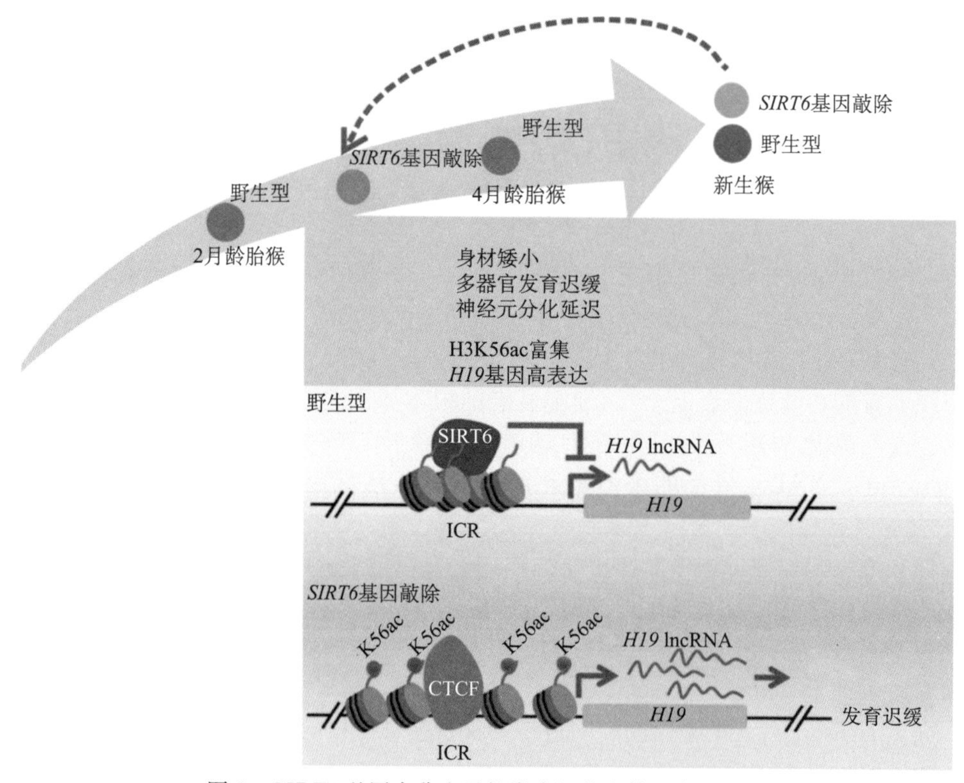

图 1 *SIRT6* 基因在非人灵长类中调节个体发育的作用

该发现于 2018 年 8 月发表在国际著名期刊《自然》上。以色列巴伊兰大学哈伊姆·Y. 科恩（Haim Y. Cohen）教授在同期期刊为该研究发表评论文章。他认为该研究一方面表明了 *SIRT6* 在脑神经发育和衰老中的关键作用，另一方面推动了 CRISPR/Cas9 基因编辑技术在基因治疗上的应用[8]。同时该发现入选了由科技部评选的 2018 年度“中国科学十大进展”。

参考文献

[1] Childs B G，Gluscevic M，Baker D J，et al. Senescent cells：an emerging target for diseases of ageing. Nature Reviews Drug Discovery，2017，16：718.

[2] He S，Sharpless N E. Senescence in health and disease. Cell，2017，169：1000-1011.

[3] López-Otín C，Blasco M A，Partridge L，et al. The hallmarks of aging. Cell，2013，153：1194-1217.

[4] Imai S I，Guarente L. NAD$^+$ and sirtuins in aging and disease. Trends in Cell Biology，2014，24：464-471.

[5] Mostoslavsky R, Chua K F, Lombard D B, et al. Genomic instability and aging-like phenotype in the absence of mammalian *SIRT6*. Cell, 2006, 124: 315-329.

[6] Pan H Z, Guan D, Liu X M, et al. *SIRT6* safeguards human mesenchymal stem cells from oxidative stress by coactivating NRF2. Cell Research, 2016, 26: 190-205.

[7] Zhang W Q, Wan H F, Feng G H, et al. *SIRT6* deficiency results in developmental retardation in cynomolgus monkeys. Nature, 2018, 560: 661-665.

[8] Naiman, S. & Cohen, H. Y. Role for the longevity protein SIRT6 in primate development. Nature, 560: 559-560.

SIRT6 Deficiency Results in Developmental Retardation in Cynomolgus Monkeys

Zhang Weiqi, Liu Guanghui

SIRT6 acts as a longevity protein in rodents. However, its biological function in primates remains largely unknown. Here we generate a *SIRT6*-null cynomolgus monkey (*Macaca fascicularis*) model using a CRISPR-Cas9-based approach. SIRT6-deficient monkeys die hours after birth and exhibit severe prenatal developmental retardation. *SIRT 6* loss delays neuronal differentiation by transcriptionally activating the long non-coding RNA *H19* (a developmental repressor), and we are able to recapitulate this process in a human neural progenitor cell differentiation system. *SIRT 6* deficiency results in histone hyper-acetylation at the imprinting control region of *H19*, CTCF recruitment and up-regulation of *H19*. Our results suggest that *SIRT 6* is involved in regulating the development in nonhuman primates, and may provide mechanistic insights into human perinatal lethality syndrome.

3.11 中国被子植物进化的摇篮和博物馆

鲁丽敏 陈之端

（中国科学院植物研究所，系统与进化植物学国家重点实验室）

一个地区丰富的生物多样性可归因于近期物种快速形成“摇篮”（cradle），或物种持续积累和保存“博物馆”（museum），也可能是二者共同作用的结果[1]。

中国拥有全世界近10%的被子植物种类，长期以来被认为既是物种的博物馆——有许多物种被认为是在远古时期形成并保存至今的[2,3]，也是物种起源和进化的摇篮——近期地质、地理和气候的变化导致许多新物种的形成，如青藏高原的抬升及季风的影响促进了许多物种的快速辐射进化[4]。对我国被子植物区系的进化历史开展研究，不仅有助于了解我国植物多样性的分布规律和机制，而且可为制定生物多样性保护策略提供理论基础，从而更好地服务于美丽中国建设。

中国科学院植物研究所陈之端研究组与合作者，重建了包含中国被子植物92%属的生命之树，模拟了包含26 978种物种的近乎完整的物种水平的生命之树，结合140余万条详细的空间分布数据，首次从分子系统发育角度揭示了中国被子植物区系的时空分布格局[5]。

我们的研究发现：中国约66%的被子植物属是在中新世早期（2300万年前）之后出现的。以500mm等降水线为界，中国东部的植物区系呈现出分化古老、系统发育离散（亲缘关系较远的物种在空间上共存）和较高的系统发育多样性等特征；而在中国西部，植物区系展现出更为近期的分化特征、更为显著的系统发育聚集（亲缘关系较近的物种共存）和较低的系统发育多样性等特征。通过进一步对比分析草本植物属和木本植物属的分布格局发现，对于草本植物，中国东部是博物馆，而中国西部是进化的摇篮；而对于木本植物，中国东部既是博物馆也是进化的摇篮。《自然》期刊的编辑对该成果进行了生动的概述（editonial summary）①：中国东部和西部植物区系截然不同的进化历史——海拔低、森林繁茂的东部为古老属提供了“避难所”；海拔高、地形复杂的西部则为年轻属的快速分化中心。

① 参见：http：//www.nature.com/articles/natare 25485

该项研究还指出中国被子植物系统发育多样性热点（phylogenetic diversity hotspot）主要分布在云南、广东、广西、贵州和海南（属水平：广东、广西、贵州和海南；种水平：云南）。根据前人的研究，这几个省区也是珍稀濒危植物的保护热点[6]。考虑到这些地区当前保护地的设置相对破碎化，该研究建议在云南、广东、广西、贵州和海南等地建立跨省区的国家公园或自然保护区，从而使起源早的古老成分和近期分化的新类群均能得到良好的保护。

该研究于2018年2月在国际著名期刊《自然》上发表，并被《自然》选为亮点文章（research highlight）在新闻网站推介。《中国绿色时报》以“自然保护区建设要考虑区系的演化历史”为题发表长篇报道对该成果进行了解读，指出“这项研究不仅具有重大的学术意义，还有重要的社会价值”[7]。该成果入选了由中国科协生命科学学会联合体评选的2018年度“中国生命科学十大进展”。

参考文献

[1] Moreau C S, Bell C D. Testing the museum versus cradle tropical biological diversity hypothesis: phylogeny, diversification, and ancestral biogeographic range evolution of the ants. Evolution, 2013, 67: 2240-2257.

[2] Blackmore S, Hong D Y, Raven P H, et al. 2013. Introduction //Hong D Y, Blackmore S. Plants of China: A Companion to the Flora of China. Beijing: Science Press: 1-6.

[3] Sun G, Dilcher D L, Zheng S L, et al. In search of the first flower: a Jurassic angiosperm, *archaefructus*, from northeast China. Science, 1998, 282: 1692-1695.

[4] Wen J, Zhang J Q, Nie Z L, et al. Evolutionary diversifications of plants on the Qinghai-Tibetan Plateau. Frontiers in Genetics, 2014, 5: 4.

[5] Lu L M, Mao L F, Yang T, et al. Evolutionary history of the angiosperm flora of China. Nature, 2018, 554: 234-238.

[6] Zhang Z J, He J S, Li J S, et al. Distribution and conservation of threatened plants in China. Biological Conservation, 2015, 192: 454-460.

[7] 潘春芳，肖晔. 自然保护区建设要考虑区系的演化历史. 2018. http://www.greentimes.com/greentimepaper/html/2018-02/23/content_3319036.htm[2018-02-23].

Evolutionary Cradles and Museums of the Chinese Angiosperm Flora

Lu Limin, Chen Zhiduan

High species diversity can be attributed to recent rapid speciation in a"cradle" and/or the gradual accumulation of species over time in a"museum". With a dated phylogeny of 92% of the angiosperm genera from China, a nearly complete species-level tree comprising 26,978 species and detailed spatial distribution data, we found that 66% of the angiosperm genera in China did not originate until the early Miocene. The flora of eastern China bears a signature of older divergence, phylogenetic overdispersion and higher phylogenetic diversity. In western China, the flora shows more recent divergence, pronounced phylogenetic clustering and lower phylogenetic diversity. Our analyses indicate that eastern China represents a floristic museum, and western China an evolutionary cradle, for herbaceous genera; eastern China has served as both a museum and a cradle for woody genera. We also identify areas of high phylogenetic diversity and provide strategies for conservation priorities in China.

3.12　人造单染色体真核酵母细胞

薛小莉　覃重军

（中国科学院分子植物科学卓越创新中心/中国科学院植物生理生态研究所；
中国科学院合成生物学重点实验室）

生命的遗传信息流是从脱氧核糖核酸（DNA）到核糖核酸（RNA）再到蛋白质。1965 年 9 月，中国科学院上海生物化学研究所等联合攻关团队在国际上首次人工化学合成了有生理活性的包含 51 个氨基酸的结晶牛胰岛素（蛋白质），1981 年 11 月中国科学院上海生物化学研究所等联合攻关团队在国际上首次人工合成了包含 76 个核苷酸的酵母丙氨酸转运核糖核酸（tRNA）分子。2017 年 3 月天津大学、清华大学、华大基因等团队在《科学》期刊上发表了酿酒酵母 16 条天然染色体中的 4 条染色体 DNA 的化学合成工作[1-4]。人工合成牛胰岛素、丙氨酸转运核糖核酸和染色体 DNA 对揭示生命起源、蛋白质和核酸在生物体内的作用意义重大，标志着我国在该领域进入世界先进行列。

中国的人工合成生命的奇迹还能继续吗？显然，下一个目标应该是人工合成有功能的完整生命细胞。

真核生物包括人类、动物、植物、真菌和酵母等，真核细胞一般含有多条线形染色体，如人有 46 条、小鼠有 40 条、果蝇有 8 条、水稻有 24 条等。这些天然进化的真核生物的染色体数目是否可以改变呢？是否可以人造一个真核生物将所有遗传物质装载在一条染色体并完成正常的细胞功能呢？为了回答这些问题，覃重军团队以天然含有 16 条染色体的真核生物酿酒酵母单倍体细胞为研究材料，采用合成生物学“工程化”方法和高效使能技术，在国际上首次人工创建了自然界不存在的简约化的生命——仅含单条染色体的真核细胞。

染色体三维结构分析发现，与野生型细胞的 16 条天然染色体呈整齐的“花束”状结构不同，人工合成单染色体不存在染色体间的相互作用而是呈卷曲的球状结构（图 1）。但是意想不到的是，染色体三维结构的巨大改变对基因表达影响很小，并且人工合成的单染色体酵母具有与野生型相似的细胞形态和功能（包括细胞周期、减数分裂产生后代的能力等）。对该细胞进一步的研究表明，染色体在大尺度上的结构改变基本不影响基因表达和细胞功能，颠覆了染色体三维结构决定基因时空表达的传统观念，揭示了染色体三维结构与实现细胞生命功能的全新关系。

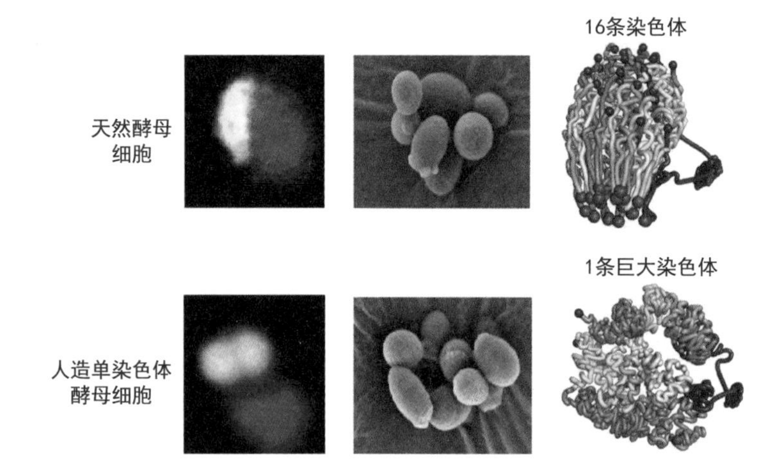

图 1　天然酿酒酵母菌株 BY4742 和人造单染色体酵母菌 SY14 细胞的端粒、细胞形态和染色体的三维结构

左侧图显示的是以端粒结合蛋白 Sir2 进行荧光免疫实验，天然酵母细胞有多个端粒信号点，而 SY14 只有 1～2 个端粒信号点。中间图显示的是天然酵母和单染色体酵母的细胞形态电镜图。右侧图显示的是天然酵母的 16 条染色体和人造单染色体的三维结构

人造单染色体酵母是中国科学家在人工合成生命领域的一个具有里程碑意义的成果。单染色体真核细胞的“诞生”，建立了原核生物与真核生物之间的桥梁，开辟了染色体起源与进化研究的新方向，特别是为研究染色体数目与功能进化、变异速度等研究提供了很好的材料。

相关研究成果发表在 2018 年 8 月《自然》期刊上[5]。研究成果引起国内外专家和媒体的极大关注。《自然》同期发表专文评述，《细胞》等多个顶级期刊均发表专文或亮点评述，高度评价本工作，认为人造单染色体真核酵母为研究真核生物染色体生物学的核心概念提供了重要的新材料、新模型。“创造出首例人造单染色体真核细胞”已获得科技部评选的 2018 年度“中国科学十大进展”、2018 年两院院士评选的“中国十大科技进展新闻”、2018 年度“中国生命科学十大进展”、2018 年《环球科学》（《科学美国人》中文版）“十大科学新闻”等多个重要奖项，入选“中国科学院改革开放四十年 40 项标志性科技成果”，参展国家博物馆“中国改革开放 40 周年大型展览”、科技盛典——2018 年度 CCTV 科技创新人物等。

参考文献

[1] Xie Z X, Li B Z, Mitchell L A, et al. "Perfect"designer chromosome V and behavior of a ring derivative. Science, 2017, 355(6329): aaf4704.

[2] Wu Y, Li B Z, Zhao M, et al. Bug mapping and fitness testing of chemically synthesized chromosome X. Science, 2017, 355(6329): aaf4706.

[3] Zhang W M, Zhao G H, Luo Z Q, et al. Engineering the ribosomal DNA in a megabase synthetic chromosome. Science, 2017, 355(6329): aaf3981.

[4] Shen Y, Wang Y, Chen T, et al. Deep functional analysis of synII, a 770-kilobase synthetic yeast chromosome. Science, 2017, 355(6329): aaf4791.

[5] Shao Y Y, Lu N, Wu Z F, et al. Creating a functional single-chromosome yeast. Nature, 2018, 560: 331-335.

Creating a Functional Single-Chromosome Yeast

Xue Xiaoli, Qin Zhongjun

Eukaryotic genomes are generally organized in multiple chromosomes. Here we have created a functional single-chromosome yeast from a *Saccharomyces cerevisiae* haploid cell containing sixteen linear chromosomes through successive chromosome end-to-end fusions and centromere deletions. The fusion of sixteen native linear chromosomes into a single chromosome results in dramatic changes in the global chromosomal three-dimensional structure due to the loss of centromere-associated and telomere-associated inter-chromosomal interactions and 67.4% of intra-chromosomal interactions. However, the single-chromosome and wild-type yeast cells have nearly identical transcriptome and similar phenome profiles. The giant single chromosome can support cell life, but displays less fitness in several aspects such as growth across environments and competitiveness, and gamete production and viability. This synthetic biology study paves a new path for exploring the eukaryote evolution with respect to chromosome structure and function.

3.13 新型基因编码的神经递质荧光探针的开发及其应用

井 淼 李毓龙

（北京大学）

神经递质（neurotransmitters）为一系列参与生物体内信息通信的信号分子，其主要由神经细胞释放，通过作用于靶细胞的受体来进行细胞间的信息交流和功能调节。在哺乳动物中，目前已知的可发挥神经递质作用的信号分子多达近百种，其介导了生物体的诸多生理功能，从基础的发育、分化、信息感知及运动，到高级的脑功能如记忆、情绪编码等[1-3]。同时，神经递质信号的失常也与多种疾病的发生和发展有密切关联，包括癌症、心血管疾病、阿尔茨海默病等[4]。获益于近百年来对神经递质的研究，目前我们对重要神经递质的化学性质和生理功能有了一定程度的了解。然而，受限于研究手段，目前仍然难以精细地检测特定神经递质在生物体内实时的动态变化，限制了人们对其功能的进一步解析。

“工欲善其事，必先利其器。”解析神经递质的功能有赖于检测手段的革命。在过去的5年中，本研究团队巧妙地设计了一系列新型荧光探针，用以灵敏、特异地检测神经递质动态变化。具体而言，研究组通过对生物体内源感受特定神经递质的G蛋白偶联受体（GPCR）进行分子工程改造，将其与对分子构象变化敏感的循环重排荧光蛋白（circular permutated fluorescent protein，cpFP）进行融合，从而将GPCR被神经递质激活后产生的分子构象变化转变为荧光蛋白的亮度变化。因此，通过光学成像的方法即可实时检测特定神经递质动态变化。根据探针的原理，研究组将其命名为GPCR-Activation-Based（GRAB）探针。利用该策略，研究组分别成功构建了可特异检测乙酰胆碱和多巴胺的荧光探针，并证明了其可在果蝇、斑马鱼、小鼠等多种模式生物中灵敏地检测生物体行为过程中特定脑区的神经递质动态变化以及其调节机理（图1）。

该研究通过构建检测特定神经递质的荧光探针，为神经递质的研究提供了重要的研究手段。研究组利用探针成功实现了对内源神经递质释放和调节的直接观测，为了解其生理功能提供了重要的信息。非常有趣的是，生物体内神经递质都有其对应的

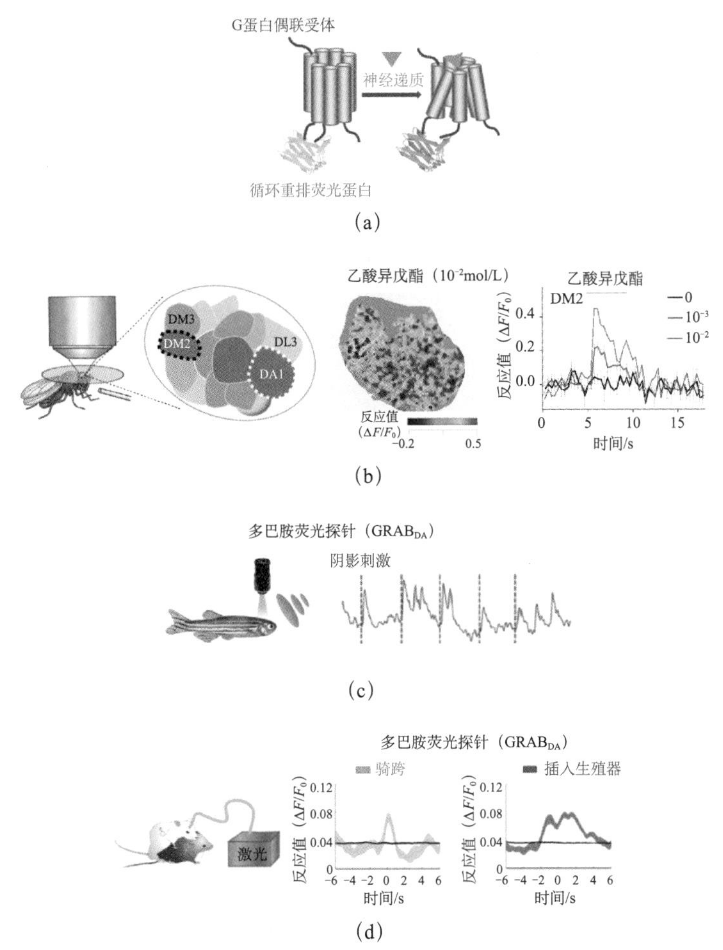

图 1　新型遗传编码的神经递质荧光探针可灵敏检测多种模式生物中内源神经递质动态变化

（a）基因编码的神经递质荧光探针原理示意图；（b）应用乙酰胆碱荧光探针揭示活体果蝇接受气味（乙酸异戊酯）刺激时嗅觉中枢中乙酰胆碱的释放及其分布；（c）应用多巴胺荧光探针观测到斑马鱼受到应激性视觉刺激（阴影）时脑内多巴胺的释放；（d）应用多巴胺荧光探针指示小鼠性行为不同时期中多巴胺的不同释放模式

G 蛋白偶联受体，而 G 蛋白偶联受体的结构和激活过程具有高度保守性[5,6]，构建荧光探针的工作理论上可以推广到所有的神经递质，为解析大脑中众多神经递质的功能及其相互作用关系提供强有力的工具包。由于神经递质在诸多疾病发生过程中起到重要的调节作用，未来应用神经递质荧光探针结合疾病模型可为揭示潜在的疾病机理和开发新的治疗手段提供契机。

研究组这一系列工作已在国际高水平期刊发表，其中关于乙酰胆碱荧光探针的工作已在《自然·生物技术》(*Nature Biotechnology*)期刊上发表，并被《自然·方法学》(*Nature Methods*)期刊作为研究亮点进行报道[7]。关于多巴胺探针的工作已在《细胞》期刊上发表，并荣获了中国科协生命科学学会联合体评选的“中国生命科学十大进展”及2018年度“中国十大医学科技新闻”。

参考文献

[1] Dale H H, Feldberg W, Vogt M. Release of acetylcholine at voluntary motor nerve endings. The Journal of Physiology, 1936, 86: 353-380.

[2] Svensson A, Carlsson M L, Carlsson A, et al. Crucial role of the accumbens nucleus in the neurotransmitter interactions regulating motor control in mice. Journal of Neural Transmission (General Section), 1995, 101: 127-148.

[3] Schultz W, Dayan P, Montague P R. A neural substrate of prediction and reward. Science, 1997, 275: 1593-1599.

[4] Davies P, Maloney A J. Selective loss of central cholinergic neurons in Alzheimer's disease. The Lancet, 1976, 2: 1403.

[5] Scheerer P, Park J H, Hildebrand P W, et al. Crystal structure of opsin in its G-protein-interacting conformation. Nature, 2008, 455(7212): 497-502.

[6] Rasmussen S G F, Choi H J, Fung J J, et al. Structure of a nanobody-stabilized active state of the β_2 adrenoceptor. Nature, 2011, 469(7329): 175-180.

[7] Vogt N. Detecting acetylcholine. Nature Methods, 2018, 15: 648.

The Development and Application of Novel Genetically-Encoded Fluorescent Sensors for Neurotransmitters

Jing Miao, Li Yülong

Neurotransmitters are key signaling molecules that mediate cell-cell communication, and are involved in the regulation of a wide range of physiological processes. Dysregulation of neurotransmitter signaling is closely linked with pathological diseases and psychological disorders. However, due to the limitation of existing methods in monitoring neurotransmitters, the detail information of the dynamics of specific neurotransmitters is greatly lacking, which hinders the further understanding of their functions. By tapping into the G-protein coupled receptors

(GPCR) as the scaffolds, we coupled them with the circular permutated fluorescent protein (cpFP), and engineered the GPCR-Activation-Based (GRAB) fluorescent sensors that achieve sensitive, cell-type and chemical-specific detection of neurotransmitters with millisecond temporal resolution and sub-cellular spatial resolution. Capitalizing on these sensors, we successfully tracked the dynamics of acetylcholine and dopamine during complex behavior in multiple model organisms *in vivo*. In sum, this work provides critical tools that help to unravel the function of neurotransmitters in health and disease.

3.14 解析日光照射改善学习记忆的神经化学机制

熊 伟
（中国科学技术大学，中国科学院脑科学与智能技术卓越创新中心）

众所周知，适度的阳光照射对人体有很多好处，包括维生素D的合成以及多种皮肤疾病的治疗等。此外，光照也可影响情绪、成瘾、记忆以及认知等多种神经系统相关行为[1]。然而，由于研究手段的局限，对日光照射引起与神经系统相关的行为变化的深层机制目前仍不清楚。日光照射皮肤最终如何影响脑内神经细胞的代谢以及神经环路的功能也一直是个未解之谜。

中国科学技术大学生命科学与医学部、中国科学院脑科学与智能技术卓越创新中心的熊伟教授课题组与中国科学技术大学化学学院合作，充分发挥学科交叉优势，创新性地将膜片钳电生理和感应纳升电喷雾离子质谱（induced nano ESI-MS，InESI/MS）相结合，研发了单细胞质谱技术，在单个神经细胞水平实现了上千种小分子代谢物的快速准确检测，并且可以做到同步采集电生理信号，在单细胞层次上成功地完成了对神经元功能、代谢物组成及其代谢通路的同时检测[2]。利用该技术，再结合神经科学的多种研究手段，熊伟教授团队发现日光照射皮肤后会使得外周血液里的尿刊酸（urocanic acid，UCA）含量大幅度增加。随后发现，增加的UCA可以透过血脑屏障进入大脑神经细胞，在神经细胞内UCA通过一系列的生物酶催化反应最终转化成谷氨酸（glutamic acid，GLU）。神经细胞内的谷氨酸在大脑运动皮层以及海马的神经末梢释放，进而激活学习记忆相关的脑内神经环路，从而增强动物的运动学习能力以及物体识别记忆能力（图1）。

该研究是自20世纪70～80年代之后，再度在大脑内发现新的谷氨酸生物合成途径，极具创新性地更新了此前人们认为脑内只存在两种谷氨酸合成路径的传统观点。谷氨酸在大脑内具有参与细胞内蛋白合成、能量代谢以及兴奋性神经信号传递等多种重要的生理功能。许多研究表明，谷氨酸在学习记忆、神经元可塑性、神经系统发育等过程中发挥着重要作用[3,4]。因此，该脑内谷氨酸生物合成新通路的发现对了解大脑工作机理以及探索相关疾病发生机制都将起到非常重要的作用。

该发现于2018年5月在国际著名期刊《细胞》上发表[5]。《细胞》在同期发表评论文章，认为“该研究非常有趣和令人兴奋，为一个长期被观察到的现象（日光照射

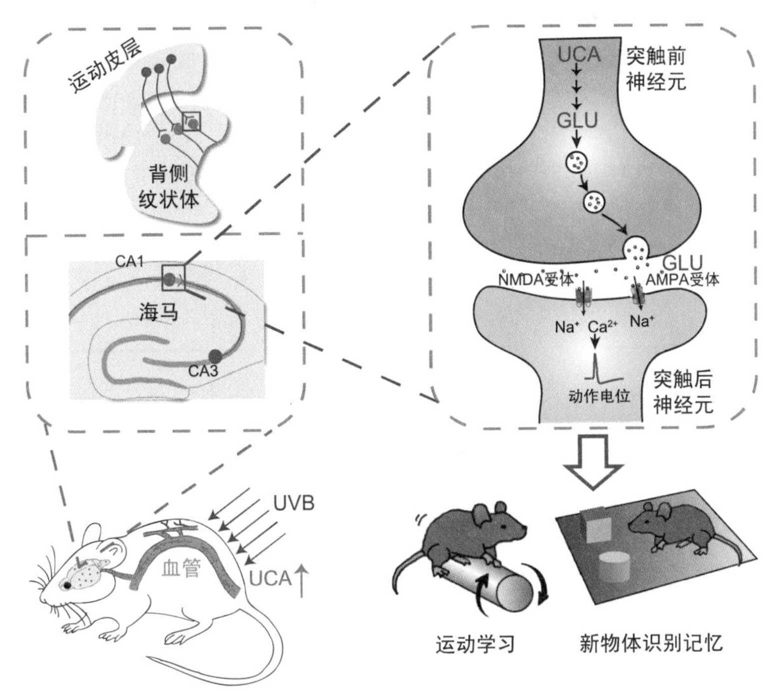

图 1　日光照射改善小鼠学习记忆的机制

紫外线（UVB）照射小鼠皮肤后，造成血液中尿刊酸（UCA）含量上升，UCA 进入脑内在海马以及运动皮层等脑区的神经细胞中合成谷氨酸（GLU），谷氨酸作为神经递质释放与 NMDA 受体、AMPA 受体结合，激活从海马 CA3 到 CA1 以及从运动皮层到背侧纹状体的神经环路，从而改善小鼠的运动学习和物体识别记忆能力

改善情绪与学习记忆）揭示了令人着迷的机制，并为进一步的更令人兴奋的生物学发现奠定了基础”[6]。论文被《科学》子刊《科学·信号》（*Science Signaling*）选为 Editor's Choice，同时被 F1000、美国《科学家》（*The Scientist*）、美国《新闻周刊》（*Newsweek*）、美国科学促进会（American Association for the Advancement of Science，AAAS）官方媒体 EurekAlert 等报道和评论。该发现还入选了中国科协生命科学学会联合体评选的 2018 年度“中国生命科学领域十大进展”。

参考文献

[1] Bedrosian T A，Nelson R J. Timing of light exposure affects mood and brain circuits. Translational Psychiatry，2017，7：1-9.

[2] Zhu H Y，Zou G C，Wang N，et al. Single-neuron identification of chemical constituents，physiological changes，and metabolism using mass spectrometry. Proceedings of the National Academy of Sciences of the United States of America，2017，114(10)：2586-2591.

[3] Lamprecht R, LeDoux J. Structural plasticity and memory. Nature Reviews Neuroscience, 2004, 5: 45-54.

[4] Moretto E, Murru L, Martano G, et al. Glutamatergic synapses in neurodevelopmental disorders. Progress in Neuro-psychopharmacology & Biological Psychiatry, 2018, 84: 328-342.

[5] Zhu H Y, Wang N, Yao L, et al. Moderate UV exposure enhances learning and memory by promoting a novel glutamate biosynthetic pathway in the brain. Cell, 2018, 173(7): 1716-1727.

[6] Chantranupong L, Sabatini B L. Sunlight brightens learning and memory. Cell, 2018, 173(7): 1570-1572.

The Neurochemical Mechanism Underlying Sunlight-Induced Improvement of Learning and Memory

Xiong Wei

Sunlight exposure is known to affect mood, learning, cognition and so on. However, the molecular and cellular mechanisms remain elusive. Here, we show that moderate UV exposure elevated blood urocanic acid (UCA), which then crossed the blood-brain barrier. Single-cell mass spectrometry and isotopic labeling revealed a novel intra-neuronal metabolic pathway converting UCA to glutamate acid (GLU) after UV exposure. This UV-triggered GLU synthesis promoted its packaging into synaptic vesicles and its release at glutamatergic terminals from the motor cortex and hippocampus. Related behaviors, like motor learning and object recognition memory, were enhanced after UV exposure. These findings reveal a new GLU biosynthetic pathway and are vital for our further understanding of the mechanism of sunlight exposure-induced neurobehavioral changes and related brain disorders, since GLU plays multiple critical physiological roles in protein biosynthesis, energy metabolism and excitatory neurotransmission in the brain.

3.15 “葫芦娃”（*huluwa*）基因决定脊椎动物体轴形成

朱薛辰　陶庆华

（清华大学生命科学学院）

脊椎动物受精卵在发育起始时，均是呈现某种对称性的球体，通过细胞分裂、生长、增殖、分化和迁移等机制，渐进地演变成圆柱体，获得直观的头-尾不对称和背-腹不对称等体轴特征。这是一个对称破缺、发育程序有序解码的过程。遗传信息如何指导和控制这一过程，是发育生物学最根本的问题之一。当体轴形成发生紊乱时，会对生物体造成严重影响。以人类为例，如果胚胎发育过程中体轴形成产生缺陷，轻则导致各种先天性出生缺陷疾病，重则出现胚胎致死，临床表现为流产。由于体轴形成对胚胎发育之初有决定性意义，研究脊椎动物体轴的形成对先天出生缺陷疾病的早期诊断、治疗有重要的参考价值。

脊椎动物体轴建立的研究可以追溯到 20 世纪初，汉斯·斯佩曼（Hans Spemann）与希尔德·曼戈尔德（Hilde Mangold）以蝾螈等两栖类胚胎为实验材料，通过精巧的组织移植实验，发现“背唇”具有改变周围细胞命运的活性。“背唇”能够开启胚胎体轴的完整发育过程，因此将其命名为“组织者”（organizer）。汉斯·斯佩曼也因此项工作获得了 1935 年诺贝尔生理学或医学奖[1]。但是“组织者”的形成机制尚未明确，还有待于通过理论和实验研究将其逐渐揭示出来。随后的半个多世纪里，来自多国的科学家陆续发现在鸡、斑马鱼、小鼠等动物胚胎中同样存在类似的组织中心[2-5]。由此揭示了“组织中心”在进化上的保守性。关于“组织者”的形成机制，目前学界已有的认知是，在非洲爪蛙和斑马鱼等脊椎动物中，母源存在的未知背方决定因子，随着受精后的胞质运动，运送到胚胎将来的背侧，导致 Wnt 信号通路下游 β-连环蛋白（β-catenin）在胚胎背侧细胞核内的富集[6-9]，诱导出胚胎的组织中心。然而，这个“未知背方决定因子”却一直是个谜。近几十年里，Wnt11b、Wnt3、Wnt8a 等因子在不同物种中被猜测扮演这一重要角色，然而实验数据均显示这些因子不能完全满足成为“背方决定因子”的所有条件[10-12]。

清华大学孟安明院士团队在斑马鱼中发现了一个自发突变体。其纯合突变体雌鱼的卵子受精后，所有胚胎均不能形成包括头部和躯干在内的体轴结构。进一步的基因鉴定发现，该突变基因是一个尚无功能注释的新基因，因该基因突变后表型形似葫芦，进而将该基因命名为“葫芦娃”（*huluwa*，简称 *hwa*）。随后，孟安明院士团队和陶庆华课题组合作，在斑马鱼和非洲爪蟾这两种模式生物中共同解析了 *hwa* 基因在脊椎动物体轴建立过程中的重要功能（图 1），发现“葫芦娃”完全满足成为“背方决定因子”的所有条件。首先，*hwa* mRNA 定位于爪蛙卵母细胞植物极皮层，且受精后会随着胞质运动来到将来的背方，这与之前公认的未知背方决定因子定位相符；其次，在母源时期敲降 *hwa* mRNA 将导致胚胎体轴的完全缺失，这表示 Hwa 蛋白对于体轴建立是十分必要的；再次，*hwa* mRNA 的过量表达可以诱导出完整的体轴，这表示 Hwa 是诱导体轴建立的充分条件；最后，我们还发现 Hwa 蛋白诱导体轴建立的过程是依赖 β-连环蛋白的，这与之前公认的未知背方决定因子性质相符。最后，我们从分子角度解析了 Hwa 蛋白如何通过 β-连环蛋白诱导体轴建立：Axin 是 β-连环蛋白稳定性调节的关键因素，可促进 β-连环蛋白降解；Hwa 和 Axin 存在相互作用并通过 Tankrase 依赖的降解途径降解 Axin，从而稳定 β-连环蛋白，最终诱导体轴的建立（图 2）。相关研究结果以研究长文的形式于 2018 年 11 月 23 日在国际著名期刊《科学》在线发表[13]。同时这一研究成果也入选由中国科协生命科学学会联合体评选的 2018 年度“中国生命科学领域十大进展”。

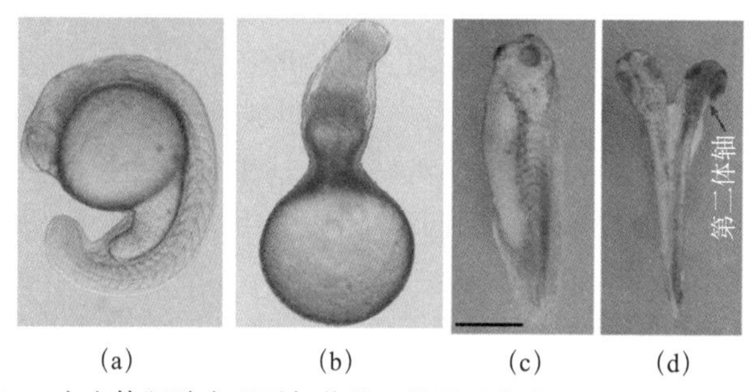

图 1　斑马鱼的 *hwa* 突变体胚胎表型形似葫芦，非洲爪蟾中 *hwa* 基因过量表达诱导第二体轴

（a）野生型斑马鱼胚胎（受精后 19h）；（b）*hwa* 母源突变体胚胎（受精后 19h），外形酷似“葫芦”；（c）野生型非洲爪蟾胚胎（受精后 2d）；（d）非洲爪蟾 4 细胞期胚胎的腹侧细胞中过量表达 *hwa* mRNA 诱导第二体轴（如箭头所示）的示意（受精后 2 天），蓝色标记表示注射了 *hwa* mRNA 的细胞

hwa 基因的发现及其功能的鉴定，完美地回答了“胚胎发育组织中心最初的诱导因子是什么”这一困扰全世界发育生物学家几十年的重大问题。然而围绕 *hwa* 基因而产生的功能调节和机制调节仍需深入的研究与探索：Hwa 蛋白与经典的 Wnt 信号通路之间有什么关系？*hwa* mRNA 的定位是如何被调控的？未来将在爬行类、鸟类、

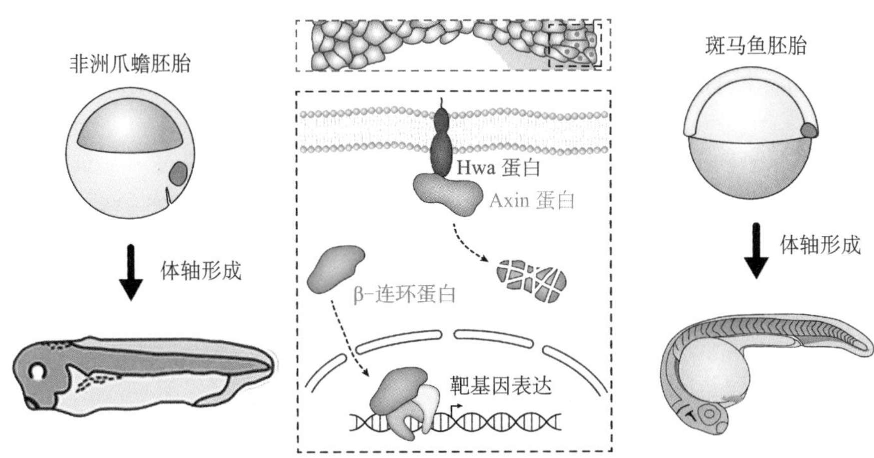

图 2　*hwa* 基因在非洲爪蟾和斑马鱼中的作用模式示意图

Hwa 蛋白在非洲爪蟾和斑马鱼的胚胎背方富集，通过降解 Axin 蛋白，富集 β-连环蛋白，从而诱导组织中心的建立和体轴的形成

哺乳动物中寻找 Hwa 的同源蛋白，探究并阐释其在胚胎早期发育过程中是否具有类似的重要功能，力求为先天性出生缺陷疾病的早期诊断、治疗提供充足的实验依据和坚实的理论基础。

参考文献

[1] Spemann H, Mangold H. Induction of embryonic primordia by implantation of organizers from a different species. (translated by Hambnger M) International Journal of Developmental Biology, 2001, 45: 13-38.

[2] Waddington C H. Induction by the primitive streak and its derivatives in the chick. Journal of Experimental Biology, 1933, 10: 38-46.

[3] Beddington R S P. Induction of a second neural axis by the mouse node. Development(Cambridge, England), 1994, 120(3): 613-620.

[4] Shih J, Fraser S E. Characterizing the zebrafish organizer: microsurgical analysis at the early-shield stage. Development(Cambridge, England), 1996, 122(4): 1313-1322.

[5] Koshida S, Shinya M, Mizuno T, et al. Initial anteroposterior pattern of the zebrafish central nervous system is determined by differential competence of the epiblast. Development (Cambridge, England), 1998, 125(10): 1957-1966.

[6] Schneider S, Steinbeisser H, Warga R M, et al. β-catenin translocation into nuclei demarcates the dorsalizing centers in frog and fish embryos. Mechanisms of Development, 1996, 57(2): 191-198.

[7] Sokol S Y. Wnt signaling and dorso-ventral axis specification in vertebrates. Current Opinion in

Genetics and Development, 1999, 9(4): 405-410.

[8] Houston D W. Cortical rotation and messenger RNA localization in *Xenopus* axis formation. WIREs Developmental Biology: Wiley Interdisciplinary Reviews Developmental Biology, 2012, 1(3): 371-388.

[9] Kelly C, Chin A J, Leatherman J L, et al. Maternally controlled β-catenin-mediated signaling is required for organizer formation in the zebrafish. Development (Cambridge, England), 2000, 127 (18): 3899-3911.

[10] Tao Q H, Yokota C, Puck H, et al. Maternal *wnt11* activates the canonical wnt signaling pathway required for axis formation in *Xenopus* embryos. Cell, 2005, 120(6): 857-871.

[11] Liu P, Wakamiya M, Shea M J, et al. Requirement for *Wnt3* in vertebrate axis formation. Nature Genetics, 1999, 22(4): 361-365.

[12] Lu F I, Thisse C, Thisse B. Identification and mechanism of regulation of the zebrafish dorsal determinant. Proceedings of the National Academy of Sciences of the United States of America, 2011, 108(38): 15876-15880.

[13] Yan L, Chen J, Zhu X C, et al. Maternal *Huluwa* dictates the embryonic body axis through β-catenin in vertebrates. Science, 2018, 362(6417): 1-11. doi: 10. 1126/science. aat1045.

Maternal *Huluwa* Dictates the Embryonic Body Axis in Vertebrates

Zhu Xuechen, Tao Qinghua

The Spemann organizer coordinates the formation of body axes in all vertebrate model organisms. It has been established that the nuclear β-catenin is enriched only in one side of the blastulae in *Xenopus laevis* and zebrafish. However, it remains undetermined which maternal signals govern the formation of the dorsal organizer and the body axis. We identified a novel maternal factor, Huluwa, that is both necessary and sufficient for the dorsal axis formation in *Xenopus laevis* and zebrafish. Depletion of maternal *huluwa* causes loss of the dorsal organizer, the head, and the body axis in zebrafish and *Xenopus laevis* embryos. Mechanistically, we have demonstated that Huluwa protein binds to and promotes the degradation of Axin. Therefore, maternal Huluwa is an essential determinant of the dorsal organizer and body axis in vertebrate embryos.

3.16 疱疹病毒的组装和致病机理

王祥喜 饶子和

（中国科学院生物物理研究所生物大分子国家重点实验室）

2018年中国科学院饶子和研究组与王祥喜研究组等合作首次报道了疱疹病毒α家族的2型单纯疱疹病毒（HSV-2）核衣壳的3.1Å的原子分辨率结构，阐明了核衣壳蛋白复杂的相互作用方式和精细的结构信息，提出了疱疹病毒核衣壳的组装机制。这项工作为进一步研究病毒核衣壳与包膜蛋白的组装机制，以及研发抗疱疹病毒治疗方法奠定了基础；同时，能够以结构为基础的病毒设计成溶瘤病毒，为治疗肿瘤提供了广阔的应用前景。相关工作在《科学》上发表[1]。

疱疹病毒是在世界范围内广泛传播的一大类病毒，种类繁多，能够感染包括人类在内的多种哺乳动物。其中，1型和2型单纯疱疹病毒（herpes simplex virus 1/2，HSV-1/HSV-2）、水痘-带状疱疹病毒（varicella-zoster virus，VZV）、爱泼斯坦-巴尔病毒（Epstein-Barr virus，EBV，简称EB病毒）和人类巨细胞病毒（human cytomegalovirus，HCMV）在人群中广泛传播，超过90%的成年人感染过其中至少一种病毒[2,3]。疱疹病毒在感染人体后能够引发多种疾病，包括口腔和生殖器疱疹、水痘、带状疱疹，严重的甚至会引发多种免疫系统疾病、脑炎以及癌症等疾病。疱疹病毒具有独特的潜伏-再活化机制，导致患者终生携带已感染的病毒，并在机体免疫力降低时复发[4]。

疱疹病毒的体积较大，直径为150～200nm，整体无固定形态。其结构可以分为四层：最外层的为承载多种糖蛋白的囊膜结构层（简称外膜）、组成不固定的蛋白间质层（tegument protein layer）、外膜 $T=16$ 的正二十面体核衣壳，以及最内层的基因组。疱疹病毒的外膜表面有多种糖蛋白，这些糖蛋白在病毒的入侵过程中起重要的作用。以1型单纯疱疹病毒为例。病毒囊膜表面大约有12种糖蛋白。其中，gD、gB、gH和gL这4种糖蛋白在病毒的入侵过程中是必不可少的，并且其通过与细胞表面的相应受体结合，促进病毒外膜与受感染的细胞的细胞膜融合，进而将包裹着病毒基因组的核衣壳及间质层蛋白释放到细胞质中。病毒的核衣壳及各种中间层蛋白对病毒基因组在细胞质内的移动、入核、出核等过程都起到重要的作用。核衣壳分为A、B、C三类，均为非标准正二十面体。A型核衣壳内部为空，不包含其他蛋白和病毒基因组；B型核衣壳内部包含支架蛋白；C型核衣壳内部包含病毒基因组，并可以逐渐成熟，成为具有侵染增殖活性的成熟病毒[5]。过去二十年，国际上很多科学家试图用冷冻电镜技术解析疱疹病毒核衣壳的三维结构，然而由于颗粒尺寸太大，导致冰层过厚、信噪比降低和产生埃瓦尔德球效应（Ewald sphere effect）[6]，为高分辨信息的重构带来技术瓶颈。

饶子和研究组与王祥喜研究组以 2 型单纯疱疹病毒衣壳颗粒（125nm）为研究对象，利用最新开发的冷冻电镜单颗粒重构的计算方法——“分区计算法”和“欠焦值修正法”，解析了 3.1Å 的核衣壳 B 颗粒，并搭建了整个颗粒的原子结构模型。该颗粒由 4000 余个蛋白亚基规律且高效组装而成，其中主要结构蛋白 VP5 在不同的位置及微环境下拥有总计 22 种空间构象，组装成 3 种类型的六聚体及 1 种五聚体；结构蛋白 VP23 及 VP19C 形成异源三聚体，介导六聚体之间及六聚体与五聚体之间的组装。此外，研究团队还详细地分析了核衣壳中各结构蛋白的构象变化与蛋白之间的相互作用关系，正是因为这些错综复杂的相互作用模式才保障了 4000 余个蛋白亚基的有序组装。基于结构分析和功能验证，提出了病毒核衣壳首先由单个结构蛋白组装成同源或者异源寡聚体，再进一步形成较高级形式的“顶点中间体”，最后 12 个“顶点中间体”拼接成一个完整颗粒的早期组装的机制，为后续研究核衣壳在神经细胞的运输提供了扎实的结构基础（图 1）。针对“大尺度颗粒”的重构方法的应用，使得冷冻电镜结构解析的应用范围进一步推广，巨型病毒颗粒或亚细胞级的超大蛋白质复合物的单颗粒重构可以实现近原子分辨率，将进一步推动结构生物学的进步与发展。鉴于核衣壳结构在疱疹病毒中的重要性和保守性，针对疱疹病毒核衣壳结构和组装机理，设计

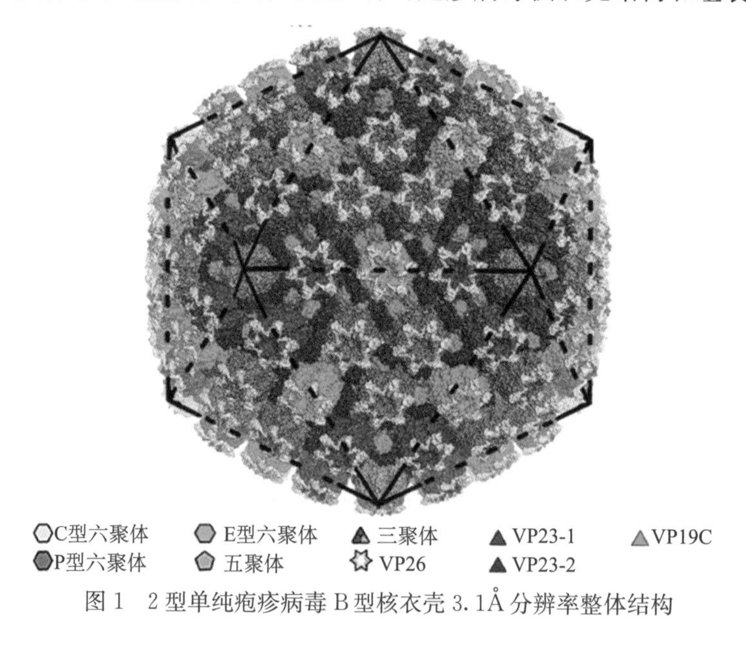

图 1　2 型单纯疱疹病毒 B 型核衣壳 3.1Å 分辨率整体结构

干预疱疹病毒核衣壳组装的小分子药物，将很有可能研制出针对疱疹病毒的具有广谱性的药物，饶子和研究组与王祥喜研究组所解析的核衣壳结构可以为此提供扎实的结构基础。

参考文献

[1] Yuan S, Wang J L, Zhu D J, et al. Cryo-EM structure of a herpesvirus capsid at 3.1Å. Science, 2018, 360(6384): eaao7283.

[2] Murray P R, Baron E J. Manual of Clinical Microbiology. 9th ed. Washington: ASM Press, 2007.

[3] Davison A J, Eberle R, Ehlers B, et al. The order herpesvirales. Archives of Virology, 2009, 154(1): 171-177.

[4] Cohrs R J, Gilden D H. Human herpesvirus latency. Brain Pathology, 2001, 11: 465-474.

[5] Heming J D, Conway J F, Homa F L. Herpesvirus capsid assembly and DNA packaging. Advances in Anatomy and Embryology Cell Biology, 2017, 223: 119-142.

[6] Zhou Z H, Dougherty M, Jakana J, et al. Seeing the herpesvirus capsid at 8.5Å. Science, 2000, 288 (5467): 877-880.

Molecular Mechanisms of Herpesvirus Capsid Assembly

Wang Xiangxi, Rao Zihe

Structurally and genetically, human herpesviruses are amongst the largest and most complex viruses. Using electron microscopy with an optimized image reconstruction strategy, we report the HSV-2 capsid structure at 3.1Å, which is built up of around 3,000 proteins organized into three types of hexons (central, peripentonal and edge), pentons and triplexes. Both hexons and pentons contain the major capsid protein, VP5, hexons also contain a small capsid protein, VP26, and triplexes comprise VP23 and VP19C. Acting as core organizers, VP5 proteins form extensive intermolecular networks, involving multiple disulfide bonds (around 1,500 in total) and non-covalent interactions, with VP26 proteins and triplexes, that underpin capsid stability and assembly. Conformational adaptations of these proteins induced by their microenvironments lead to 46 different conformers that assemble into a massive quasi-symmetric shell, exemplifying the structural and functional complexity of HSV.

3.17 距今4万～3万年前人类踏足高海拔青藏高原腹地

张晓凌 高 星 王社江

（中国科学院古脊椎动物与古人类研究所）

高原文明的开端一直是学术界和大众关注的热点问题。高寒、缺氧的自然环境以及相对稀少的动植物资源为人类探索和开发青藏高原带来了重重困难。此前世界上人类登上高原的最早记录在秘鲁安第斯高原，一处海拔4480m的遗址年代为距今1.2万年前[1]。人类最早何时登上青藏高原，以及古人如何适应世界屋脊的极端环境等，一直是悬而未决的重大科学问题。

西藏地区绝大多数的旧石器时代考古发现缺乏可靠地层依据和年代学基础，是否属于旧石器时代难以确定。很多研究者提出，古代人群进入青藏高原发生在全新世[2]。近期一项研究认为人类在距今3600年前，在农业的促进下才开始大规模定居于青藏高原[3]。

遗传学家根据对现在藏族人群的DNA研究提出，人类在旧石器时代晚期就已经在高原成功定居[4, 5]。考古学家和古环境学家综合有限的考古学材料，提出“人类征服青藏高原三阶段模式假说”：古代人群在距今3万～2万年前到达高原周边较低的高海拔地区（海拔3000m以下，比如宁夏）；在距今1.5万年前抵达高原边缘较高的高海拔地区（海拔3000～4000m，比如青海）；在距今6000年后才到达海拔4000m以上的极端高海拔地区（西藏）[6]。

这些溯源推导和综合推测具有合理性，为探索西藏早期历史提供了一些启示，但是也存在很大的不确定性。要解决人类最早何时进入西藏的科学问题，需要直接的考古学证据。

2018年11月30日，美国《科学》期刊发表研究论文“*The earliest human occupation of the high-altitude Tibetan Plateau 40 thousand to 30 thousand years ago*”，公布了尼阿底遗址（31°28′N，88°48′E；海拔约4600m）这处来自青藏高原腹地的重大考古发现及其研究成果[7]。该项发现证实古人在距今4万～3万年前已踏足青藏高原的高海拔地区，在世界屋脊上留下了清晰、坚实的足迹。这是迄今青藏高原腹地最早、世界范围内最高的旧石器时代遗址，刷新了学术界和大众对青藏高原人类生存历史、古人类适应高海拔极端环境能力的认识。图 1 展示了尼阿底遗址出土的打制石器。

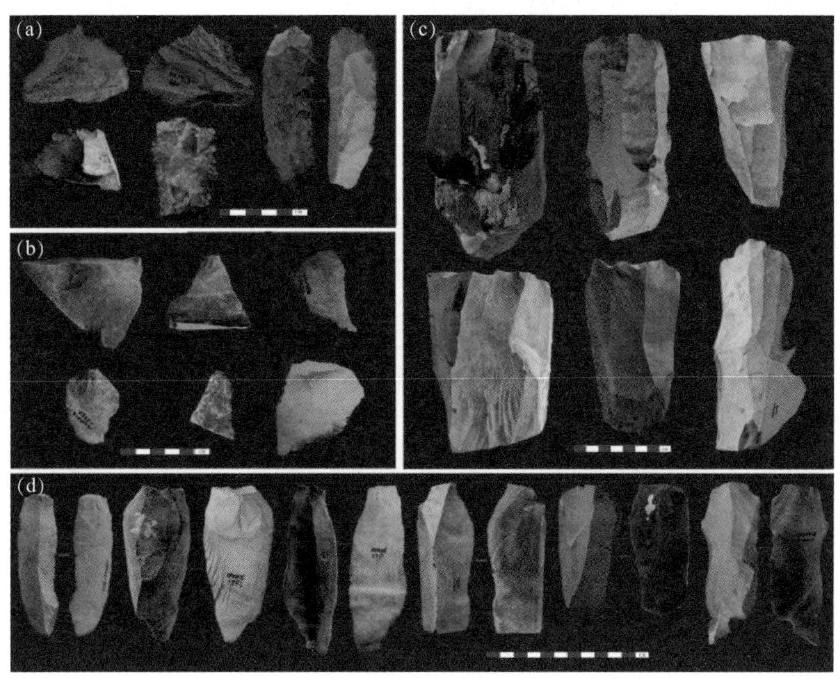

图 1 尼阿底遗址出土的人类文化遗存——打制石器

(a) 工具；(b) 石片；(c) 石叶石核；(d) 石叶

该论文在评审过程中得到三位审稿专家的高度肯定，认为“尼阿底的发现圆满地解决了遗传学和考古学对人类最早涉足青藏高原时间的不同认知问题”，“作为青藏高原乃至世界上最高和最早的考古遗址，尼阿底遗址极大地提升了我们对人类适应生存能力的了解”，“文章所报道的材料是全新的、令人兴奋的，会引起《科学》期刊的读者和研究现代人起源、扩散与高海拔适应的科研人员极大的兴趣。此项成果会对了解人类在高原上生存的时间和动因产生重大影响”。《科学》同期配发的评论文章认为，尼阿底人 4 万～3 万年前生活在 4600 米的青藏高原充分证明了我们这个物种作为开拓者的伟大胜利[8]。

参考文献

[1] Rademaker K, Hodgins G, Moore K, et al. Paleoindian settlement of the high-altitude Peruvian Andes. Science, 2014, 346: 466-469.

[2] Meyer M, Aldenderfer M, Wang Z, et al. Permanent human occupation of the central Tibetan Plateau in the early Holocene. Science, 2017, 355: 64-67.

[3] Chen F H, Dong G H, Zhang D J, et al. Agriculture facilitated permanent human occupation of the Tibetan Plateau after 3600 B. P. Science, 2015, 347: 248-250.

[4] Zhao M, Kong Q P, Wang H W, et al. Mitochondrial genome evidence reveals successful Late Paleolithic settlement on the Tibetan Plateau. PNAS, 2009, 106: 21230-21235.

[5] Qin Z D, Yang Y J, Kang L L, et al. A mitochondrial revelation of early human migrations to the Tibetan Plateau before and after the Last Glacial Maximum. American Journal of Physical Anthropology, 2010, 143: 555-569.

[6] Brantingham P J, Gao X. Peopling of the northern Tibetan Plateau. World Archaeology, 2006, 38: 387-414.

[7] Zhang X L, Ha B B, Wang S J, et al. The earliest human occupation of the high-altitude Tibetan Plateau 40 thousand to 30 thousand years ago. Science, 2018, 362: 1049-1051.

[8] Zhang J F, Dennell R. The last of Asia conquered by *Homo sapiens*. Sciences, 2018, 362: 992-993.

The Earliest Human Occupation of the High-Altitude Qinghai-Tibet Plateau 40 Thousand to 30 Thousand Years Ago

Zhang Xiaoling, Gao Xing, Wang Shejiang

On November 30, 2018, *Science* published a paper, "The earliest human occupation of the high-altitude Tibetan Plateau 40 thousand to 30 thousand years ago", by the Institute of Vertebrate Paleontology and Paleoanthropology, CAS, reporting the oldest and highest early Stone Age (Paleolithic) archaeological site yet known anywhere in the world. This achievement is a major breakthrough in our understanding of the human occupation and evolution of the Qinghai-Tibet Plateau as well as larger-scale prehistoric human migrations and exchanges. The discovery of the Nwya Devu site has yielded the earliest record of human responses to high-altitude challenges and the eventual conquest of this extreme environment. The reviewer highly appraised this research: "It is very exciting that the discovery of Nwya Devu site perfectly solved the discrepancy between genetic and archaeological data of the first human occupation on the Qinghai-Tibet Plateau."

3.18　全球变暖背景下东太平洋厄尔尼诺变率增强

蔡文炬

（中国海洋大学物理海洋教育部重点实验室，南半球海洋研究中心）

厄尔尼诺-南方涛动（El Niño-Southern Oscillation，ENSO）是地球气候系统最主要和最重要的变异现象之一，每 2～7 年发生一次，并包含冷、暖两个位相，分别对应于赤道中东太平洋的异常变冷（称为拉尼娜现象）和异常增暖（称为厄尔尼诺现象）。ENSO 可显著影响全球的天气、气候、生态系统和农业等[1-6]，且极端 ENSO 事件（海温变化特别大的 ENSO 事件）[2,3]是造成 1998 年中国特大洪水[2-4]、南太平洋周边多个国家的洪涝/干旱或极端台风[5]、太平洋及其以外区域珊瑚的大面积漂白、美国西南部海洋生物锐减和加拉帕戈斯群岛本土鸟类大量死亡[6]等全球性灾害事件的元凶之一。而随着全球变暖，未来 ENSO 及其发生频率究竟如何变化，是困扰全球科学家长达几十年的重大科学难题。

以往的研究通常只以东太平洋海温（Niño3 海表温度）这一个指数对气候的响应来衡量厄尔尼诺的未来变化，显然有失公允。因为一方面，厄尔尼诺的海温异常中心位置可能在中赤道太平洋，也可能在东赤道太平洋，据此厄尔尼诺可分为中太平洋型和东太平洋型两类[7]，只用 Niño3 海表温度不足以描述和区分全部的厄尔尼诺事件；另一方面，厄尔尼诺的空间结构和异常中心在不同的气候模式中差异很大，采用一个固定指数所得到的信息可能是不完整的，甚至是错误的。

为此，我们利用能够正确区分这两类厄尔尼诺事件的第五次国际耦合模式比较计划（CMIP5）气候模式，提出了更加合理的衡量指标。ENSO 的冷暖位相以及不同类型之间存在着强非对称性，而非线性 Bjerknes 反馈过程是 ENSO 出现以上特征的关键。以厄尔尼诺事件为例，Bjerknes 反馈过程是指：赤道太平洋纬向海温梯度的异常减小会导致赤道低层大气的东-西气压梯度减小，信风随之减弱；减弱的信风通过造成东传向下的开尔文波、减弱赤道东太平洋上升流、减弱纬向平流输运等方式，进一步减弱纬向海温梯度，形成纬向风与纬向温度梯度之间的正反馈；拉尼娜事件与此相似，只是与厄尔尼诺事件过程相反。

值得注意的是，以上的各项海气耦合过程是非线性的。基于非线性 Bjerknes 反馈指数，我们首先确定了各自气候模式中厄尔尼诺事件的异常中心，之后对异常中心的海表温度振幅进行了研究。结果发现，东太平洋厄尔尼诺的海温异常中心虽因模式而异（图1），但其海表温度未来变异的振幅变化具有模式间一致性（图2）并将增加15%，

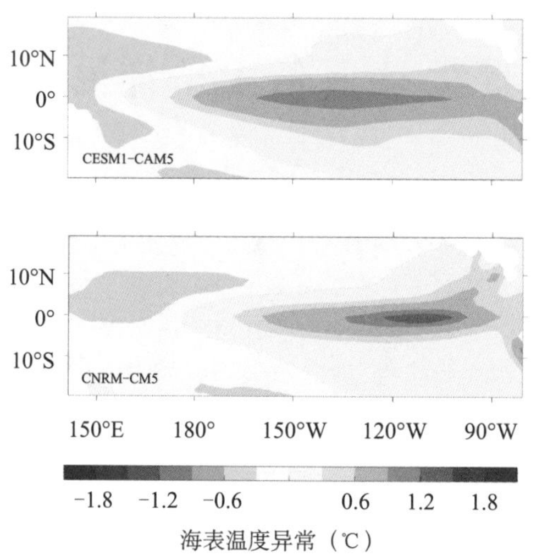

图1 两个不同气候模式中的东太平洋型厄尔尼诺海表温度异常位置

CESM1-CAM5、CNRM-CM5是参与CMIP5的两个模式的名称

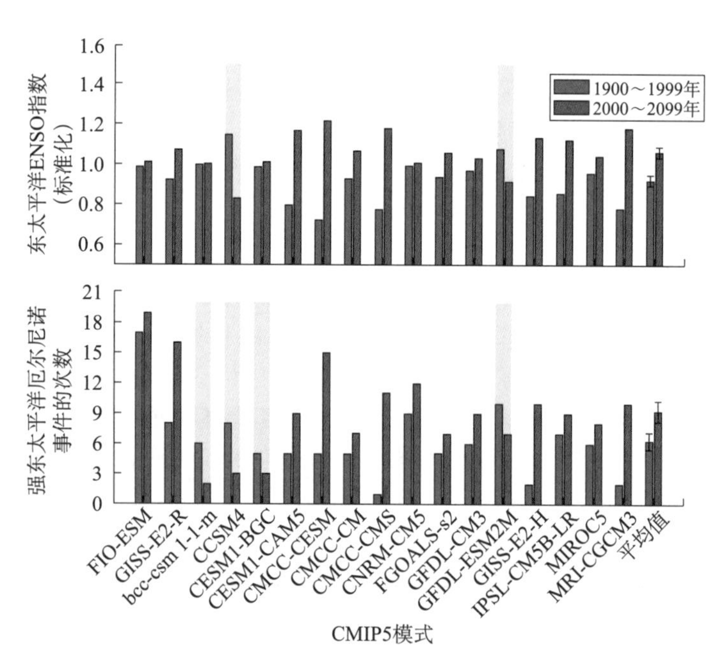

图2 东太平洋型厄尔尼诺变率和强厄尔尼诺事件发生频率在20世纪（1900～1999年）和全球变暖（2000～2099年）试验场景下的差异

导致极端厄尔尼诺事件的发生频率也增加 50%。其背后的物理机制是全球变暖背景下赤道太平洋海洋上层的层结加强，导致海气耦合强度增加，有利于东太平洋厄尔尼诺的发展。根据本研究结果，在全球变暖的背景下，未来与东太平洋型厄尔尼诺相关的极端气候、天气事件及生态系统变异会越来越多，加上热带各海盆之间的气候紧密相连[8]，人类应对气候变化的形势愈发严峻。本研究被《自然》期刊认为是气候研究领域具有里程碑意义的重大发现[9]，也澄清了科学界的相关争论。

参考文献

[1] Philander S G H. Anomalous El Niño of 1982-83. Nature, 1983, 305(5929): 16.

[2] Cai W, Borlace S, Lengaigne M, et al. Increasing frequency of extreme El Niño events due to greenhouse warming. Nature Climate Change, 2014, 4(2): 111-116.

[3] Cai W, Wang G, Santoso A, et al. Increased frequency of extreme La Niña events under greenhouse warming. Nature Climate Change, 2015, 5(2): 132-137.

[4] McPhaden M J. El Niño: the child prodigy of 1997-98. Nature, 1999, 398(6728): 559-562.

[5] Wu M C, Chang W L, Leung W M. Impact of El Niño-Southern Oscillation Events on tropical cyclone landfalling activities in the western North Pacific. Journal of Climate, 2004, 17(6): 1419-1428.

[6] Cai W, Lengaigne M, Borlace S, et al. More extreme swings of the South Pacific convergence zone due to greenhouse warming. Nature, 2012, 488(7411): 365-369.

[7] Ashok K, Behera S K, Rao S A, et al. El Niño Modoki and its possible teleconnection. Journal of Geophysical Research, 2007, 112: C11007.

[8] Cai W, Wu L, Lengaigne M, et al. Pantropical climate interactions. Science, 2019, 363(6430): eaav4236.

[9] Ham Y-G. El Niño events set to intensify. Nature, 2018, 564: 192-193.

Increased Variability of Eastern Pacific El Niño Under Greenhouse Warming

Cai Wenju

The El Niño-Southern Oscillation (ENSO) is the dominant and most consequential climate variation on the Earth. ENSO events tend to have a center, i. e., the location of the maximum sea surface temperature (SST) anomaly, in either the central equatorial Pacific or the eastern equatorial Pacific; these two distinct types of ENSO events are referred to as the CP-ENSO and EP-ENSO regimes, respectively.

How ENSO may change under future greenhouse warming is unknown. Here we find a robust increase in future EP-ENSO SST variability among CMIP5 climate models that simulate the two distinct ENSO regimes, based on an index determined by ENSO nonlinear dynamics. The increased variability is largely due to greenhouse warming-induced intensification of the equatorial Pacific upper-ocean stratification, which enhances the ocean-atmosphere coupling. An increase in SST variability translates to an increase inthe number of extreme EP-El Niño events (corresponding to large SST anomalies)and associated extreme weather events.

第四章

科技领域发展观察

Observations on Development of Science and Technology

4.1　基础前沿领域发展观察

黄龙光　边文越　张超星　冷伏海

（中国科学院科技战略咨询研究院）

2018年基础前沿领域取得多项突破：超导、粒子物理、量子技术等领域取得重大突破，自动合成+人工智能正在改变传统有机合成，简单有效的纳米材料制备方法助力多领域的发展。美国、欧盟、日本、英国、德国等全面开展量子技术战略，美国探讨未来暗物质研究优先方向，欧盟为“地平线欧洲”（Horizon Europe）计划确定关键使能技术，日本部署纳米技术和材料研发战略，以更好地抢占未来基础研究的重大突破和技术进步的先机。

一、重要研究进展

1. 超导、粒子物理、量子技术等领域取得重大突破

（1）超导研究收获新思路与重大突破。美国麻省理工学院等发现两层石墨烯以1.1°的“魔角”扭曲在一起时会形成莫特绝缘体态和实现非常规超导电性，为超导研究带来了新思路[1,2]。日本名古屋大学等首次发现超导准晶体[3]，通过改变特殊金属合金中元素的比例创造出温度低于0.05K的超导准晶体，证实准晶体中可能存在超导性的设想，可能导致超导新材料的出现。中国科学院物理研究所等首次在超导块体材料中观测到马约拉纳任意子[4]，并且能在相对高的温度下实现，为马约拉纳物理的研究开辟新的方向。

（2）粒子物理研究成果丰硕。“冰立方”中微子天文台将其捕捉到的高能中微子成功溯源到一个距地球约37.8亿光年的耀变体[5,6]，首次精确定位“幽灵粒子”起源，为人类认识宇宙提供一种新方法。美国费米国家加速器实验室MinibooNE实验发现与已知的三个中微子味（电子味、μ子味、τ子味）不相符的信号[7]，再次引发关于惰性中微子的争论。加拿大和欧洲核子研究中心（CERN）首次实现反氢内基准能量跃迁[8]，向冷却和操纵反氢原子迈进了一步。欧洲核子研究中心完成迄今最精准反物质光谱检测[9]，将反物质的高精度检测向前推进了一大步。欧洲核子研究中心探

测到希格斯玻色子与顶夸克的相互作用[10]。中国“超级显微镜”散裂中子源投入运行[11]。日本理化学研究所等理论预言存在新粒子双重子态粒子“ΩΩ”[12]。美国亚利桑那州立大学等观察到第一批恒星形成时期的氢气吸收信号可深入了解暗物质的性质[13-15]。

(3) 量子技术发展迅猛。中国科学技术大学等利用“墨子”号量子科学实验卫星首次实现世界洲际量子密钥分发[16]，标志着“墨子”号已经具备实现洲际量子保密通信的能力。澳大利亚设计的“量子开关”验证出不确定的因果顺序[17]，可能对处理量子信息有用。英特尔公司成功设计交付 49 量子比特（quantum bit，qubit）超导芯片[18]，谷歌公司公布 72 量子比特芯片[19]。中国科学技术大学在国际上首次实现 18 个光量子比特的纠缠[20]，奥地利实现 20 量子比特系统内受控的多粒子纠缠[21]。美国研发出生成真正随机数的量子力学新方法[22]，中国科学技术大学在国际上首次实现器件无关的量子随机数[23]。

(4) 物理常数的更新将促进更先进的研究。国际单位制基本单位中的千克、安培、开尔文、摩尔将分别改由普朗克常数、基本电荷常数、玻尔兹曼常数、阿伏伽德罗常数定义[24]。华中科技大学测出目前国际上最精准的万有引力常数[25]。

2. 自动合成十人工智能正在改变传统有机合成

(1) 自动合成十人工智能正在改变传统有机合成。英国格拉斯哥大学和美国麻省理工学院研究人员分别开发出集人工智能、自动合成、分析检测于一身的智能合成系统，只需通过随机运行少数反应并将结果供智能算法学习，就可准确预测反应或优化反应条件[26]。美国辉瑞公司和默克公司研究人员竞相开发自动化高通量化学反应筛选平台[27]。默克公司研究人员充分发挥平台快速收集大量反应数据的优势，与普林斯顿大学研究人员合作利用数据训练人工智能算法，可准确预测反应收率[28]。

(2) 有机合成技术不断创新。美国研究人员结合光催化和酶催化，使烯烃发生异构化并进行碳碳双键还原[29]。美国普林斯顿大学研究人员结合光致氧化还原催化和过渡金属催化，实现了脂环烃惰性碳氢键的芳基化[30]。中国上海科技大学研究人员开发了一种廉价、高效的铈基催化剂和醇催化剂的协同催化体系，可利用光能在室温下将甲烷一步转化为高附加值的液态产品[31]。美国加州理工学院研究人员通过对细胞色素 P450 进行定向进化，使其能高效催化碳氢键官能团化和高张力碳环合成[32]。美国研究人员开发出一种手性磷试剂，可高立体选择性合成硫代磷酸寡核苷酸，有望推动小核酸药物发展[33]。美国哈佛大学研究人员报道了通过 S_N1 亲核取代反应高对映选择性合成具有季碳手性中心化合物[34]。

(3) 化学助力节能环保。美国麻省理工学院研究人员开发了一种可用于合成多种含磷化合物的新型磷试剂，从而减少白磷的使用[35]。美国伊利诺伊大学研究人员开发了新的前端聚合策略，可大幅降低合成热固性聚合物的时间和能耗[36]。中美科学家合作制备了一种含铁-过氧位点的金属有机框架化合物［$Fe_2(O_2)$(dobdc)］，仅需单次循环便能从乙烷/乙烯混合物中分离获得聚合物级纯度乙烯[37]。中国南开大学研究人员制备了具有高效、宽光谱吸收特性的叠层有机太阳能电池材料和器件，光电转化效率达到17.3%[38]。

（4）分析表征能力取得突破。美国和瑞士研究人员分别开发了利用电子显微镜快速解析有机小分子结构的新技术，分辨率可达到1Å[39]。美国康奈尔大学研究人员刷新了电镜分辨率世界纪录，将其提高至0.39Å[40]。中国北京大学研究人员首次获得离子水合物的原子级分辨图像[41]。

（5）钙钛矿光电材料研究非常活跃。在钙钛矿太阳能电池方面，中国科学院半导体研究所研究人员创造了研究单元光电转换效率的纪录（23.7%），日本东芝公司研究人员创造了模块（$703cm^2$）效率11.7%的纪录[42]。在钙钛矿基LED方面，英国剑桥大学研究人员把内部发光效率提升至接近100%，中国南京工业大学研究人员把外量子效率提高至20.7%[43]。中国和新加坡研究人员合作发现了一类全无机钙钛矿纳米晶闪烁体，可实现超灵敏X射线检测[44]。中国东南大学研究人员制备了世界首例无金属钙钛矿铁电体，并首次发现手性对映体铁电体[45]。

此外，美国哈佛大学研究人员精准操控两个原子合成一个分子[46]。中国复旦大学研究人员发现钙、锶和钡可形成稳定的八羰基化合物分子，满足18电子规则，表现出典型的过渡金属成键特性[47]。日本和瑞典研究人员证实水存在两种液相[48]。美国桑迪亚国家实验室研究人员揭示了气态燃料燃烧生成烟黑颗粒的化学过程[49]。美国研究人员利用金刚石产生巨大压强断裂化学键[50]。美国加州理工学院研究人员开发了在接近零重力条件下光解水制氢气和氧气技术，有望用于长期星际飞行[51]。

3. 纳米材料助力多领域的发展，简单有效的制备方法层出不穷

（1）纳米材料在生物医学领域大放光彩。美国芝加哥大学以纳米金属有机框架化合物（Fe-TBP）为光敏剂，克服了光动力学疗法的肿瘤缺氧问题，可使90%的肿瘤退化，提高肿瘤的免疫治疗效果[52]。牛津大学一步法合成了超顺磁性镍胶体纳米晶体簇，表现出对革兰氏阳性和阴性细菌及细菌孢子的抗菌和捕获能力[53]。康奈尔大学借助硫酸化的吲哚菁的自组装制备了载药量高达90%的靶向药物载体纳米粒子，并设计了预测模型，使纳米药物计算设计成为可能[54]。中国深圳大学与美国加州大学洛杉矶分校合成了新型氢化钯纳米材料，实现了光热成像/光声成像引导氢热治疗，可潜在地对多种肿瘤实现高效、低毒的治疗[55]。

（2）纳米催化剂在水裂解析氢领域发挥了重要作用。美国得克萨斯大学奥斯汀分校利用制备的NiCoA（A＝P，Se，O）多孔纳米片实现了水裂解的0V起始过电位，可在1.56V下实现全解水[56]。中国中山大学通过弱化聚苯胺/磷化钴杂化纳米线电催化剂表面上氢离子的束缚方式，实现了该纳米线的类铂析氢电催化[57]。西安交通大学联合美国加州大学利用水热法合成了超细PtM（M＝Ni，Co，Fe）合金纳米线，3μg的Pt实现了75.3mA/cm^2的析氢活性[58]。

（3）纳米材料助力电池性能提升。中国北京科技大学利用静电纺丝技术将磷铁钠矿纳米粒子镶嵌入多孔氮掺杂的碳纳米纤维，制备了可直接用于钠离子电池的正极材料[59]。华中科技大学及同济大学等机构开发了可作为自立式双功能电极的核-壳结构碳基纳米材料（吡啶为主）[60]。新加坡南洋理工大学以球磨纳米硅粉为原料，通过自上而下锂化/脱锂过程制备出可用于可充锂氧电池寡层硅烯状纳米片[61]。

（4）新颖的制备方法、新材料及新现象不断出现。美国路易斯安那州立大学通过连续吸附异金属双络合盐的方法合成了10种不同的负载型双金属纳米粒子[62]。中国科学院化学研究所采用快速生长技术（5s）获得了高质量的过渡金属二卤化物纳米卷[63]。美国加州大学伯克利分校联合劳伦斯伯克利国家实验室等机构合成了一维过渡金属三硫族化物$NbSe_3$链[64]。哥伦比亚大学及得克萨斯大学埃尔帕索分校通过合成三叶螺旋桨纳米结构，制备出高性能光电子材料三维（3D）石墨烯[65]。韩国首尔大学和浦项科技大学利用手性氨基酸和肽控制金纳米颗粒的生长的方式制备出单一手性三维金纳米颗粒[66]。

二、重要战略规划

1. 美国、欧盟、日本、英国、德国等全面开展量子技术战略

美国通过《国家量子计划法案》[67]，将发起未来10年国家量子行动计划，设立国家量子协调办公室，成立量子信息科学小组委员会和国家量子计划咨询委员会，随后，能源部（DOE）拨款2.18亿美元、国家科学基金会（NSF）拨款3100万美元资助量子科学研究，国家标准与技术研究院（NIST）成立量子经济发展联盟。欧洲量子旗舰计划启动[68]，通过“地平线2020”计划资助总额为1.32亿欧元的20个项目，主要聚焦于以下5个领域：量子通信、量子计算、量子模拟、量子计量和传感，以及量子技术背后的基础科学。日本文部科学省发布光・量子飞跃旗舰计划[69]，资助量子信息处理、量子测量和传感器、下一代激光技术等3个技术领域。英国将在未来5年内资助8000万英镑继续支持英国的4个量子中心[70]，并资助2.35亿英镑用于建立一

个新的国家量子计算中心[71]，解决将技术引入市场和促进经济的量子挑战，以及新建博士培训中心等。德国通过了《量子技术——从基础到市场》计划[72]，将在2018～2022年资助约6.5亿欧元，研发量子计算机、量子通信、基于量子的测量技术以及量子系统的基础技术。

2. 美国探讨未来暗物质研究优先方向

美国能源部《暗物质小型项目新计划的基础研究需求》报告建议对质量小于质子的暗物质粒子进行搜寻[73]，作为正在进行的第二代暗物质计划的补充，第二代暗物质计划主要关注质量大于质子的暗物质粒子和探索波状暗物质。报告确定了三个优先研究方向：利用能够产生高能粒子束的加速器，创建并检测小于质子质量的暗物质粒子和相关的力；通过与先进的超灵敏探测器的相互作用，探测小于质子质量的单个银河系暗物质粒子；利用量子色动力学轴子技术探测暗物质波。

3. 欧盟为“地平线欧洲”计划确定关键使能技术

欧盟委员会发布《重新发现工业：界定创新》报告[74]，为“地平线欧洲”确定了新的关键使能技术，包括先进材料和纳米技术、生命科学技术、微/纳米电子学和光子学、先进制造技术、人工智能、数字安全和互连等。“地平线欧洲”是继“地平线2020”后欧盟的下一个框架计划（2021～2027年）。这些关键使能技术在创造高质量就业岗位、改善人民生活和创造未来繁荣方面具有重大影响；在产品开发的各个阶段都具有系统相关性，能确保欧洲在整个产业价值链中保持领先地位；有能力改善人们的健康和安全，支持系统和个人之间的可持续发展以及安全连接和通信；支持多种跨行业的工业应用，帮助创造全球卓越和形成新知识，有助于持续支持循环经济和绿色增长。

4. 日本部署纳米技术和材料研发战略

日本文部科学省发布的《纳米技术和材料科学技术研发战略（草案）》指出[75]，纳米技术和材料科学技术领域可能会出现新的变化，例如利用快速发展的人工智能、物联网、大数据技术的数据驱动型研发方法可加速材料开发，纳米技术和材料领域的研发战略将有助于未来智能社会系列目标的实现。该战略瞄准两大领域，一是基于新突破口提高材料性能，主要包括研发含有相互物理性质的超级复合材料，利用非平衡态和亚稳态结构来大幅提高材料的性能，利用生物机制以实现材料的新性能或显著性能改进。二是战略性和可持续发展的研究领域，主要包括：下一代元素战略，分子技术，物联网和人工智能时代的创新设备，生物材料，能源转换、存储、高效利用的创新材料，能产生创新分离技术的材料，结构材料，革新机器人的材料，极端超级测量技术等。

三、发展启示建议

1. 加强基础前沿领域战略研判

基础前沿领域不断取得重大突破，正在开辟新前沿新方向。高温超导、中微子、暗物质、量子技术等方向迅猛发展，同时也在探索更好的思路和实现路径。进一步把握基础前沿领域的重要研究进展和重要战略规划，通过综合分析与专家研判相结合，加强基础前沿领域的战略研判，有助于把握基础前沿领域发展大势，为国家科技决策和科研活动的开展提供准确、前瞻、及时的建议。

2. 高度重视化学的基础性作用，积极布局智能自动合成等前沿研究

作为一门以物质合成为主的学科，化学为物理、生物、材料、能源、环境、信息等学科的发展提供了坚实基础。合成化学又是化学的基础。传统的人工、间歇式合成方法正在遭受自动合成＋人工智能的挑战。合成化学一旦实现智能化、自动化，将极大地提高科学研究水平，推动生产力发展。因此，建议我国高度重视自动合成＋人工智能研究，部署重大研究项目、工程，组织相关力量（信息、自动化、化学等）跨学科协作研究，重点研究有机合成数据库建设、合成路线智能设计算法、高效化学反应、自动合成和检测等关键技术。

致谢：中国科学院化学研究所张建玲研究员对本文初稿进行了审阅并提出了宝贵的修改意见，特致感谢！

参考文献

[1] Cao Y, Fatemi V, Fang S, et al. Unconventional superconductivity in magic-angle graphene superlattices. Nature, 2018, 556: 43-50.

[2] Cao Y, Fatemi V, Demir A, et al. Correlated insulator behaviour at half-filling in magic-angle graphene superlattices. Nature, 2018, 556: 80-84.

[3] Kamiya K, Takeuchi T, Kabeya N, et al. Discovery of superconductivity in quasicrystal. Nature Communications, 2018, 9: 154-162.

[4] Wang D F, Kong L Y, Fan P, et al. Evidence for Majorana bound states in an iron-based superconductor. Science, 2018, 362: 333-335.

[5] IceCube Collaboration, Fermi-LAT, MAGIC, et al. Multimessenger observations of a flaring blazar coincident with high-energy neutrino IceCube-170922A. Science, 2018, 361: 146.

[6] IceCube Collaboration. Neutrino emission from the direction of the blazar TXS 0506+056 prior to the IceCube-170922A alert. Science, 2018, 361: 147-151.

[7] MiniBooNE Collaboration. Significant excess of electron like events in the MiniBooNE short-baseline neutrino experiment. Physical Review Letters, 2018, 121: 221801.

[8] Ahmadi M, Alves B X R, Baker C J, et al. Observation of the 1S-2P Lyman-α transition in antihydrogen. Nature, 2018, 561: 211-215.

[9] Ahmadi M, Alves B X R, Baker C J, et al. Characterization of the 1S-2S transition in antihydrogen. Nature, 2018, 557: 71-75.

[10] CMS Collaboration. Observation of Higgs boson decay to bottom quarks. Physical Review Letters, 2018, 121: 121801.

[11] 中国科学院. 中国散裂中子源通过国家验收. http://www.cas.cn/yw/201808/t20180824_4661610.shtml[2018-08-24].

[12] Gongyo S, Sasaki K, Aoki S, et al. Most strange dibaryon from lattice QCD. Physical Review Letters, 2018, 120: 212001.

[13] Fialkov A, Barkana R, Cohen A. Constraining baryon-dark-matter scattering with the cosmic dawn 21-cm signal. Physical Review Letters, 2018, 121: 011101.

[14] Berlin A, Hooper D, Krnjaic G, et al. Severely constraining dark-matter interpretations of the 21-cm anomaly. Physical Review Letters, 2018, 121: 011102.

[15] D'Amico G, Panci P, Strumia A. Bounds on dark-matter annihilations from 21-cm data. Physical Review Letters, 2018, 121: 011103: 011102.

[16] Liao S L, Cai W Q, Handsteiner J, et al. Satellite-relayed intercontinental quantum network. Physical Review Letters, 2008, 120: 030501.

[17] Goswami K, Giarmatzi C, Kewming M, et al. Indefinite causal order in a quantum switch. Physical Review Letters, 2018, 121: 090503.

[18] Hsu J. CES 2018: Intel's 49-qubit chip shoots for quantum supremacy. https://spectrum.ieee.org/tech-talk/computing/hardware/intels-49qubit-chip-aims-for-quantum-supremacy[2018-01-09].

[19] Giles M, Knight W. Google thinks it's close to "quantum supremacy". Here's what that really means. https://www.technologyreview.com/s/610274/google-thinks-its-close-to-quantum-supremacy-heres-what-that-really-means/[2018-03-09].

[20] Wang X L, Luo Y H, Huang H L, et al. 18-qubit entanglement with six photons' three degrees of freedom. Physical Review Letters, 2018, 120: 260502.

[21] Friis N, Marty O, Maier C, et al. Observation of entangled states of a fully controlled 20-qubit system. Physical Review X, 2018, 8: 021012.

[22] Bierhorst P, Knill E, Glancy S, et al. Experimentally generated randomness certified by the impos-

sibility of superluminal signals. Nature, 2018, 556: 223-226.

[23] Liu Y, Zhao Q, Li M H, et al. Device-independent quantum random-number generation. Nature, 2018, 562: 548-551.

[24] BIPM. International system of units revised in historic vote. https://www.bipm.org/en/news/full-stories/2018-11-si-overhaul.html[2018-11-06].

[25] Li Q, Xue C, Liu J P, et al. Measurements of the gravitational constant using two independent methods. Nature, 2018, 560: 582-588.

[26] Granda J M, Donina L, Dragone V, et al. Controlling an organic synthesis robot with machine learning to search for new reactivity. Nature, 2018, 559(7714): 377-381.

[27] Perera D, Tucker J W, Brahmbhatt S, et al. A platform for automated nanomolescale reaction screening and micromole-scale synthesis in flow. Science, 2018, 359(6374): 429-434.

[28] Ahneman D T, Estrada J G, Lin S, et al. Predicting reaction performance in C N cross-coupling using machine learning. Science, 2018, 360(6385): 186-190.

[29] Litman Z C, Wang Y, Zhao H, et al. Cooperative asymmetric reactions combining photocatalysis and enzymatic catalysis. Nature, 2018, 560(7718): 355-359.

[30] Perry I B, Brewer T F, Sarver P J, et al. Direct arylation of strong aliphatic C H bonds. Nature, 2018, 560(7716): 70-75.

[31] Hu A, Guo J J, Pan H, et al. Selective functionalization of methane, ethane, and higher alkanes by cerium photocatalysis. Science, 2018, 361(6403): 668-672.

[32] Zhang R K, Chen K, Huang X, et al. Enzymatic assembly of carbon-carbon bonds via iron-catalysed sp^3 C H functionalization. Nature, 2019, 565(7737): 67-72.

[33] Knouse K W, deGruyter J N, Schmidt M A, et al. Unlocking P(V): reagents for chiral phosphorothioate synthesis. Science, 2018, 361(6408): 1234-1238.

[34] Wendlandt A E, Vangal P, Jacobsen E N. Quaternary stereocentres via an enantioconvergent catalytic S_N1 reaction. Nature, 2018, 556(7702): 447-451.

[35] Geeson M B, Cummins C C. Phosphoric acid as a precursor to chemicals traditionally synthesized from white phosphorus. Science, 2018, 359(6382): 1383-1385.

[36] Robertson I D, Yourdkhani M, Centellas P J, et al. Rapid energy-efficient manufacturing of polymers and composites via frontal polymerization. Nature, 2018, 557(7704): 223-227.

[37] Li L, Lin R B, Krishna R, et al. Ethane/ethylene separation in a metal-organic framework with iron-peroxo sites. Science, 2018, 362(6413): 443-446.

[38] Meng L, Zhang Y, Wan X, et al. Organic and solution-processed tandem solar cells with 17.3% efficiency. Science, 2018, 361(6407): 1094-1098.

[39] Gruene T, Wennmacher J T C, Zaubitzer C, et al. Rapid structure determination of microcrystalline molecular compounds using electron diffraction. Angewandte Chemie International Edition, 2018, 57(50): 16313-16317.

[40] Jiang Y, Chen Z, Han Y, et al. Electron ptychography of 2D materials to deep sub-ångström resolution. Nature, 2018, 559(7714): 343-349.

[41] Peng J, Cao D, He Z, et al. The effect of hydration number on the interfacial transport of sodium ions. Nature, 2018, 557(7707): 701-705.

[42] Green M A, Hishikawa Y, Dunlop E D, et al. Solar cell efficiency tables(version 53). Progress in Photovoltaics: Research and Applications, 2019, 27(1): 3-12.

[43] Zhao B, Bai S, Kim V, et al. High-efficiency perovskite-polymer bulk heterostructure light-emitting diodes. Nature Photonics, 2018, 12(12): 783-789.

[44] Chen Q, Wu J, Ou X, et al. All-inorganic perovskite nanocrystal scintillators. Nature, 2018, 561(7721): 88-93.

[45] Ye H Y, Tang Y Y, Li P F, et al. Metal-free three-dimensional perovskite ferroelectrics. Science, 2018, 361(6398): 151-155.

[46] Liu L R, Hood J D, Yu Y, et al. Building one molecule from a reservoir of two atoms. Science, 2018, 360(6391): 900-903.

[47] Wu X, Zhao L, Jin J, et al. Observation of alkaline earth complexes $M(CO)_8$ (M=Ca, Sr, or Ba) that mimic transition metals. Science, 2018, 361(6405): 912-916.

[48] Kim K H, Späh A, Pathak H, et al. Maxima in the thermodynamic response and correlation functions of deeply supercooled water. Science, 2017, 358(6370): 1589-1593.

[49] Johansson K O, Head-Gordon M P, Schrader P E, et al. Resonance-stabilized hydrocarbon-radical chain reactions may explain soot inception and growth. Science, 2018, 361(6406): 997-1000.

[50] Yan H, Yang F, Pan D, et al. Sterically controlled mechanochemistry under hydrostatic pressure. Nature, 2018, 554(7693): 505-510.

[51] Brinkert K, Richter M H, Akay Ö, et al. Efficient solar hydrogen generation in microgravity environment. Nature Communications, 2018, 9(2527): 1-8.

[52] Lan G, Ni K, Xu Z. Nanoscale metal-organic framework overcomes hypoxia for photodynamic therapy primed cancer immunotherapy. Journal of the American Chemical Society, 2018, 140(17): 5670-5673.

[53] Peng B, Zhang X, Aarts D G A L. Superparamagnetic nickel colloidal nanocrystal clusters with antibacterial activity and bacteria bindingability. Nature Nanotechnology, 2018, 13(6): 478.

[54] Shamay Y, Shah J, Mehtap I, et al. Quantitative self-assembly prediction yields targeted nanomedicines. Nature Materials, 2018, 17(4): 361.

[55] Zhao P, Jin Z, Chen Q. Local generation of hydrogen for enhanced photothermal therapy. Nature Communications, 2018, 9: 4241.

[56] Fang Z, Peng L, Qian Y. Dual tuning of Ni-Co-A(A=P, Se, O) nanosheets by anion substitution and holey engineering for efficient hydrogen evolution. Journal of the American Chemical Society, 2018, 140(15): 5241-5247.

[57] Feng J X, Tong S Y, Tong Y X. Pt-like hydrogen evolution electrocatalysis on PANI/CoP hybrid nanowires by weakening the shackles of hydrogen ions on the surfaces of catalysts. Journal of the American Chemical Society, 2018, 140(15): 5118-5126.

[58] Liu Z, Qi J, Liu M. Aqueous synthesis of ultrathin platinum/non-noble metal alloy nanowires for enhanced hydrogen evolution activity. Angewandte Chemie International Edition, 2018, 57(36): 11678-11682.

[59] Liu Y, Zhang N, Wang F. Approaching the downsizing limit of maricite $NaFePO_4$ toward high-performance cathode for sodium-ion batteries. Advanced Functional Materials, 2018, 28(30): 1801917.

[60] Hang C, Zhang J, Zhu J. In situ exfoliating and generating active sites on graphene nanosheets strongly coupled with carbon fiber toward self-standing bifunctional cathode for rechargeable Zn-Air batteries. Advanced Energy Materials, 2018, 8(16): 1703539.

[61] Zhang W, Sun L, Nsanzimana J M V, et al. Lithiation/delithiation synthesis of few layer silicene nanosheets for rechargeable Li-O_2 batteries. Advanced Materials, 2018, 30(15): 1705523.

[62] Ding K, Cullen D A, Zhang L, et al. A general synthesis approach for supported bimetallic nanoparticles via surface inorganometallic chemistry. Science, 2018, 362: 6414.

[63] Cui X, Kong Z, Gao E. Rolling up transition metal dichalcogenide nanoscrolls via one drop of ethanol. Nature Communications, 2018, 9: 1301.

[64] Pham T, Oh S, Patrick S, et al. Torsional instability in the single-chain limit of a transition metal trichalcogenide. Science, 2018, 361(6399): 263.

[65] Peurifoy S, Castro E, Liu F, et al. Three-dimensional graphene nanostructures. Journal of the American Chemical Society, 2018, 140(30): 9341-9345.

[66] Lee H E, Ahn H Y, Mun J, et al. Amino-acid and peptide-directed synthesis of chiral plasmonic gold nanoparticles. Nature, 2018, 556(7701): 360.

[67] 115th Congress. National Quantum Initiative Act. https://www.congress.gov/bill/115th-congress/house-bill/6227[2018-12-21].

[68] European Commission. Quantum technologies flagship kicks off with first 20 projects. http://europa.eu/rapid/press-release_IP-18-6205_en.htm[2018-10-29].

[69] 科学技術振興機構. 光・量子飛躍フラッグシッププログラム(Q-LEAP). http://www.mext.go.jp/b_menu/boshu/detail/1402996.htm[2018-11-06].

[70] Department for Digital, Culture, Media & Sport; HM Treasury; the Rt Hon Philip Hammond. £80 million funding boost will help Scottish universities and businesses develop "quantum" technology that could help save lives. https://www.gov.uk/government/news/80-million-funding-boost-will-help-scottish-universities-and-businesses-develop-quantum-technology-that-could-help-save-lives[2018-09-06].

[71] Department for Business, Energy & Industrial Strategy; UK Research and Innovation; Department

for Digital, Culture, Media & Sport, et al. New funding puts UK at the forefront of cutting edge quantum technologies. https://www.gov.uk/government/news/new-funding-puts-uk-at-the-forefront-of-cutting-edge-quantum-technologies[2018-11-01].

[72] Bundesministerium für Bildung und Forschung. Quanten—ein neues Zeitalter? https://www.bmbf.de/de/quanten—ein-neues-zeitalter-7014.html[2018-09-26].

[73] Department of Energy. Basic research needs for dark matter small projects new initiatives. https://science.osti.gov/-/media/hep/pdf/Reports/Dark_Matter_New_Initiatives_rpt.pdf[2018-12-26].

[74] Directorate-General for Research and Innovation (European Commission). Re finding industry: defining innovation. https://publications.europa.eu/en/publication-detail/-/publication/28e1c485-476a-11e8-be1d-01aa75ed71a1[2018-04-23].

[75] ホームページ.ナノテクノロジー・材料科学技術研究開発戦略(素案). http://www.mext.go.jp/b_menu/shingi/gijyutu/gijyutu2/015-8/shiryo/__icsFiles/afieldfile/2018/07/24/1407207_3.pdf[2018-12-26].

Basic Sciences and Frontiers

Huang Longguang, Bian Wenyue, Zhang Chaoxing, Leng Fuhai

A number of breakthroughs have been made in the basic and frontier sciences in 2018. Major breakthroughs have been achieved in superconductivity, particle physics, quantum technology and so on. In chemistry, the convergence of automatic synthesis and artificial intelligence is changing traditional approaches of organic synthesis. The manufacture of nanomaterials becomes more simple and effective, boosting the development of many fields. Quantum technology strategies are developed in the US, Europe, Japan, the UK and Germany. Priority research directions of dark matter in the future are explored by the US Department of Energy. New key enabling technologies are identified for the Horizon Europe programme. Nanotechnology and materials research and development strategy is developed in Japan. These strategies aim to seize opportunities in achieving major breakthroughs in basic research and technological advancement in the future.

4.2 人口健康与医药领域发展观察

王 玥 许 丽 施慧琳 苏 燕 李祯祺 姚驰远 徐 萍
（中国科学院上海营养与健康研究所/中国科学院上海生命科学信息中心）

人口健康是重要的社会民生问题，科技是健康管理的有力保障。颠覆性技术、跨学科技术正在改变生命科学与医学研究范式、疾病诊疗模式和健康产业业态。人口健康科技的数字化、智能化、系统化、工程化趋势愈加明显；改造、仿生、再生、创生能力不断加强；精准防诊治模式不断深化，早预防、早诊断的水平不断提高，新型疗法不断取得突破；跨组学研究、人类表型组学、单细胞与细胞图谱研究，以及免疫视角的疾病发生机制受到重视。

一、重要研究进展

1. 生命解析更加系统化，从分子到细胞层面的基线研究不断取得突破

以单分子测序技术为代表的三代测序技术助力高质量基因组图谱的绘制，美国加州大学利用纳米孔测序技术生成了首个完整精确的人类Y染色体着丝粒图谱[1]。单细胞转录组测序技术进步使不同细胞类型得以精确识别和标记，为细胞图谱绘制铺平道路，浙江大学成功绘制首个哺乳动物细胞图谱[2]。修饰蛋白质富集技术和质谱分析技术的进步推进蛋白质修饰组学研究向深度覆盖、高特异性、高通量方向发展，以更好地应用于生物标志物和药物靶标发现以及疾病病理研究，德国马克斯-普朗克生物化学研究所（MPIB）基于磷酸化蛋白质组学揭示大脑中阿片类受体信号通路[3]。美国斯克里普斯研究所将代谢组学广泛应用于鉴定生物标志物和表征生物作用机制[4]。跨组学的系统研究成为趋势，美国癌症基因组图谱（TCGA）计划基于多组学数据和临床数据的综合分析成功绘制出“泛癌症图谱”（Pan-Cancer Altas）[5]；2018年，《自然》期刊采访了多位著名科学家，展望了2018年可能改变生命科学研究的六大技术和主题，瑞士苏黎世联邦理工学院系统生物学家Ruedi Aebersold提出“连接基因型和表型”是了解疾病发生、发展机制并开发新疗法的有效手段[6]；3月16日，《科学》期刊发表封面文章，报道了美国范德堡大学医学中心利用表型组研究新方法“表型风

险分数”预测人类遗传性疾病，表现出良好的应用潜力[7]。

单细胞技术的发展和细胞图谱绘制推动细胞层面的研究，新方向和新突破正在酝酿。美国斯坦福大学开发的STARmap方法[8]、美国俄勒冈健康与科学大学等机构合作研发的识别体内细胞亚型的高通量单细胞研究技术[9]相继面世，有助于基因和细胞的空间信息分析。美国哈佛大学等机构在单细胞水平上实现了热带爪蟾[10]、斑马鱼[11]胚胎发育图谱追踪，涵盖生物体的全部发育过程，入选《科学》期刊评选的2018年十大科学突破；哈佛大学研究人员构建了小鼠下丘脑视前区细胞空间图谱[12]，为更好地理解大脑运作方式奠定基础；北京大学、首都医科大学附属北京世纪坛医院，以及美国安进（AMGEN）公司等构建的肝癌[13]、非小细胞肺癌[14]和结直肠癌[15]微环境T细胞图谱为免疫治疗提供了新的指导性思路。

2. 人工智能与脑科学研究不断深入

脑科学研究为人工智能的发展注入了活力，深度学习、神经网络的发展都从脑科学研究中汲取了营养，而人工智能的进步又为脑科学研究提供了仿真模拟手段、系统与平台，将有助于最终解读人类意识。

可视化技术及类脑芯片的开发推动脑科学研究迈出新步伐，相关研究持续突破。技术上，清华大学、美国弗吉尼亚大学等基于G蛋白偶联受体的乙酰胆碱传感器（GACh）实现了神经元交流的可视化[16]；美国哈佛大学开发出的模拟血脑屏障的新型类脑芯片[17]可作为研究血脑屏障与大脑相互作用的有效模型。在脑细胞普查和基因组研究方面，美国“BRAIN计划”细胞普查网络（BICCN）项目首批数据包含130多万个鼠脑细胞的分子特征和解剖学数据；美国耶鲁大学等机构的研究人员通过对近2000个大脑[18-24]进行研究，完成了迄今最全面的人脑基因组分析，进而解析大脑发育和功能的复杂机制。

2018年，人工智能（artificial intelligence，AI）技术应用于疾病风险预测、诊断和病理分析的研究突破不断。例如，美国、英国、法国、加拿大、以色列等多国机构利用AI预测个体患急性骨髓性白血病[25]、心血管疾病[26]的风险，德国癌症研究中心、美国纽约大学医学院完成了脑肿瘤[27]、肺癌[28]的诊断与分型，美国谷歌DeepMind及我国广州医科大学联合美国加州大学圣迭戈分校等机构开发的系统可完成眼部疾病诊断[29,30]。AI医疗产品相继获批，美国食品药品监督管理局（Food and Drug Administration，FDA）批准AI设备IDx-DR上市，用于糖尿病患者对自身的视网膜病变的自我检查[31]；Aidoc公司开发的基于脑部CT图像的AI辅助分诊产品也获得FDA的批准上市，用于优化放射科医生工作流程[32]。

3. 改造、仿生、再生、创生能力不断加强

（1）基因编辑技术不断优化，推动相关领域变革性发展。基因编辑技术在编辑效率、精准度方面不断优化，美国哈佛大学、伊利诺伊大学和斯坦福大学先后实现了高通量精确基因编辑，可高效创建大量特定遗传变异[33-35]；我国上海科技大学、中国科学院马普计算生物学研究所发现基于人 APOBEC3A 的碱基编辑器（hA3A-BE）可在基因组高甲基化区域实现高效的甲基化胞嘧啶 mC 至胸腺嘧啶 T 单碱基编辑。深入研究发现，hA3A-BE 是一种普适且高效的碱基编辑器，可在已检测的多种环境中实现胞嘧啶 C[36]（或甲基化胞嘧啶 mC[37]）至胸腺嘧啶 T 的高效编辑；美国加州大学旧金山分校、英国阿斯利康公司使基因编辑技术的安全性得到进一步提升[38,39]；同时，美国加州大学伯克利分校、美国索尔克生物研究所（Salk Institute for Biological Studies）、美国麻省理工学院、美国哈佛大学等机构完成的 Cas14 酶[40]、Cas13d 酶[41,42]、ScCas9 酶[43]、xCas9 酶[44]、CasRx 酶[45]等的开发，进一步扩充了 CRISPR 系统的工具箱。应用上，中国科学院上海生命科学研究院植物生理生态研究所、德国马克斯·德尔布吕克（Max Delbrück）分子医学中心、美国哈佛医学院，以及中国科学院生物物理研究所与中国科学院动物研究所、暨南大学与中国科学院广州生物医药与健康研究院等机构利用基因编辑技术先后在人工改造染色体[46]、细胞发育谱系追踪[47,48]、动物模型构建[49,50]等领域取得突破性进展；美国迈阿密大学米勒医学院、英国剑桥大学、美国宾夕法尼亚大学、美国费城儿童医院、瑞士苏黎世联邦理工学院等机构的相关研究表明其在治疗线粒体疾病[51,52]和单基因突变遗传病[53,54]中的潜力开始显现，临床试验陆续获得批准开展，如 Editas 公司获得批准开展遗传性视网膜衰退疾病 LCA10 的基因编辑治疗临床试验。

（2）再生医学应用转化进程不断推进。在基础研究方面，中国科学院动物研究所等机构成功构建出具有两个父系基因组的孤雄小鼠[55]，日本京都大学等首次实现人类卵原细胞的体外构建[56]，中国科学院上海生命科学研究院等发现造血干细胞归巢机制[57]。在临床研究方面，美国西奈山伊坎医学院等利用干细胞结合基因疗法使先天眼盲小鼠重新产生视觉反应[58]；组织工程疗法展现出在多种疾病治疗中的稳定效果，我国首例接受干细胞结合复合胶原支架治疗卵巢早衰的患者成功产下健康婴儿[59]；3D 生物打印技术持续优化，美国哈佛大学、麻省理工学院等在保证一定的细胞存活率和多层结构同步打印等方面获得了突破[60]，助力组织工程技术的升级；美国索尔克生物研究所、美国圣迭戈州立大学开发的人类大脑类器官已经实现在小鼠体内的长时间存活[61]。克隆技术在灵长类动物中实现成功应用，中国科学院神经科学研究所成功构建了世界首例体细胞克隆猴[62]，对灵长类疾病模型的建立具有重要意义；器官移植领

域，德国慕尼黑大学等首次实现了猪心脏在狒狒体内的长期存活[63]，为人类心脏的异种移植奠定了坚实的基础。

（3）合成生物学研究从单一生物部件的设计，拓展到对多种基本部件和模块的整合。中国科学院上海生命科学研究院植物生理生态研究所等首次实现人工创建单条染色体的真核细胞[64]。美国联合生物能源研究所、美国加州大学洛杉矶分校等开发的基于末端脱氧核苷酸转移酶（TdT）的寡核苷酸合成策略[65]、能够低成本构建大型基因文库的 DropSynth[66]技术等标志着基因合成迈向高效率与低成本。天津大学联合英国帝国理工学院等机构联合开发的 SCRaMbLEd 等[67-72]一系列宏合成生物学技术[73]能够控制工程生命系统的进化。此外，美国麻省理工学院、以色列魏茨曼科学研究所、美国加州大学圣克鲁斯分校、美国加州大学伯克利分校及瑞士苏黎世联邦理工学院的研究显示，合成生物学不但在 DNA 编写器和分子记录器[74]、组织细胞编程[75]、生物电子学融合[76]等技术领域不断拓展，而且在基础生物化学[77]、临床疾病诊疗[78]、商品工业生产等应用领域进一步推广。

4. 精准医学研究不断推进，新型疗法取得突破

（1）精准医学研究持续推进。美国“精准医学计划百万人队列”项目正式开放全美招募。英国“十万人基因组计划”完成，又将启动全球最大规模（500 万人）的人群基因组计划。脑肿瘤[79]、头颈癌[80]、胃癌[81]等精准分型均有新突破；FDA 相继批准了首款针对泛实体瘤的全面基因组测序分析（Comprehensive Genomic Profiling，CGP）伴随诊断产品 FoundationOne CDx™、直接面向消费者的癌症风险 *BRCA* 基因检测产品。同时，我国相关创新活跃，厦门艾德生物医药科技股份有限公司、上海鹍远生物技术有限公司的多个自主研发的液体活检产品及上海君实生物医药科技股份有限公司、信达生物制药（苏州）有限公司的国产 PD-1 单抗药物相继获批上市，对国内患者临床用药选择具有积极意义。

（2）自 2017 年诺华（Novartis）公司的 CAR-T 疗法 Kymriah 作为首个获得美国 FDA 批准的基因疗法上市后，免疫治疗研究热度攀升，成为产业投资热点。美国丹娜-法伯癌症研究所（Dana-Farber Cancer Institute，DFCI）等机构在免疫治疗抵抗[82,83]研究中取得多项重要突破，新药发现和临床试验成果突出，有望推广应用于更多适应证。美国 MD 安德森癌症中心等机构利用异体 T 细胞治愈了进行性多灶性白质脑病（progressive multifocal leukoencephalopathy，PML）的多例患者[84]。英国葛兰素史克公司研发了干扰素基因刺激蛋白（STING）的小分子激动剂，为肿瘤免疫治疗提供了新的候选药物[85]。

（3）基因疗法、RNAi 疗法等新型疗法从临床研究走向产业。2018 年，FDA 发

布了一系列针对特定疾病的基因疗法指南草案，为基因疗法的临床前测试、临床试验设计和产品开发提供规范和指导。2018 年 8 月，FDA 又批准了首个基于核酸干扰（RNA interference，RNAi）技术的治疗药物 Onpattro，用于治疗成人患者因遗传性转甲状腺素蛋白淀粉样变性（hATTR）引发的神经损伤[86]。

（4）人类微生物组与健康研究从菌群普查和关联性研究，向因果机制揭示和应用性研究迈进。美国克利夫兰诊所基于胆碱类似物阻止肠道微生物分泌三甲胺 N-氧化物从而显著降低心血管疾病风险[87]等人体微生物组调控的疾病疗法。以色列魏茨曼科学研究所的研究分别证实：益生菌肠道定植存在个体化差异[88]，抗生素治疗后使用益生菌会阻碍肠道微生物组的恢复[89]。益生菌产品研发和使用正向个体化方向发展，未来进一步实现对人类微生物组的精准调控，将真正发挥其益生功能。

二、重大战略行动

1. 美国持续推进生物大数据的标准化与高效利用

2018 年 6 月，美国国立卫生研究院（NIH）发布了“数据科学战略计划”（Strategic Plan for Data Science）[90]，为 NIH 资助的“生物医药数据科学生态系统现代化建设”制订发展路线图。其核心目标包括：解决数据存储的高效性和安全性问题，以及最大化利用；发展壮大一支能够充分利用先进数据科学理论和信息技术的研究队伍；为数据使用中涉及的成果产出、使用过程的高效性和安全性，以及相关伦理问题制定相应的策略方针。最终确保由 NIH 资助的全部数据科学活动和相应产品能够符合 FAIR 原则，即数据可检索（findable）、可访问（accessible）、可交互使用（interoperable）和可重复使用（reusable）。

2. 欧盟“地平线欧洲”计划正在研讨制定

欧盟“地平线 2020”计划完成后，将启动“地平线欧洲”计划。2018 年 4 月，欧盟委员会发布由工业技术高级独立小组撰写的报告《重新发现工业：界定创新》（*Re-Finding Industry：Defining Innovation*），为“地平线欧洲”的制订确定了新的关键使能技术（key enabling technology，KET）[91]，包括先进制造技术、先进材料和纳米技术、微/纳米电子学和光子学、生命科学技术人工智能、数字安全和互连。同年 6 月，欧盟委员会发布“地平线欧洲”计划实施方案提案，提出了 2021～2027 年的发展目标和行动路线[92]。其中，健康领域共包含六个主题，分别是：①全生命周期健康；②影响健康的环境与社会因素；③非传染性疾病与罕见病；④传染病；⑤卫生和保健相关工具、技术和数字化解决方案；⑥卫生保健系统。

3. 英国大力发展健康产业，将其作为退出欧盟后提振经济的重要战略举措

2018 年 12 月 5 日，英国发布了第二轮《产业战略：生命科学部门协定》（*Industrial Strategy*：*Life Sciences Sector Deal* 2）[93]，进一步推出系列重大创新项目和配套措施，以确保英国生命科学领域创新在全球的领先地位。该战略包括：①建设世界领先的健康队列；②未来 5 年完成全球首个 100 万人全基因组测序，以及在同一阶段完成 500 万人基因组分析；③支持数字病理学和放射学研究计划；④支持区域数字创新中心网络建设，提供专家临床研究数据服务，以及推动数据分析和共享。

4. 细胞图谱研究逐渐受到各国政府重视

在“陈-扎克伯格计划”（Chan Zuckerberg Initiative，CZI）的资助下，“人类细胞图谱”（Human Cell Atlas，HCA）计划已经开展了 123 个研究项目，并已经获得了首批的细胞分析数据[94]。此外，欧盟“地平线 2020”计划、英国医学研究理事会（Medical Research Council，MRC），以及维康信托基金会等私营基金均向 HCA 计划投资。同时，美国 NIH 也启动了细胞图谱相关计划——“人类生物分子图谱计划”（Human BioMolecular Atlas Program，HuBMAP），足见细胞水平的基线研究——图谱绘制研究已经受到重视。

5. 2018 年，国际大科学计划陆续酝酿启动

“地球生物基因组计划”（Earth BioGenome Project，EBP）启动，其目标是在 10 年内，对约 150 万种已知真核生物进行测序和序列注释。该计划由美国加州大学戴维斯分校的科学家于 2017 年 2 月倡议，获得了美国、英国、挪威、巴西、中国等多个国家科学家的积极响应。2018 年 3 月，科学家在《科学》期刊上发文，宣布 2018 年启动“全球病毒组计划”（Global Virome Project）。这是一项国际合作计划，耗资 12 亿美元，历时 10 年，旨在鉴定出地球上大部分未知病毒，并阻止其传播。

三、启示与建议

当今，科技竞争日益加剧，健康科技与产业更是各国战略必争领域。学科会聚、技术驱动、创新要素整合，推动健康科技进程不断加速，基础、转化、产业应用的界限愈加模糊，创新和产业链条大大缩短，企业创新空前活跃，由原来的转化和产业开发为主向基础研究渗透。因此，更加需要与之相匹配的、灵活的、更加激发创新活

力、创新主体更加融合的科技规划与管理政策。

人工智能、基因编辑、合成生物学、再生医学等新兴技术的快速发展，给监管和伦理规范带来了挑战，必须及时制定相应的监管和伦理规范，以应对新技术可能带来的风险和伦理问题。

大数据研究范式、个体化医疗模式需要个体数据，因此需要很好地解决科技、社会学、经济学的关系，解决数据安全、数据共享与隐私保护问题，加强科普宣传，鼓励人人参与，大力推动健康科技发展。

致谢：复旦大学金力院士、上海交通大学医学院陈国强院士在本文的撰写过程中提出了宝贵的意见和建议，在此谨致谢忱！

参考文献

[1] Jain M, Olsen H E, Turner D J, et al. Linear assembly of a human centromere on the Y chromosome. Nature Biotechnology, 2018, 36(4): 321-323.

[2] Han X, Wang R, Zhou Y, et al. Mapping the mouse cell atlas by microwell-seq. Cell, 2018, 172(5): 1091-1107.

[3] Liu J J, Sharma K, Zangrandi L, et al. In vivo brain GPCR signaling elucidated by phosphoproteomics. Science, 2018, 360(6395): eaao4927.

[4] Guijas C, Montenegro-Burke J R, Warth B, et al. Metabolomics activity screening for identifying metabolites that modulate phenotype. Nature Biotechnology, 2018, 36(4): 316-320.

[5] TCGA. Welcome to the Pan-Cancer Atlas. https://www.cell.com/pb-assets/consortium/PanCancerAtlas/PanCani3/index.html? code=cell-site[2019-01-25].

[6] Powell K. Technology to watch in 2018. https://www.nature.com/articles/d41586-018-01021-5. [2019-01-25].

[7] Bastarache L, Hughey J J., Hebbring S, et al. Phenotype risk scores identify patients with unrecognized Mendelian disease patterns. Science, 2018, 359(6381): 1233-1239.

[8] Wang X, Allen W E, Wright M A, et al. Three-dimensional intact-tissue sequencing of single-cell transcriptional states. Science, 2018, 361(6400): eaat5691.

[9] Mulqueen R M, Pokholok D, Norberg S J, et al. Highly scalable generation of DNA methylation profiles in single cells. Nature Biotechnology, 2018, 36(5): 428.

[10] Briggs J A, Weinreb C, Wagner D E, et al. The dynamics of gene expression in vertebrate embryogenesis at single-cell resolution. Science, 2018, 360(6392): eaar5780.

[11] Wagner D E, Weinreb C, Collins Z M, et al. Single-cell mapping of gene expression landscapes and lineage in the zebrafish embryo. Science, 2018, 360(6392): 981-987.

[12] Moffitt J R, Bambah-Mukku D, Eichhorn S W, et al. Molecular, spatial, and functional single-cell

profiling of the hypothalamic preoptic region. Science,2018,362(6416):eaau5324.

[13] Zheng C,Zheng L,Yoo J K,et al. Landscape of infiltrating T cells in liver cancer revealed by single-cell sequencing. Cell,2017,169(7):1342-1356.

[14] Guo X,Zhang Y,Zheng L,et al. Global characterization of T cells in non-small-cell lung cancer by single-cell sequencing. Nature Medicine,2018,24(7):978.

[15] Zhang L,Yu X,Zheng L,et al. Lineage tracking reveals dynamic relationships of T cells in colorectal cancer. Nature,2018,564(7735):268.

[16] Jing M,Zhang P,Wang G F,et al. A genetically encoded fluorescent acetylcholine indicator for in vitro and in vivo studies. Nature Biotechnology,2018,36:726-737.

[17] Maoz B M,Herland A,FitzGerald E A,et al. A linked organ-on-chip model of the human neurovascular unit reveals the metabolic coupling of endothelial and neuronal cells. Nature Biotechnology,2018,36:865-874.

[18] Li M F,Santpere G,Kawasawa Y I,et al. Integrative functional genomic analysis of human brain development and neuropsychiatric risk. Science,2018,362(6420):eaat7615.

[19] Gandal M J,Zhang P,Hadjimichael E,et al. Transcriptome-wide isoform-level dysregulation in ASD,schizophrenia,and bipolar disorder. Science,2018,362(6420):eaat8127.

[20] Wang D F,Liu S,Warrell J,et al. Comprehensive functional genomic resource and integrative model for the human brain. Science,2018,362(6420):eaat8464.

[21] Zhu Y,Sousa A M M,Gao T,et al. Spatiotemporal tranomic divergence across human and macaque brain development. Science,2018,362(6420):eaat8077.

[22] Amiri A,Coppola G,Scuderi S,et al. Tranome and epigenome landscape of human cortical development modeled in organoids. Science,2018,362(6420):eaat6720.

[23] Rajarajan P,Borrman T,Liao W,et al. Neuron-specific signatures in the chromosomal connectome associated with schizophrenia risk. Science,2018,362(6420):eaat4311.

[24] An J-Y,Lin K,Zhu L X,et al. Genome-wide de novo risk score implicates promoter variation in autism spectrum disorder. Science,2018,362(6420):eaat6576.

[25] Abelson S,Collord G,Ng S W K,et al. Prediction of acute myeloid leukaemia risk in healthy individuals. Nature,2018,559:400-404.

[26] Poplin R,Varadarajan A V,Blumer K,et al. Prediction of cardiovascular risk factors from retinal fundus photographs via deep learning. Nature Biomedical Engineering,2018,2:158-164.

[27] Capper D,Jones D T W,Sill M,et al. DNA methylation-based classification of central nervous system tumours. Nature,2018,555:469-474.

[28] Coudray N,Ocampo P S,Sakellaropoulos T,et al. Classification and mutation prediction from non-small cell lung cancer histopathology images using deep learning. Nature Medicine,2018,24:1559-1567.

[29] de Fauw J,Ledsam J R,Romera-Paredes B,et al. Clinically applicable deep learning for diagnosis

and referral in retinal disease. Nature Medicine, 2018, 24: 1342-1350.

[30] Kermany D S, Goldbaum M, Cai W J, et al. Identifying medical diagnoses and treatable diseases by image-based deep learning. Cell, 2018, 172(5): 1122-1131.

[31] FDA. FDA permits marketing of artificial intelligence-based device to detect certain diabetes-related eye problems. https://www.fda.gov/news-events/press-announcements/fda-permits-marketing-artificial-intelligence-based-device-detect-certain-diabetes-related-eye[2019-01-25].

[32] Aidoc. Deep learning tailored for radiology. https://www.aidoc.com/[2019-1-25].

[33] Guo X, Chavez A, Tung A, et al. High-throughput creation and functional profiling of DNA sequence variant libraries using CRISPR-Cas9 in yeast. Nature Biotechnology, 2018, 36: 540-546.

[34] Bao Z, HamediRad M, Xue P, et al. Genome-scale engineering of *Saccharomyces cerevisiae* with single-nucleotide precision. Nature Biotechnology, 2018, 36: 505-508.

[35] Roy K R, Smith J D, Vonesch S C, et al. Multiplexed precision genome editing with trackable genomic barcodes in yeast. Nature Biotechnology, 2018, 36: 512-520.

[36] Li X, Wang Y, Liu Y, et al. Base editing with a Cpf1-cytidine deaminase fusion. Nature Biotechnology, 2018, 36: 324-327.

[37] Wang X, Li J, Wang Y, et al. Efficient base editing in methylated regions with a human APOBEC3A-Cas9 fusion. Nature Biotechnology, 2018, 36: 946-949.

[38] Roth T L, Puigsaus C, Yu R, et al. Reprogramming human T cell function and specificity with non-viral genome targeting. Nature, 2018, 559: 405-409.

[39] Pinar A, Bobbin M L, Guo J A, et al. In vivo CRISPR editing with no detectable genome-wide off-target mutations. Nature, 2018, 561: 416-419.

[40] Lucas B H, David B, Janice S C, et al. Programmed DNA destruction by miniature CRISPR-Cas14 enzymes. Science, 2018, 362: 839-842.

[41] Yan W X, Chong S, Zhang H, et al. Cas13d is a compact RNA-targeting type Ⅵ CRISPR effector positively modulated by a WYL-domain-containing accessory protein. Molecular Cell, 2018, 70(2): 327-339.

[42] Zhang C, Konermann S, Brideau N J, et al. Structural basis for the RNA-guided ribonuclease activity of CRISPR-Cas13d. Cell, 2018, 175(1): 212-223.

[43] Chatterjee P, Jakimo N, Jacobson J M. Minimal PAM specificity of a highly similar SpCas9 ortholog. Science Advances, 2018, 4(10): 0766.

[44] Hu J H, Miller S M, Geurts M H, et al. Evolved Cas9 variants with broad PAM compatibility and high DNA specificity. Nature, 2018, 556: 57-63.

[45] Konermann S, Lotfy P, Brideau N J, et al. Transcriptome engineering with RNA-targeting type Ⅵ-D CRISPR effectors. Cell, 2018, 173(3): 665-676.

[46] Shao Y, Ning L, Wu Z, et al. Creating a functional single-chromosome yeast. Nature, 2018, 560: 331-335.

[47] Spanjaard B, Hu B, Mitic N, et al. Simultaneous lineage tracing and cell-type identification using CRISPR-Cas9-induced genetic scars. Nature Biotechnology, 2018, 36: 469-473.

[48] Reza K, Kian K, Leo M, et al. Developmental barcoding of whole mouse via homing CRISPR. Science, 2018, 361: eaat9804.

[49] Weiqi Z, Haifeng W, Guihai F, et al. SIRT6 deficiency results in developmental retardation in cynomolgus monkeys. Nature, 2018, 560: 661-665.

[50] Yan S, Tu Z, Liu Z, et al. A Huntingtin knockin pig model recapitulates features of selective neurodegeneration in Huntington's disease. Cell, 2018, 173(4): 989-1002.

[51] Bacman S R, Kauppila J H K, Pereira C V, et al. MitoTALEN reduces mutant mtDNA load and restores tRNAAla levels in a mouse model of heteroplasmic mtDNA mutation. Nature Medicine, 2018, 24: 1696-1700.

[52] Payam A G, Carlo V, Marie-Lune S, et al. Genome editing in mitochondria corrects a pathogenic mtDNA mutation in vivo. Nature Medicine, 2018, 24: 1691-1695.

[53] Rossidis A C, Stratigis J D, Chadwick A C, et al. In utero CRISPR-mediated therapeutic editing of metabolic genes. Nature Medicine, 2018, 24: 1513-1518.

[54] Villiger L, Grisch-Chan H M, Lindsay H, et al. Treatment of a metabolic liver disease by *in vivo* genome base editing in adult mice. Nature Medicine, 2018, 24: 1519-1525.

[55] Li Z K, Wang L Y, Wang L B, et al. Generation of bimaternal and bipaternal mice from hypomethylated haploid ESCS with imprinting region deletions. Cell Stem Cell, 2018, 23(5): 665-676.

[56] Yamashiro C, Sasaki K, Yabuta Y, et al. Generation of human oogonia from induced pluripotent stem cells in vitro. Science, 2018, 362(6412): 356-360.

[57] Li D T, Xue W Z, Li M, et al. VCAM-1^+ macrophages guide the homing of HSPCs to a vascular niche. Nature, 2018, 564: 119-124.

[58] Yao K, Qiu S, Wang Y V, et al. Restoration of vision after de novo genesis of rod photoreceptors in mammalian retinas. Nature, 2018, 560(7719): 484-488.

[59] 中国科学院. 干细胞与再生医学技术治疗卵巢早衰喜获成功. http://www.cas.cn/jh/201804/t20180427_4643835.shtml[2019-01-25].

[60] Pi Q, Maharjan S, Yan X, et al. Digitally tunable microfluidic bioprinting of multilayered cannular tissues. Advanced Materials, 2018, 30(43): 1706913.

[61] Mansour A A F, Gonçalves J T, Bloyd C W, et al. An *in vivo* model of functional and vascularized human brain organoids. Nature Biotechnology, 2018, 36: 432-441.

[62] Liu Z, Cai Y, Wang Y, et al. Cloning of macaque monkeys by somatic cell nuclear transfer. Cell, 2018, 172: 1-7.

[63] Längin M, Mayr T, Reichart B, et al. Consistent success in life-supporting porcine cardiac xenotransplantation. Nature, 2018, 564: 430-433.

[64] Shao Y, Lu N, Wu Z, et al. Creating a functional single-chromosome yeast. Nature, 2018, 560

(7718):331.
[65] Palluk S, Arlow D H, de Rond T, et al. De novo DNA synthesis using polymerase-nucleotide conjugates. Nature Biotechnology, 2018, 36: 645-650.
[66] Plesa C, Sidore A M, Lubock N B, et al. Multiplexed gene synthesis in emulsions for exploring protein functional landscapes. Science, 2018, 359(6373): 343-347.
[67] Luo Z, Wang L, Wang Y, et al. Identifying and characterizing SCRaMbLEd synthetic yeast using ReSCuES. Nature Communications, 2018, 9(1): 1930.
[68] Hochrein L, Mitchell L A, Schulz K, et al. L-SCRaMbLE as a tool for light-controlled Cre-mediated recombination in yeast. Nature Communications, 2018, 9(1): 1931.
[69] Jia B, Wu Y, Li B Z, et al. Precise control of SCRaMbLE in synthetic haploid and diploid yeast. Nature Communications, 2018, 9(1): 1933.
[70] Shen M J, Wu Y, Yang K, et al. Heterozygous diploid and interspecies SCRaMbLEing. Nature Communications, 2018, 9(1): 1934.
[71] Wu Y, Zhu R Y, Mitchell L A, et al. In vitro DNA SCRaMbLE. Nature Communications, 2018, 9(1): 1935.
[72] Liu W, Luo Z, Wang Y, et al. Rapid pathway prototyping and engineering using in vitro and in vivo synthetic genome SCRaMbLE-in methods. Nature Communications, 2018, 9(1): 1936.
[73] Blount B A, Gowers G O F, Ho J C H, et al. Rapid host strain improvement by in vivo rearrangement of a synthetic yeast chromosome. Nature Communications, 2018, 9(1): 1932.
[74] Farzadfard F, Lu T K. Emerging applications for DNA writers and molecular recorders. Science, 2018, 361(6405): 870-875.
[75] Glass D S, Alon U. Programming cells and tissues. Science, 2018, 361(6408): 1199-1200.
[76] Selberg J, Gomez M, Rolandi M. The potential for convergence between synthetic biology and bioelectronics. Cell Systems, 2018, 7(3): 231-244.
[77] Budin I, Keasling J D. Synthetic biology for fundamental biochemical discovery. Biochemistry, 2018, 58(11): 1464-1469.
[78] Teixeira A P, Fussenegger M. Engineering mammalian cells for disease diagnosis and treatment. Current Opinion in Biotechnology, 2019, 55: 87-94.
[79] Capper D, Jones D T W, Sill M, et al. DNA methylation-based classification of central nervous system tumours. Nature, 2018, 555: 469-474.
[80] Puram S V, Tirosh I, Parikh A S, et al. Single-cell transcriptomic analysis of primary and metastatic tumor ecosystems in head and neck cancer. Cell, 2018, 171(7): 1611-1624.
[81] Ge S, Xia X, Ding C, et al. A proteomic landscape of diffuse-type gastric cancer. Nature Communications, 2018, 9(1): 1012.
[82] Miao D, Margolis C A, Gao W, et al. Genomic correlates of response to immune checkpoint therapies in clear cell renal cell carcinoma. Science, 2018, 359(6377): 801-806.

[83] Pan D, Kobayashi A, Jiang P, et al. A major chromatin regulator determines resistance of tumor cells to T cell-mediated killing. Science, 2018, 359(6377): 770-775.

[84] Muharrem M, Amanda O, David M, et al. Allogeneic BK virus-specific T cells for progressive multifocal leukoencephalopathy. The New England Journal of Medicine, 2018, 379: 1443-1451.

[85] Ramanjulu J M, Pesiridis G S, Yang J, et al. Design of amidobenzimidazole STING receptor agonists with systemic activity. Nature, 2018, 564: 439-443.

[86] FDA. FDA approves first-of-its kind targeted RNA-based therapy to treat a rare disease. https://www.fda.gov/NewsEvents/Newsroom/PressAnnouncements/ucm616518.htm[2019-01-25].

[87] Roberts A B, Gu X, Buffa J A, et al. Development of a gut microbe-targeted nonlethal therapeutic to inhibit thrombosis potential. Nature Medicine, 2018, 24(9): 1407-1417.

[88] Zmora N, Zilberman-Schapira G, Suez J, et al. Personalized gut mucosal colonization resistance to empiric probiotics is associated with unique host and microbiome features. Cell, 2018, 174(6): 1388-1405.

[89] Suez J, Zmora N, Zilberman-Schapira G, et al. Post-antibiotic gut mucosal microbiome reconstitution is impaired by probiotics and improved by autologous FMT. Cell, 2018, 174(6): 1406-1423.

[90] NIH. NIH releases strategic plan for data science. https://www.nih.gov/news-events/news-releases/nih-releases-strategic-plan-data-science[2019-01-25].

[91] European Commission. Re-finding industry: defining innovation. https://publications.europa.eu/en/publication-detail/-/publication/28e1c485-476a-11e8-be1d-01aa75ed71a1[2019-01-25].

[92] European Commission. Proposal for a Decision of the European Parliament and of the Council on establishing the specific programme implementing *Horizon Europe—the Framework Programme for Research and Innovation*. https://ec.europa.eu/commission/sites/beta-political/files/budget-may2018-horizon-europe-decision_en.pdf[2019-01-25].

[93] HM Government. Industrial Strategy: Life Sciences Sector Deal 2. https://assets.publishing.service.gov.uk/government/uploads/system/uploads/attachment_data/file/761588/life-sciences-sector-deal-2-web-ready-version.pdf[2019-01-25].

[94] Human Cell Atlas. Human Cell Atlas takes first steps towards understanding early human development: first 250 thousand developmental cells sequenced. https://www.humancellatlas.org/news/15[2019-01-25].

Public Health and Technology

Wang Yue, Xu Li, Shi Huilin, Su Yan,
Li Zhenqi, Yao Chiyuan, Xu Ping

Human health is an important social and livelihood issue. In 2018, technology progress and disciplinary convergence promote human health towards digitalization, intellectualization, systematization and engineering. Based on the analysis of the important strategic plans and policy measures, and the summary of latest progress and major breakthroughs in the human health, this paper grasp the development trend, hot spots and research frontiers in the field, forecasts the future development prospects of human health, and puts forward some suggestions for the development of our country.

4.3　生物科技领域发展观察

丁陈君　陈　方　郑　颖　吴晓燕

（中国科学院成都文献情报中心）

2018 年，生物科技领域成果不断，亮点纷呈：以合成生物技术、基因编辑技术等为代表的前沿技术进入快速发展期，应用范围不断拓展；新型 DNA 测序技术促进生物资源的挖掘利用；光合作用机理解析等热点基础研究成果推动农业生物技术应用的快速发展，为解决粮食安全等挑战提供新的解决方案；与人工智能等信息技术的交叉融合引领生物技术创新进入全新范式。生物科技领域展现出巨大的发展潜力，在推动经济社会发展方面发挥了越来越重要的引领作用。

一、国际重大研究进展与趋势

生物科技领域取得的突破创新一次又一次刷新了人类的认识，其中，中国科学家为这些重大成果做出了杰出贡献。

1. “建物致知”理念向纵深发展，推动更广泛的应用创新

基于合成生物学研究的颠覆性创新研发突破为科技和产业革命带来巨大推动力。中国科学院研究团队在国际上首次成功创建出含有单条染色体的酵母细胞[1]，表明复杂的生命形式也可以以简约化、全新的形式来表现，让人们对生命本质的理解更进一步，该项成果也是合成生物学领域的里程碑；同期，美国纽约大学研究人员也利用类似技术将酵母染色体融合在一起，最终获得拥有两条染色体的酵母细胞[2]。在合成生物技术应用领域，美国华盛顿大学等机构合作首次实现了从头设计合成一个蛋白抗癌药物[3]；加州理工学院利用工程病毒蛋白酶构建可编程的蛋白电路在哺乳动物活细胞中实现信号通路的调节功能[4]；麻省理工学院在活细胞内构建可编程的顺序逻辑电路，可根据细胞内的信号反馈调控细胞向不同方向分化[5]；韩国科学技术研究院的研究者开发了一种有助于构建高效微生物细胞工厂的新型生物传感器[6]；德国法兰克福大学的研究者成功设计了非核糖体肽合成酶（NRPS），使得其催化全新的反应以获得目标产物[7]；英国华威大学等机构合作通过人工合成 16S rRNA，减轻了人工蛋白合

成通路和细胞内原始蛋白合成通路间对核糖体资源的竞争，进而增强了细胞生产抗生素和其他有用化合物的能力[8]；美国 Synlogic 公司利用合成生物学开发益生菌“活体药物”SYNB1618[9]和 SYNB1020[10]，可用于代谢缺陷疾病的治疗；美国加州大学河滨分校和斯坦福大学研究人员在酵母中从头构建了生物碱药物那可丁的生物合成途径[11]。中国科学院天津工业生物技术研究所通过代谢调控与发酵优化成功在大肠杆菌中实现了维生素 B12 的高效从头合成[12]。

2. CRISPR 相关研究热度延续，应用领域大量扩展

CRISPR 介导的基因编辑技术从一问世就备受瞩目，几年过去仍热度不减，各国科学家对该技术的深入研究正在如火如荼地进行，以挖掘其巨大潜力，不断扩展应用领域。两大国际顶尖研发团队——美国博德研究所张峰团队和加州大学伯克利分校杜德纳（Doudna）团队同期推出可检测病毒感染的 SHERLOCK 系统[13]和 DETECTR 系统[14]；中国科学家领衔的国际研究团队利用基因编辑和体细胞核移植技术，首次将人的亨廷顿突变基因导入猪，构建了更能准确模拟神经退行性疾病的动物模型[15]；美国加州大学旧金山分校等机构研究人员利用新开发的移动 CRISPR 编辑系统来应对抗生素耐药性[16]。在动植物基因编辑领域，中国科学院研究人员利用基因编辑技术取得多项成果，包括在家蚕丝腺和蚕茧中大量表达蜘蛛丝蛋白[17]，加速了野生植物的人工驯化[18]，在小麦、水稻及马铃薯中成功实现高效单碱基编辑[19]。

3. 以单分子测序为代表的第三代测序技术为生物基因资源挖掘利用提供了强有力的技术支撑

基因测序技术经过快速发展，形成了以 Pacific Biosciences（PacBio）公司（处于被 Illumina 公司收购的流程）的 SMRT 技术和 Oxford Nanopore Technologies 公司的纳米孔单分子技术为代表的三代测序技术，凭借其在读长和测序速度方面的优势，研究人员获得了许多高质量的基因组图谱，尤其是针对基因组庞大、多倍化且存在大量重复区域的植物基因组，例如乌拉尔图小麦 A 基因组、月季、甘蔗、罂粟、玉米等在内的多种植物[20]。由 20 个国家的研究人员组成的国际小麦基因组测序联盟（International Wheat Genome Sequencing Consortium，IWGSC）对制作面包的小麦 21 条染色体上的 10.7 万个基因进行鉴定，绘制了最完善的小麦基因组图谱[21]。在动物基因组测序方面，研究人员结合 Illumina 短读长和 PacBio 长读长测序技术，对考拉、金枪鱼、小龙虾、海蟾蜍、乌龟和鹦鹉等的基因组进行全面解析。此外，脊椎动物基因组计划发布了首批 15 个高质量的参考基因组，使得高质量动物参考基因组的数量增加了一倍[22]。

4. 植物生理生化机制解析促成了农业生产质的飞跃，为应对全球粮食危机提供更优途径

除了上述在作物基因编辑领域的研究成果，全球科学家还在光合机理、增产抗病机理、分子设计育种、无融合生殖研究等方面都取得了重要突破。德国马克斯普朗克研究所联合日本大阪大学等机构合作探明了光合复合体Ⅰ的结构和功能，填补了光合电子传递途径方面的最后一个主要空白[23]；美国伊利诺伊大学等机构研究人员调整了烟草植物光呼吸过程产生的乙醇酸的代谢利用途径，使其比未经改造的植物在光合效率方面提高了 40%[24]；中国科学院等机构合作揭示水稻高产高抗调控新机制[25]。美国加州大学戴维斯分校研究人员通过基因改造技术，成功实现了水稻的无性繁殖[26]；无独有偶，中国农业科学院研究人员利用基因编辑技术也成功建立了水稻无融合生殖体系[27]。这种通过种子进行的无性繁殖方式，固定了杂交优势，为传统作物育种和生产插上了腾飞的翅膀。

5. 生物科技与计算机技术、人工智能等交叉融合，为第四次工业革命带来新的机遇

利用人工智能相关技术挖掘和利用新型遗传资源、辅助蛋白结构预测和设计等越来越受到重视，成为多学科交叉前沿热点领域。2016 年，《科学》期刊将蛋白质计算设计遴选为年度十大科技突破；2017 年，美国化学会将人工智能设计新型蛋白质结构列为化学领域八大科研进展之首。谷歌推出的最新人工智能“阿尔法折叠”(AlphaFold) 程序，成功根据基因序列预测蛋白质的 3D 结构；美国合成生物学初创公司 Zymergen 利用人工智能加速工程菌改造和结果测试[28]；中国科学院研究团队通过使用人工智能计算技术，构建出一系列的新型酶蛋白，实现了自然界未曾发现的催化反应，这也是世界上首次通过完全的计算指导，获得了工业级微生物工程菌株，开启新一代生物制造[29]；美国能源部联合基因组研究所研究人员借助人工智能技术发现近 6000 种新型病毒[30]；耶鲁大学研究者通过测量蛋白质中的氨基酸关联网络交互信息的特征向量中心性来揭示氨基酸之间复杂的相互作用从而产生变构信号的调控机制[31]；英国牛津大学、美国加州大学圣迭哥分校等机构利用人工智能在预测酶活性方面都取得了进展[32,33]。计算机辅助设计基因电路避免了传统定制方法的费力和容易出错的不足，使得研究人员设计复杂遗传电路的过程自动化。Cello、j5 和 iBioSim 等现有工具可以将电路编织成全基因组或设计数千种突变体来检测基因、酶或蛋白质结构域的不同组合，并预测其功能。多学科交叉开启了人们解决很多问题的新模式，信息技术在生物科技领域的应用可能会给其他领域的应用推广带来启发。

二、国际重大战略规划和政策措施

1. 加强生物经济战略布局，绘制可持续发展蓝图

生物经济是继农业经济、工业经济、信息经济后出现的一种全新经济形态，以生物资源和生物技术为基础，对实现经济社会可持续发展发挥重要作用，将对工农业生产、人类生活产生深远影响。经济合作与发展组织（OECD）于2018年4月发布《面向可持续生物经济的政策挑战》研究报告，指出世界各国对生物经济的关注已从最初对利益层面的关注发展到纳入政策主流的重视。欧盟委员会发布新版生物经济战略——《欧洲可持续发展生物经济：加强经济、社会和环境之间的联系》，作为欧盟委员会促进就业、增长和投资的重要举措之一。同时，欧盟投资银行宣布面向农业和生物经济领域启动一项新的融资举措，金额近10亿欧元，以增强欧洲企业在生物经济和农业领域的竞争力，进一步提高生物经济领域的影响力和帮助提升私人及中小型企业的创新能力。欧盟生物产业联盟在2017年征集的17个新项目的资助获批，寻找诸如原料供应、优化处理和创新生物基产品的商业化等欧洲当前面临的战略问题的解决方案。美国在纲领性战略《国家生物经济蓝图》的指导下，逐步细化各项规划和举措，例如生物质研究和发展（Biomass Research and Development，BR&D）委员会于2019年2月发布《生物经济计划实施框架》，旨在解决先进的藻类系统、原料遗传改良、原料生产和管理、生物质转化和碳利用、运输配送相关基础设施，以及可持续性等方面的知识和技术鸿沟；能源部投入8000万美元支持早期生物质能源研发，致力于解决丰富多样的生物资源所面临的各种技术问题。2018年12月，英国商务、能源和工业战略部发布《发展生物经济——改善民生及强化经济：至2030年国家生物经济战略》报告，这项战略作为英国工业战略的一部分，旨在确保英国建立世界一流的生物经济体系，消除对有限土地资源的过分依赖，同时提高城市、乡村和社区的生产力[34]。不仅美欧等发达经济体，印度、马来西亚等新兴和发展中国家也积极出台生物经济相关战略，制定相关的高新技术和新兴产业创新政策。非洲和拉美地区的国家虽然没有明确的发展战略，但也提出了发展愿景。

2. 重视基础科学研发，不断提升核心竞争力

生物科技领域发展日新月异，多国出台了各自的发展战略，以追求在该领域的卓越能力和占据全球领先地位。2018年10月，美国食品药品监督管理局发布动植物生物技术创新行动计划，支持动植物生物技术创新并促成该机构公共卫生使命的优先事

项。2018 年 9 月，英国生物技术与生物科学研究理事会（Biotechnology and Biological Sciences Research Council，BBSRC）发布指导生物科学发展方向的新版路线图——《英国生物科学前瞻》，内容包括深化生物科学前沿发现、解决战略挑战和建立坚实基础三大部分[35]。2018 年 9 月，德国政府发布《高技术战略 2025》，明确了未来 7 年研究和创新政策的具体任务、标志性目标和重点领域，生物技术作为其中一项高技术做出了重要部署[36]。2018 年 2 月，俄罗斯政府出台了《2018—2020 年生物技术和基因工程发展措施计划》，确定了九大优先领域的具体措施。

3. 增强生物防御风险意识，提高抗风险能力

生物科技领域前沿新兴技术的飞速发展和重大传染病等威胁对国家安全和公共健康等构成了重大挑战。2018 年 6 月，美国国家科学院发布了一份由 13 名领域内权威科学家共同撰写的《合成生物学时代的生物防御》报告[37]，提出了由美国国防部与美国国家科学院、国家工程院和国家医学院合作制定的一个框架，用于指导评估与合成生物学相关的生物安全问题，找出有助于解决这些问题的方案。2018 年 9 月，美国白宫首次发布《国家生物防御战略》[38]，这是一项旨在全面解决各种生物威胁的系统性战略，同时指示成立一个新的内阁级生物防御指导委员会，以更有效地评估、预防、检测生物威胁，提高生物防御单位防风险能力、做好生物防御准备工作、建立迅速响应机制，以及促进生物事件后恢复工作。

三、启示与建议

进入 21 世纪，全球面临化石能源日益枯竭、生态环境严重破坏、粮食安全和人口老龄化等诸多挑战，美国、欧盟已率先布局利用可再生生物资源生产能源、材料、化工产品、药物、食品等多种产品和提供相关服务的全新经济形态——生物经济。我国也已着手开展培育生物经济新业态新模式的部署，未来应深入推进生物产业供给侧结构性改革，不断完善相关配套政策；鼓励行业创新联动，积极打造产业集群，构建生物科技领域面向基础研究、产业应用和公共服务的创新发展平台；做好社会资本正确引导，为生物产业长足发展提供全方位支撑。

我国随着建设创新型国家的战略目标的确定，对生物科技领域的科研投入不断加大，我国研究人员取得了多项举世瞩目的成就，许多学科从跟跑已逐步向并跑和领跑阶段发展。未来我国需要继续发挥学习模仿和创新利用的后发优势，以及大国体量优势，重视跟跑过程中可能对未来科研领跑产生作用的成果积累，积极进行二次创新。同时系统布局，合理设计基础研发项目，不断提高原始创新能力，通过创新驱动切实

提高我国的核心竞争力。

对于新兴技术发展过程中可能存在的生物安全问题，我国应加强基因组编辑等前沿新兴技术监管的立法工作，做好与国际政策制定与监管机构、研究机构和同行之间的对话与交流，促进国际通用的共同监管标准的制定与协调，建立持续的国际论坛以促进广泛的对话，收集各方意见与观点，为决策者的政策制定提供信息、建议和指导。

致谢：中国科学院天津工业生物技术研究所马红武研究员在本章节撰写过程中提出了宝贵意见和建议，在此表示感谢。

参考文献

[1] Shao Y, Lu N, Wu Z, et al. Creating a functional single-chromosome yeast. Nature. 2018, 560: 331-335.

[2] Luo J C, Sun X J, Cormack B P, et al. Karyotype engineering by chromosome fusion leads to reproductive isolation in yeast. Nature. 2018, 560: 392-396.

[3] Silva D A, Yu S, Ulge U Y, et al. De novo design of potent and selective mimics of IL-2 and IL-15. Nature, 2019, 565(7738): 186-191.

[4] Gao X J, Chong L S, Kim M S et al. Programmable protein circuits in living cells. Science. 2018, 361 (6408): 1252-1258.

[5] Andrews L B, Nielsen A K, Voigt C A. Cellular checkpoint control using programmable sequential logic. Science. 2018, 361(6408): eaap8987.

[6] Yang D, Kim W J, Yoo S M, et al. Repurposing type Ⅲ polyketide synthase as a malonyl-CoA biosensor for metabolic engineering in bacteria. PNAS. 2018, 115(40): 9835-9844.

[7] Bozhüyük K J, Fleischhacker F, Linck A, et al. *De novo* design and engineering of non-ribosomal peptide synthetases. Nature Chemistry. 2018, 10: 275-281.

[8] Darlington A, Kim J, Jiménez J I, et al. Dynamic allocation of orthogonal ribosomes facilitates uncoupling of co-expressed genes. Nature Communications, 2018, 9: 695.

[9] Isabella V M, Ha N B, Castillo M Y, et al. Development of a synthetic live bacterial therapeutic for the human metabolic disease phenylketonuria. Nature Biotechnology, 2018, 36, 857-864.

[10] Kurtz C B, Millet Y A, Puurunen M K, et al. An Engineered *E. coli* nissle improves hyperammonemia and survival in mice and shows dose-dependent exposure in healthy humans. Science Translational Medicine, 2019, 11(475): eaau7975.

[11] Li Y R, Li S J, Thodey K, et al. Complete biosynthesis of noscapine and halogenated alkaloids in Yeast. PNAS, 2018, 115(17): E3922-E3931

[12] Fang H, Li D, Kang J, et al. Metabolic engineering of *Escherichia coli* for *de novo* biosynthesis of

vitamin B_{12}. Nature Communicaiton. 2018,9:4917.

[13] Gootenberg J S,Abudayyeh O O,Kellner M J,et al. Multiplexed and portable nucleic acid detection platform with Cas13,Cas12a,and Csm6. Science. 2018,360(6387):439-444.

[14] Chen J S,Ma E,Harrington L B,et al. CRISPR-Cas12a target binding unleashes indiscriminate single-stranded DNase activity. Science. 2018,360(6387):436-439.

[15] Yan S,Tu Z C,Liu Z M,et al. A Huntingtin knockin pig model recapitulates features of selective neurodegeneration in Huntington's Disease. Cell. 2018,173(4):989-1002.

[16] Peters J M,Koo B,Patino R,et al. Enabling genetic analysis of diverse bacteria with Mobile-CRISPRi. Nature Microbiology. 2019,4:244-250.

[17] Xu J,Dong Q L,Yu Y,et al. Mass spider silk production through targeted gene replacement in *Bombyx mori*. PNAS. 2018,115(35):8757-8762.

[18] Li T D,Yang X P,Yu Y,et al. Domestication of wild tomato is accelerated by genome editing. Nature Biotechnology,2018,36:1160-1163.

[19] Zong Y,Song Q N,Li C,et al. Efficient C-to-T base editing in plants using a fusion of nCas9 and human APOBEC3A. Nature Biotechnology,2018,36:950-953.

[20] 生物通. 2018 年基因组测序盘点——各种新鲜的植物. http://www. ebiotrade. com/newsf/2018-12/2018122891905829. htm[2018-12-28].

[21] Appels R,Eversole K,Feuillet C,et al. Shifting the limits in wheat research and breeding using a fully annotated reference genome. Science. 2018,361(6403):eaar7191.

[22] 生物通. 2018 年基因组测序盘点——各种有趣的动物. http://www. ebiotrade. com/newsf/2018-12/20181226173318275. htm[2018-12-27].

[23] Schuller J M,Birrell J A,Tanaka H,et al. Structural adaptations of photosynthetic complex Ⅰ enable ferredoxin-dependent electron transfer. Science,2019,363(6424):257-260.

[24] South P F,Cavanagh A P,Liu H W,et al. Synthetic glycolate metabolism pathways stimulate crop growth and productivity in the field. Science,2019,363(6422):eaat9077.

[25] Wang J,Zhou L,Shi H,et al. A single transcription factor promotes both yield and immunity in rice. Science,2018,361(6406):1026-1028.

[26] Khanday I,Skinner D,Yang B,et al. A male-expressed rice embryogenic trigger redirected for asexual propagation through seeds. Nature,2019,565:91-95.

[27] Wang C,Liu Q,Shen Y,et al. Clonal seeds from hybrid rice by simultaneous genome engineering of meiosis and fertilization genes. Nature Biotechnology,2019,37:283-286.

[28] Hyde E. Zymergen raises ＄400M+ to deliver AI-enabled biology to global bio-based industry. https://synbiobeta. com/zymergen-raises-400m-to-deliver-ai-enabled-biology-to-global-bio-based-industry/[2018-12-18].

[29] Li R F,Wijma H J,Song L,et al. Computational redesign of enzymes for regio-and enantioselective hydroamination. Nature Chemical Biology,2018,14:664-670.

[30] Maxmen A. Machine learning spots treasure trove of elusive viruses. https://www. nature. com/articles/d41586-018-03358-3[2018-3-19].
[31] Negre C F A, Morzan U N, Hendrickson H P, et al. Eigenvector centrality for characterization of protein allosteric pathways. PNAS. 2018, 115(52): E12201-E12208.
[32] Yang M, Fehl C, Lees K V, et al. Functional and informatics analysis enables glycosyltransferase activity prediction. Nature Chemical Biology, 2018, 14: 1109-1117.
[33] Heckmann D, Lloyd C J, Mih N, et al. Machine learning applied to enzyme turnover numbers reveals protein structural correlates and improves metabolic models. Nature Communications, 2018, 9: 5252.
[34] Department for Business, Energy & Industrial Strategy. Growing the bioeconomy: a national bioeconomy strategy to 2030. https://assets. publishing. service. gov. uk/government/uploads/system/uploads/attachment_data/file/761856/181205_BEIS_Growing_the_Bioeconomy__Web_SP_.pdf[2018-12-5].
[35] BBSRC. Forward look for UK bioscience. https://bbsrc. ukri. org/documents/forward-look-for-uk-bioscience-pdf/[2018-9-27].
[36] BMBF. Die Hightech-Strategie 2025. https://www. bmbf. de/pub/Forschung_und_Innovation_fuer_die_Menschen. pdf[2018-9-30].
[37] The National Academies of Sciences. Biodefense in the age of synthetic biology. https://www.nap. edu/catalog/24890/biodefense-in-the-age-of-synthetic-biology[2018-06-19].
[38] The White House. National Biodefense Strategy. https://www. whitehouse. gov/wp-content/uploads/2018/09/National-Biodefense-Strategy. pdf[2018-09-08].

Bioscience and Biotechnology

Ding Chenjun, Chen Fang, Zheng Ying, Wu Xiaoyan

In 2018, enormous progress and great achievements were made in the fields of bioscience and biotechnology. The cutting-edge technology, such as synthetic biotechnology and gene editing entered a period of rapid development, and saw a huge expansion in the already impressive list of applications; the next generation sequencing technology promoted the exploitation and utilization of biological resources; the breakthroughs in photosynthesis research have led to the rapid development of agriculture biotechnology, providing new solutions to solve the challenges of food security; the integration of biothechonology and computer technology like artificial intelligence has brought a new paradigm for biotechnology research and development.

The field of biotechnology has shown great potential for development and has played an increasingly important leading role in promoting economic and social development.

4.4 农业科技领域发展观察

袁建霞 邢 颖

（中国科学院科技战略咨询研究院）

2018年是我国落实十九大提出的乡村振兴战略的起始年，同时被农业部确定为“农业质量年”。2018年年初中共中央、国务院印发的《关于实施乡村振兴战略的意见》提出质量兴农战略，9月出台的《乡村振兴战略规划（2018—2022年）》进一步指出以科技创新引领和支撑乡村振兴。了解国际农业科技领域动向对我国加快农业转型升级，推进农业高质量发展具有重要启示意义。本文通过全面监测国际农业科技领域研究动态和战略举措，梳理了2018年世界农业科技取得的重要研究进展、实施的重要战略行动，并在此基础上对我国农业发展提出了若干启示和建议。

一、重要研究进展

1. 作物育种技术研发取得新进展

澳大利亚昆士兰大学和英国约翰·英纳斯中心合作开发出一种称为“快速育种”的作物育种新技术[1]。该技术通过设计全封闭的可控环境，使用优化的节能LED灯补充光源，采用22h长时间光照，极大地缩短了作物的生长周期，一年可培养春小麦6代，而传统温室培养只有2～3代。中国科学院遗传与发育生物学研究所利用水稻高产优质性状形成的理论基础与品种设计理念育成的标志性品种“中科804”从3000亩①示范片中脱颖而出，在产量、抗稻瘟病、抗倒伏等农艺性状方面均表现突出，实现了高产优质多抗水稻的高效培育，入选两院院士评选出的2018年中国十大科技进展新闻[2]。

2. 作物抗病虫机理研究取得新突破

浙江大学联合英国纽卡斯尔大学和国内多家机构，首次揭示了5-羟色胺与水稻抗

① 1亩≈666.7m^2。

虫性之间的关系[3]。与以往研究发现的抗虫物质（如 Bt 蛋白）不同，5-羟色胺对害虫是有利的，当害虫侵食水稻时会导致 5-羟色胺含量增加进而加剧为害。该发现为作物抗虫育种和制定病虫害防治策略提供了一种新思路。中国农业科学院植物保护研究所揭示了稻瘟菌致病性和水稻抗病性新机制[4]，解析了水稻等单子叶植物特异的 SD-1 类受体激酶在抗稻瘟病过程中的调控机制，为进一步解析水稻的先天免疫分子机制奠定了基础。

3. 重要作物基因组解析取得重大进展

中国农业科学院作物科学研究所主导，联合国际水稻研究所等全球 16 家单位共同完成了 3010 份亚洲栽培稻基因组研究，这是目前植物界最大的基因组测序工程。构建了全球首个接近完整的高质量亚洲栽培稻泛基因组[5]。此外，来自澳大利亚、美国、德国等 20 个国家 73 个研究机构的 200 多名科学家，历时 13 年绘制完成了完整的小麦基因组图谱[6]。该研究以“中国春”小麦遗传研究模式品种为材料，研究整合了 21 条小麦染色体参考序列，获得了 10 多万个基因的精确位置、超过 400 万个分子标记以及影响基因表达的序列信息。

4. 作物功能基因研究取得重要突破

中国农业科学院联合国内其他机构在水稻中首次发现了不遵循孟德尔遗传定律的自私基因，并发现籼稻和粳稻杂种不育受该自私基因位点 qHMS7 的控制[7]。这一发现将为水稻杂交育种提供有力的理论和技术支撑，可以彻底解决籼粳杂交不育问题。中国科学院遗传与发育生物学研究所以携带“绿色革命”基因的矮化水稻为材料，发现了氮肥高效利用关键基因 *GRF4*。该基因高表达可使作物品种在维持半矮秆、高产量性状的同时，明显提高氮利用效率。该成果为“少投入、多产出”的绿色高产高效农作物新品种培育提供了新的基因资源。

5. 基因组编辑技术取得突破性进展

美国得克萨斯大学利用 CRISPR/Cas9 技术首次在大型动物体内实现了大规模基因编辑[8]。通过对患有杜氏肌营养不良症小狗的体细胞进行基因编辑，使其病症明显减轻，且无明显免疫排斥反应，该成果为大型农业动物的遗传改良提供了新方法。美国索尔克生物学研究所开发出了以 RNA 为靶标的基因组编辑新工具 CRISPR/Cas-Rx[9]，而此前的 CRISPR/Cas9 技术主要以 DNA 为靶标。与靶向 RNA 的其他技术相比，CasRx 载体较小，很容易包装到腺相关病毒载体中，且效率较高、脱靶效应不明显。该工具可为未来医学治疗和动物育种提供通用技术平台。

6. 光合作用研究取得重大突破

英国帝国理工学院牵头的一个国际科研团队在生存于阴暗环境下的蓝藻体内发现了一种新型的光合作用[10]。目前众所周知的光合作用是通过叶绿素 a 利用可见光进行的，而这些蓝藻却是通过叶绿素 f 利用近红外光进行光合作用的。该发现改变了人们对光合作用基本原理的认识，有望为寻找外星生命和改良作物带来新思路，如在一些存在近红外光的地方搜寻可进行光合作用的生命，以及设计能利用更广谱光的新作物。该成果被国内权威机构评为 2018 年世界十大科技进展新闻之一。

7. 智慧农业技术平台研发取得重大新进展

美国艾奥瓦州立大学植物科学研究所合作设计出一款仅毫米大小、对水蒸气非常敏感的石墨烯传感器。该传感器可黏在作物叶片上，根据石墨烯因湿度不同而引发的电导率变化，即时监控植株的耗水量及耗水速度[11]。美国无人机制造商 AeroVironmen 推出了一款可用于农作物监控的无人机 Quantix。该无人机内建 2 个 1800 万像素的镜头和自我校准太阳能传感器，可捕捉环境光辅助多光谱传感器成像。每一趟可拍摄约 45min、巡视约 161hm^2 田地，记录下来的数据可被无缝整合到公司旗下的决策支援平台，进一步进行自动影像处理和生成历史数据报告等，来支持农民决策[12]。

二、重要战略行动

1. 美国农业部发布 2018～2022 财年战略目标

美国农业部于 2018 年 1 月发布了 2018～2022 财年的七大战略目标[13]，包括：确保农业部的计划高效、有效、富有诚信且专注于客户服务；最大限度地提高农业生产者通过提供衣物和食品来促进全球繁荣的能力；促进美国农产品生产和出口；促进乡村繁荣和经济发展；通过技术手段加强对私人土地的管理；提高国家森林系统土地的生产力和可持续利用能力；为美国民众提供安全、营养、稳定的食品供应。这些目标旨在实现美国农业部的工作愿景，即：通过创新提供经济机会，帮助乡村发展；促进农业生产，更好地为美国民众提供营养，同时帮助世界其他人口；通过资源保护、森林修复、流域改善和私有农地的健康发展，保护自然资源。

2. 欧洲将基因组编辑纳入转基因监管框架

欧洲法院于 2018 年 7 月裁定，包括基因组编辑在内的基因诱变技术应被视为转基因技术，原则上应接受欧盟转基因相关法律的监管[14]。该决定引起了欧盟和世界主要研究组织的强烈反对。反对者认为，与传统杂交育种和转基因育种相比，基因组编辑育种更为精确，并可做到无外源基因插入，如同生物自身的自然突变，使生物遗传操作更为安全可控。裁定可能会对欧洲植物研究和农业带来致命打击，阻碍植物育种技术创新。但是欧洲法院认为，由于基因组编辑技术以天然不会发生的方法修改了生物的遗传物质，因此属于转基因生物。

3. 美国国家科学院发布未来农业科技预测报告

美国国家科学院于 2018 年 7 月发布《至 2030 年推动食品与农业研究的科学突破》报告[15]。提出未来十年美国食品与农业研究的主要目标有三个，即提高食品与农业系统的效率、可持续性和恢复力。指出未来有 5 项科学突破机遇将极大提高美国食品与农业研究能力并助力上述目标的实现，分别是跨学科研究与系统方法、传感技术、数据科学和农业食品信息学、基因组学和精准育种、微生物组研究。此外，报告还提出了未来有潜力使食品和农业研究发生变革，且可能会在短期内取得进展的 23 个重要研究方向，主要分布在作物、畜牧业、食品科学与技术、土壤、水利用效率和生产力、数据科学、系统方法等七个方面。

4. 英国发布涉农生物科学前瞻报告

英国生物技术与生物科学研究理事会于 2018 年 9 月发布《英国生物科学前瞻》报告[16]，制定了英国发展生物科学与应对粮食安全、清洁增长和健康老龄化挑战的路线图。报告提出通过生物科学来推进农业和食品可持续发展。例如，通过研究和控制作物生理、成熟和采后腐败等基础生物过程，减少食物浪费；结合新型作物和营养研究，改善食品安全和营养，以及利用微生物学基础知识，减少食物中的病原体和毒素；研究和利用基因组学和遗传多样性，开发下一代改良作物和养殖动物；将生物科学和新型工程技术结合，开发数字化工具，支持精准农业和智能技术发展，改进农业决策等。

5. 国际组织和智库提出变革未来粮食系统的关键技术

世界经济论坛和麦肯锡公司于 2018 年 1 月联合发布《技术创新对加速粮食系统转型的作用》报告[17]，指出受第四次工业革命驱动的新兴技术为加速粮食系统转型提供了重大机遇。一直以来，粮食系统在技术创新采用方面落后于其他许多行业，特别是在发展中国家，但是到 2030 年要实现粮食系统向包容、可持续、高效、营养和健康的真正转变，需要在其他行动措施的基础上，发挥技术创新的重要作用。报告提出，到2030年有12项关键技术可加速粮食系统变革，即蛋白质替代技术、食品传感技术、营养遗传学技术、农业信息和市场及金融移动服务技术、农业保险大数据和深入分析技术、物联网技术、用于农产品食品溯源的区块链技术、精准农业技术、基因组编辑技术、微生物组学技术、作物保护和土壤微量营养素管理技术，以及离网可再生能源发电和电力存储技术。

三、发展启示与建议

1. 重大研究进展聚焦农业科技热点研究方向

农业科技领域取得的重大研究进展主要集中在作物病害抗性机理研究、基因组研究、功能基因研究、光合作用研究等基础研究，快速育种技术、分子设计育种技术、基因组编辑技术等技术研发，以及智慧农业技术平台开发上。这些基础、技术、平台研究和开发方向都是当前农业科技研究的热点前沿方向，应给予持续关注和重点研究布局。

2. 跨领域研究重大突破将为农业发展带来新机遇

其他领域重大理论和技术与农业科技交叉融合取得的重大突破可能会推动农业发生革命性变化。上述农用无人机和作物传感器取得的突破就是新一代信息技术与农业科技跨领域结合的成果，将促进农业向数字化、智能化和智慧化方向转型。此外，生物科学和医学领域的重大进展，如新型光合作用的发现和基因组编辑新工具等，在农业生产中显示出了广阔的应用前景，尤其有助于农业动植物品种的改良。因此，需要关注生物、医学、信息等相关科技领域的重大进展，并积极引入农业领域。

3. 农业科技前瞻和预测受到重视

众多组织和机构纷纷发布农业科技预测报告，为其未来农业科技规划和计划奠定基础。例如，美国国家科学院预测至2030年推动美国食品与农业研究的可能科学突破，以及未来有潜力使食品和农业研究发生变革且短期内可能取得进展的重要研究方向；英国生物技术与生物科学研究理事会前瞻分析了生物科学对农业和食品可持续发展的推进；世界经济论坛和麦肯锡公司合作预测了到2030年可加速粮食系统变革的关键技术。我国也应该高度重视并组织相关专家长期开展科技前瞻和预测工作，把握未来农业科技发展趋势、创新方向和关键技术等，以为农业科技发展规划的制定提供持续的研究支撑和保障。

4. 基因组编辑监管问题持续受到关注

欧洲将作物基因组编辑技术等同于转基因技术纳入欧盟转基因相关法律的监管，引发了各界的强烈反对和大讨论。关于基因组编辑技术的监管，各国和地区因认识不同，管理策略也不同，欧洲关注技术过程，将其等同于转基因技术，实行严格监管，美国则根据最终产品进行判断，认为基因编辑产品不像转基因产品那样含有外源基因，可以等同于传统育种产品，不需要监管。所以，农业基因组编辑技术监管问题持续受到关注。显然，像欧洲那样一味限制必然会阻碍新技术的发展，但若全面放开又会存在一定的风险。因此，我国也应该尽早组织相关人员从多角度研究和探讨该技术的影响、应用监管及未来发展等问题，以便在规避风险的同时为技术创造良好的发展环境。

致谢：中国科学院遗传与发育生物学研究所高彩霞研究员和田志喜研究员、中国农业机械化科学研究院吴海华研究员对本文进行审阅并提出宝贵修改意见，特致谢忱！

参考文献

[1] Watson A,Ghosh S,Williams M J,et al. Speed breeding is a powerful tool to accelerate crop research and breeding. Nature Plants,2018,4(1):23-29.

[2] 中国科学院. 中国科学报 2018 年中国十大科技进展新闻. http://www. cas. cn/cm/201901/t20190103_4675707. shtml[2019-01-03].

[3] Lu H P,Luo T,Fu H W,et al. Resistance of rice to insect pests mediated by suppression of serotonin biosynthesis. Nature Plants,2018,4(6):338-344.

[4] 中国农业科学院植物保护研究所. "稻瘟菌致病性和水稻抗病性新机制"研究入选中国农业科学院 2018 年十大科技进展. http://ipp. caas. cn/xwtt/170885. htm[2019-01-18].

[5] Wang W S,Mauleon R,Hu Z Q,et al. Genomic variation in 3,010 diverse accessions of Asian cultivated rice. Nature,2018,557(7703):43-49.

[6] Appels R,Eversole K,Stein N,et al. Shifting the limits in wheat research and breeding using a fully annotated reference genome. Science,2018,361(6403):1-13.

[7] Yu X W,Zhao Z G,Zheng X M,et al. A selfish genetic element confers non-Mendelian inheritance in rice. Science,2018,360(6393):1130-1132.

[8] Cohen J. In dogs,CRISPR fixes a muscular dystrophy. Science,2018,361(6405):835.

[9] Konermann S,Lotfy P,Brideau N J,et al. Transcriptome engineering with RNA-targeting type Ⅵ-D CRISPR effectors. Cell,2018,173(3):665-676.

[10] Nürnberg D J,Morton J,Santabarbara S,et al. Photochemistry beyond the red limit in chlorophyll

f-containing photosystems. Science, 2018, 360(6394): 1210-1213.

[11] 电子发烧友. 石墨烯传感器可测量作物用水的情况. http://www.elecfans.com/article/88/142/2018/20180131626834.html[2018-01-31].

[12] 陈智德. Quantix 无人机协助监控作物生长情形. http://gb-www.digitimes.com.tw/iot/article.asp?cat=158&id=0000521229_CVT3PJJD1TAG8GLYXRB2L[2018-01-08].

[13] US Department of Agriculture. USDA strategic goals. https://www.usda.gov/our-agency/about-usda/strategic-goals[2018-09-10].

[14] Callaway E. CRISPR plants now subject to tough GM laws in European Union. https://www.nature.com/articles/d41586-018-05814-6[2018-07-25].

[15] The National Academies of Sciences, Engineering, and Medicine. Science breakthroughs to advance food and agricultural research by 2030. https://www.nap.edu/catalog/25059/science-breakthroughs-to-advance-food-and-agricultural-research-by-2030[2018-07-18].

[16] Biotechnology and Biological Sciences Research Council. Forward look for UK bioscience. https://bbsrc.ukri.org/news/policy/2018/180927-n-forward-look-for-uk-bioscience/[2018-09-27].

[17] World Economic Forum. Innovation with a purpose: the role of technology innovation in accelerating food systems transformation. https://www.weforum.org/reports/innovation-with-a-purpose-the-role-of-technology-innovation-in-accelerating-food-systems-transformation[2018-01-23].

Agricultural Science and Technology

Yuan Jianxia, Xing Ying

Agricultural science and technology achieved great progress in breeding, disease resistance mechanisms, genome analysis and functional gene identification of crops, as well as genome editing technology, photo synthesis mechanism and intelligent agricultural technology in 2018. At the same time, there were several significant events that deserve attention: the US Department of Agriculture announced the latest strategic goals; the European Union decided to regulate stringently gene-edited crops as conventional GM organisms; the National Academy of Sciences released a report predicting the future of agricultural science and technology; the UK proposed a roadmap to promote the sustainable development of agriculture through biological sciences; and the World Economic Forum, cooperating with McKinsey & Company, identified twelve emerging key technology innovations with the potential to drive rapid revolution of the food systems. So, we can find that major research progress focuses on hot research frontiers of agricultural science and technology, significant breakthroughs in cross-disciplinary research will bring new opportunities for agricultural development, agricultural science and technology predictions have been valued, and genome editing and regulatory issues still continue to receive attention.

4.5 环境科学领域发展观察

曲建升 廖 琴 曾静静 裴惠娟 董利苹 刘燕飞

（中国科学院兰州文献情报中心）

2018年，环境科学与生态保护领域取得了一系列创新性的研究成果，环境保护问题和生态建设日益被提上新的高度。在土地退化与恢复、全球升温及其与生态系统的相互作用、空气污染和气候变化对健康的影响、地表臭氧污染、南极冰川变化、零碳排放天然气发电技术等方面取得了一系列创新性的研究成果，获得了新的认识和重要突破。在可持续发展目标、水资源科学研究、低碳经济转型、废物处理与资源利用、生物多样性研究及其保护以及可再生能源中氢能发展等方面，重要国际组织和主要国家加强了战略部署和行动，以推动实现经济社会的可持续发展。

一、领域重要研究进展

1. 土地退化与恢复成为全球关注的热点问题

2018年3月，生物多样性和生态系统服务政府间科学-政策平台（IPBES）发布了《土地退化与恢复评估决策者摘要》报告[1]，阐明了土地退化的现状和驱动因素，揭示了土地退化与人类福祉的关系，为世界各国提供了一系列旨在减少环境、社会和经济风险以及土地退化影响的最佳解决方案。世界自然保护联盟（IUCN）发布报告[2]，评估了旱作土壤退化产生的影响，并提出优先采取的土地可持续管理措施。欧盟委员会联合研究中心（JRC）发布第三版《世界荒漠化地图集》[3]，首次全面地评估了全球土地退化状况，并强调了采取恢复措施的紧迫性。瑞士有机农业研究所联合荷兰瓦赫宁恩大学等机构的科学家提出重新认识和评价土壤质量，在有机质、速效磷、水分和酸碱度等关键指标基础上，更多地考虑生物和生物化学属性及其相关的生态系统服务功能[4]。欧洲公民倡议（ECI）“People4soil”呼吁欧盟生物多样性保护和减缓气候变化的战略应该聚焦于土壤，并制定全球土地退化零增长的路线图[5]。

2. 1.5℃成为更安全的《巴黎协定》升温目标

相较于升温2℃，升温1.5℃对人类和自然生态系统的影响会显著降低。2018年

10 月，联合国政府间气候变化专门委员会（IPCC）发布《IPCC 全球升温 1.5℃特别报告》[6]指出，将全球升温限制在 1.5℃对人类和自然生态系统有明显的益处，同时还可确保社会更加可持续和公平。英国埃克塞特大学联合欧盟委员会联合研究中心等机构的研究显示[7]，与升温 1.5℃情景相比，升温 2℃情景下，气候极端事件的变化幅度将更大，南亚和东亚部分地区将更加湿润，而非洲南部和南美洲的一些地区将遭遇更长时间的干旱，发展中国家遭遇粮食不安全的风险将提高约 76%。英国东英吉利大学和澳大利亚詹姆斯库克大学的分析显示[8]，将全球升温目标限制在 1.5℃而不是 2℃范围内，预计可分别使约 66% 的昆虫、50% 的植物和 50% 的脊椎动物物种免遭灭绝。

3. 空气污染及气候变化对健康的影响更受重视

2018 年 9 月，联合国环境规划署（UNEP）和波士顿学院（Boston College）合作建立全球污染与健康观察站[9]，重点量化环境污染造成的疾病负担和人力资本损失等，以评估污染控制的相关健康效益。观察站将在污染、人类健康和公共政策的交叉问题上开展重大研究。10 月，世界卫生组织（WHO）与联合国环境规划署举行了首届全球空气污染与健康大会[10]，提出了清洁空气促进健康的日内瓦行动议程。11 月，全球 27 个学术机构和联合国相关组织在《柳叶刀》上合作发布“柳叶刀 2030 倒计时”2018 年健康与气候变化报告[11]，追踪了气候变化与健康 5 大关键领域 41 项指标的进展情况。12 月，世界卫生组织发布第 24 届《联合国气候变化框架公约》（UNFCCC）缔约方大会健康与气候变化特别报告[12]，全面概述了应对气候变化的健康效应。

4. 地表臭氧污染问题日益受到关注

英国莱斯特大学联合德国波茨坦高等可持续研究所（IASS）等机构利用全球所有可用的地表臭氧观测资料，依据与人类健康有关的臭氧指标，揭示了臭氧的全球分布和趋势[13]，发现北美和欧洲大部分地区的臭氧水平下降，但东亚部分地区正在上升。美国杜克大学联合英国约克大学研究了美国、欧洲、中国长期臭氧暴露造成的健康影响[14]，指出长期接触臭氧对人体健康有重大影响。中国北京大学与美国科罗拉多大学等机构的联合研究指出[15]，中国的地表臭氧水平高于其他发达国家，已成为当今地表臭氧污染的热点地区。中国南京信息工程大学与美国哈佛大学等机构的联合研究发现[16]，中国东部大城市群近几年夏季臭氧浓度迅速增加，而细颗粒物（$PM_{2.5}$）浓度的下降反而加剧了地表臭氧污染。

5. 气候与生态系统的相互作用取得新认识

瑞典斯德哥尔摩大学与澳大利亚国立大学等机构的联合研究认为[17]，人类的行为可能使地球正面临进入不可逆转的“温室地球”的风险，届时全球平均气温将比工业化革命前水平高4～5℃，并高于人类历史的大多数时期。美国亚利桑那大学与英国杜伦大学等机构的联合研究发现[18]，从2.1万年前到前工业化时代，全球平均气温上升4～7℃，期间全球2/3的陆地生态系统植被经历了显著的变化。如果温室气体排放没有大幅减少，未来全球陆地生态系统将面临重大改变的危险，并威胁到全球生物多样性和生态系统服务。在生态系统对气候变化的响应方面，《美国国家科学院院刊》发表“中国的气候变化、政策和固碳专辑”（*Climate Change*，*Policy*，*and Carbon Sequestration in China Special Feature*），刊登了7篇研究论文[19-25]，全面、系统地报道了中国陆地生态系统结构和功能特征及其对气候变化、人类活动的响应，首次在国家尺度上揭示了中国陆地生态系统固碳能力的强度和空间分布，显示了中国重大生态工程的固碳作用显著。

6. 南极冰川变化趋势研究取得新进展

2018年6月，《自然》（*Nature*）期刊发表多项研究成果，分析了南极冰川过去的变化趋势、南极冰川变化的原因与机制以及未来温室气体排放对南极和全球的影响。英国利兹大学与美国国家航空航天局（NASA）等机构合作完成了迄今为止最完整的南极冰盖变化图景[26]，结果显示南极冰盖的融化导致海平面上升速度在过去5年增加了3倍。英国利兹大学与美国加州大学等机构合作揭示了南极冰川、冰架和海冰变化的原因，解释了冰架变薄和塌陷对海平面上升的影响机制[27]。美国俄勒冈州立大学的研究指出[28]，冰芯记录揭示了过去80万年的南极气候历史和大气成分。美国哥伦比亚大学与德国波茨坦气候影响研究所（PIK）等机构的联合研究发现[29]，末次冰盛期之后西南极洲的冰川退缩趋势在距今1万年时发生了出人意料的逆转，但仍无法阻止南极冰川在目前和未来造成的海平面上升。澳大利亚南极局（Australian Antarctic Division）联合美国科罗拉多大学等机构的研究指出[30]，海冰损失和海洋涌浪引发了南极冰架崩塌。澳大利亚联邦科学与工业研究组织（CSIRO）与美国马萨诸塞大学等机构的联合研究表明[31]，在未来10年做出的选择将对南极和全球产生长期影响。

7. 零碳排放天然气发电获重大突破

在未来相当一段时间内，天然气可能被作为发电的重要能源。目前，美国天然气发电量占全球发电总量的22%，占美国发电总量的30%。天然气虽然比煤炭更清洁，但仍造成了大量的碳排放。美国 Net Power 公司正在测试一项可以实现清洁天然气的技术，彻底摒弃传统的以水蒸气为工质的热能循环过程，将燃烧天然气产生的 CO_2 放置到高压高温的环境中，利用超临界 CO_2 为“工质”，驱动特制的涡轮机发电，实现 CO_2 的再利用和捕获。零碳排放天然气发电（Zero-Carbon Natural Gas）作为一种针对天然气发电厂的新工程学方法，能够以廉价高效的方式捕获天然气燃烧产生的 CO_2，避免了温室气体的排放。成果入选《麻省理工科技评论》2018 年全球十大突破性技术[32]。

二、领域重要战略规划

1. 深化落实 2030 可持续发展目标

2018 年 7 月，在 2018 年联合国可持续发展高级别政治论坛上，国际应用系统分析研究所（IIASA）建立的“2050 年的世界”（TWI2050）全球研究项目发布了《实现可持续发展目标的转变》报告[33]，列出了实现可持续发展目标的六大关键转变，涵盖了推动社会变革的主要驱动因素，包括：人类健康与教育，生产和消费，能源和脱碳，食物、生物圈和水，智慧城市，数字革命。这些因素将以建设美丽地球为中心，为人类繁荣创造财富、减少贫困、公平分配和提高社会包容性。12 月，联合国开发计划署（UNDP）发布报告[34]，探讨了 2030 年可持续发展目标与以往可持续发展议程的差异，提出了 2030 年可持续发展目标建设的重点方向，包括：全球参与，强调可持续发展目标间的关联性，不让任何人掉队，加强风险预警，全民参与。

2. 聚焦水资源科学的研究及优先问题应对

2018 年 3 月，联合国大会（UN General Assembly）启动了“水行动十年（2018—2028）”[35]，其目标主要聚焦于：促进水资源的可持续发展和综合管理，以实现社会、经济和环境目标；推动现有的相关方案和项目，以推进水相关目标的有效实施；鼓励各级的合作与伙伴关系，以帮助实现国际商定的与水有关的目标，包括《2030 年可持续发展议程》的目标。同月，联合国水机制（UN-Water）组织发布《2018 年世界水资源发展报告》[36]，强调通过基于自然的解决方案来应对水资源挑战，改善淡水供给及水质，并减轻洪水和干旱等自然灾害的影响。9 月，美国国家科学院发布《美国未来水资源科学优先研究方向》报告[37]，提出美国未来 25 年内水资源科学的优先事项为：①了解水在地球系统中的作用；②量化水循环；③开发集成建模；④量化社会水文系统的变化；⑤确保可靠和可持续的水供应；⑥了解和预测与水有关的灾害。

3. 促进向低碳经济与清洁发展的转型

2018年2月和10月，欧盟委员会在欧盟环境与气候行动资助计划的支持下，分别批准了9820万欧元和2.43亿欧元的“环境与气候行动”项目，以帮助欧洲向低碳经济转型[38,39]。7月，英国交通部和商业、能源与工业战略部宣布了一项3.43亿英镑的行业与政府联合资助计划[40]，将推动英国航空航天业进入更加清洁和绿色的新时代。9月，全球经济与气候委员会（GCEC）发布报告[41]，提出了未来2～3年向低碳经济转型的优先行动领域。“未来地球计划”在全球气候行动峰会上发布《指数气候行动路线图》[42]，提出全球低碳经济转型的行动路线图，以保证在2030年实现《巴黎协定》目标。

4. 推进废物的处理与资源的利用

2018年1月，欧盟委员会发布《欧洲循环经济中的塑料战略》[43]，提出了欧盟层面应对塑料垃圾需要采取的具体行动，旨在到2030年消除不可回收的塑料，同时削减一次性塑料和限制微塑料，实现塑料循环经济愿景。5月，欧盟委员会提出关于减少特定塑料产品对环境产生影响的立法提案[44]，以控制常见的一次性塑料制品。12月，英国环境、食品与农村事务部发布《资源利用和废物处理战略》[45]，以指导英国到2050年如何通过减少废物、提高资源利用效率和实现循环经济来保护物质资源。

5. 加强生物多样性的监测研究及其保护

2018年4月，澳大利亚科学院和新西兰皇家学会联合发布《发现生物多样性：澳大利亚和新西兰的分类学和生物系统学十年规划（2018—2027）》[46]，提出了未来10年利用新兴技术推动分类学和生物系统学发展的关键战略举措，以满足澳大利亚和新西兰独特的生物多样性。5月，新西兰财政部发布2018年财政预算[47]，将大幅增加在自然资源保护方面的预算，包括生物多样性保护。同月，英国自然环境研究理事会（NERC）宣布将通过拉丁美洲生物多样性计划向拉丁美洲生物多样性研究项目资助900万英镑，通过监测和模拟土地利用变化对生物多样性和生境的影响，研究如何维护和恢复受到威胁或已经消失的生物多样性[48]。6月，欧盟委员会发布《欧盟传粉者计划》[49]，确定了未来保护传粉者的优先行动领域。

6. 重视可再生能源中氢能的发展

国际组织和多个国家发布了氢能发展战略与规划，关注低碳氢能发展。2017年

12 月 26 日，日本发布《氢能基本战略》[50]，提出率先在全球实现“氢社会”，旨在到 2030 年左右实现氢能发电商用化，以削减碳排放并提高能源自给率。2018 年 8 月，澳大利亚联邦科学与工业研究组织发布《国家氢能路线图》[51]，明确了开发氢能和实现其经济优势最大化的投资与行动计划，为澳大利亚氢能产业的发展提供了蓝图。9 月，国际可再生能源机构（IRENA）发布《可再生能源中的氢能：能源转型技术展望》报告[52]，分析了在工业、建筑和电力以及运输部门发展氢能的可能性以及实现这种潜力所需的政策，并指出基于可再生能源的氢能对更深层的能源转型至关重要。11 月，英国气候变化委员会发布《低碳经济中的氢能》报告[53]，介绍了氢能利用的主要发现和部署氢能的需求，并为英国政府提出了相关建议。

三、启示与建议

1. 紧抓“一带一路”绿色环保机遇

保护生态环境是我国“一带一路”倡议的重要内容。近年来，我国在“一带一路”倡议沿线各国的投资呈明显增加趋势，但仍集中在化石燃料和运输相关项目[54]。多国科学家研究指出：“一带一路”倡议环境挑战将转化为发展机遇，当前中国的目标是通过采用新型绿色技术和更高的环境标准，大大提高环境监管，减少污染和转型产业。但是，对于从“一带一路”倡议投资中获益的其他发展中国家和地区，提高社会和经济标准是其主要目标，对自然资源保护还不是一个优先事项[55]。在未来几年，我国如果能更加重视绿色机遇，对绿色项目进行有针对性的投资，可通过“一带一路”投资促进地区的低碳发展。

2. 加快推进低碳经济转型

随着低碳经济的提出，各国纷纷将低碳经济作为国家未来发展的一项重要战略选择。为引导低碳经济的发展，我国应借鉴国际社会低碳经济的政策和措施，提出我国的低碳经济发展战略，制定发展低碳经济的政策和法律体系，包括节能减排、清洁能源发展和碳排放控制；重视低碳产业的技术开发与创新，加大资金投入力度，确定优先行动领域。

3. 加强废物处理和资源利用

物质资源是经济体系的核心，但由于对资源的不可持续使用，导致了大量固体废物的产生。目前，全球范围内塑料垃圾等固体废物数量正在快速增加。2018 年 1 月，我国开始全面禁止进口洋垃圾，这对控制我国塑料垃圾污染将起到积极作用。我国还应从源头上禁止一些塑料制品的使用，加强垃圾无害化处理和回收再利用，并设计资源高效利用的产品，以减少固体废物的产生，推动实施循环经济。在农业上，从生物质废弃物炭化处理出发，开发土壤增碳、作物增产且减肥减排的农业技术，以及储碳增肥与改土治污结合的土壤技术等。

4. 加强大气污染及气候变化与健康的研究和行动

中国是全球疾病负担和温室气体排放大国，大气污染等环境问题突出，因此环境与健康议题对我国至关重要。温室气体减排不仅能够带来空气污染减少的直接协同效益，也能够减少未来不利于污染控制的气象条件的发生频率。我国应进一步提升温室气体和大气污染物协同控制的重要性，加强其对人体健康影响的预防和控制措施研究。

5. 加强氢能技术的部署和研发

近年来，随着氢能利用技术发展逐渐成熟，以及全球应对气候变化压力持续增大，氢能在世界范围内备受关注。一些发达国家相继将发展氢能产业提升到国家能源战略高度，并制定了详细的发展路线图。我国也已将氢能纳入能源战略，但确保氢能产业的科学发展，仍是目前面临的重要问题和挑战。我国应加快制定国家氢能产业发展路线图，加强氢的制取、储存、运输和应用等环节的研究，建立氢能产业质量监控体系，以推进我国氢能技术发展及产业化。

致谢：南京农业大学农业资源与生态环境研究所潘根兴教授、中国科学院南京土壤研究所骆永明研究员、中国科学院城市环境研究所朱永官研究员等审阅了本文并提出了宝贵的修改意见，中国科学院兰州文献情报中心安培浚、王金平、吴秀平、牛艺博、宋晓谕、李恒吉等对本文的资料收集和分析工作亦有贡献，在此一并表示感谢。

参考文献

[1] IPBES. Summary for policymakers of the IPBES assessment on land degradation and restoration. https://www.ipbes.net/system/tdf/spm_3bi_ldr_digital.pdf?file=1&type=node&id=28335[2018-03-26].

[2] IUCN. Soil biodiversity and soil organic carbon: keeping drylands alive. https://portals.iucn.org/library/sites/library/files/documents/2018-004-En.pdf[2018-06-14].

[3] JRC. World atlas of desertification. https://wad.jrc.ec.europa.eu/[2018-06-21].

[4] Bünemann E K, Bongiorno G, Bai Z G, et al. Soil quality—a critical review. Soil Biology and Biochemistry, 2018, 120: 105-125.

[5] ARC 2020. Over 200,000 European citizens demand soil action. http://www.arc2020.eu/citizens-demand-soil-action/[2017-09-18].

[6] IPCC. The Intergovernmental Panel on Climate Change(IPCC) special report on global warming of 1.5℃. http://www.ipcc.ch/report/sr15/[2018-10-08].

[7] Betts R A, Alfieri L, Bradshaw C, et al. Changes in climate extremes, fresh water availability and vulnerability to food insecurity projected at 1.5℃ and 2℃ global warming with a higher-resolution global climate model. Philosophical Transactions of the Royal Society A, 2018, 376(2119): 20160452.

[8] Warren R, Price J, Graham E, et al. The projected effect on insects, vertebrates, and plants of limiting global warming to 1.5℃ rather than 2℃. Science, 2018, 360(6390): 791-795.

[9] UN Environment Programme. UN environment and Boston college establish global pollution observatory. https://www.unenvironment.org/news-and-stories/press-release/un-environment-and-boston-college-establish-global-pollution[2018-09-24].

[10] World Health Organization(WHO). First WHO global conference on air pollution and health. https://www.who.int/airpollution/events/conference/en/[2018-10-30].

[11] Watts N, Amann M, Arnell N, et al. The 2018 report of the *Lancet* countdown on health and climate change: shaping the health of nations for centuries to come. The Lancet, 2018, 392: 2479-2514.

[12] World Health Organization(WHO). COP24 special report on health and climate change. https://www.who.int/globalchange/mediacentre/news/cop24-event5Dec2018/en/[2018-11-05].

[13] Fleming Z L, Doherty R M, von Schneidemesser E, et al. Tropospheric ozone assessment report: present-day ozone distribution and trends relevant to human health. Elementa: Science of the Anthropocene, 2018, 6(1): 12.

[14] Lu X, Hong J Y, Zhang L, et al. Severe surface ozone pollution in China: a global perspective. Environmental Science & Technology Letters, 2018, 5(8): 487-494.

[15] Seltzer K M, Shindell D T, Malley C S, et al. Measurement-based assessment of health burdens from long-term ozone exposure in the United States, Europe, and China. Environmental Research Letters, 2018, 13: 104018.

[16] Li K, Jacob D J, Liao H, et al. Anthropogenic drivers of 2013-2017 trends in summer surface ozone in China. Proceedings of the National Academy of Sciences of the United States of America, 2019, 116(2): 422-427.

[17] Steffen W, Rockström J, Richardson K, et al. Trajectories of the earth system in the Anthropocene. Proceedings of the National Academy of Sciences of the United States of America, 2018, 115(33): 8252-8259.

[18] Nolan C, Overpeck J T, Allen J R M, et al. Past and future global transformation of terrestrial ecosystems under climate change. Science, 2018, 361(6405): 920-923.

[19] Fang J Y, Yu G R, Liu L L, et al. Climate change, human impacts, and carbon sequestration in China. Proceedings of the National Academy of Sciences of the United States of America, 2018, 115(16): 4015-4020.

[20] Tang X L, Zhao X, Bai Y F, et al. Carbon pools in China's terrestrial ecosystems: new estimates based on an intensive field survey. Proceedings of the National Academy of Sciences of the United States of America, 2018, 115(16): 4021-4026.

[21] Chen S P, Wang W T, Xu W T, et al. Plant diversity enhances productivity and soil carbon storage. Proceedings of the National Academy of Sciences of the United States of America, 2018, 115(16): 4027-4032.

[22] Tang Z Y, Xu W T, Zhou G Y, et al. Patterns of plant carbon, nitrogen, and phosphorus concentration in relation to productivity in China's terrestrial ecosystems. Proceedings of the National Academy of Sciences of the United States of America, 2018, 115(16): 4033-4038.

[23] Lu F, Hu H F, Sun W J, et al. Effects of national ecological restoration projects on carbon sequestration in China from 2001 to 2010. Proceedings of the National Academy of Sciences of the United States of America, 2018, 115(16): 4039-4044.

[24] Zhao Y C, Wang M Y, Hu S J, et al. Economics-and policy-driven organic carbon input enhancement dominates soil organic carbon accumulation in Chinese croplands. Proceedings of the National Academy of Sciences of the United States of America, 2018, 115(16): 4045-4050.

[25] Liu H Y, Mi Z R, Lin L, et al. Shifting plant species composition in response to climate change stabilizes grassland primary production. Proceedings of the National Academy of Sciences of the United States of America, 2018, 115(16): 4051-4056.

[26] The IMBIE Team. Mass balance of the Antarctic Ice Sheet from 1992 to 2017. Nature, 2018, 558: 219-222.

[27] Shepherd A, Fricker H A, Farrell S L. Trends and connections across the Antarctic cryosphere. Nature, 2018, 558: 223-232.

[28] Brook E J, Buizert C. Antarctic and global climate history viewed from ice cores. Nature, 2018, 558: 200-208.

[29] Kingslake J, Scherer R P, Albrecht T, et al. Extensive retreat and re-advance of the West Antarctic Ice Sheet during the Holocene. Nature, 2018, 558: 430-434.

[30] Massom R A, Scambos T A, Bennetts L G, et al. Antarctic ice shelf disintegration triggered by sea ice loss and ocean swell. Nature, 2018, 558: 383-389.

[31] Rintoul S R, Chown S L, DeConto R M, et al. Choosing the future of Antarctica. Nature, 2018, 558: 233-241.

[32] MIT Technology Review. 10 breakthrough technologies 2018. https://www.technologyreview.com/lists/technologies/2018/[2018-02-21].

[33] International Institute for Applied Systems Analysis. Transformations to achieve the sustainable

development goals. Report prepared by the world in 2050 initiative. http://pure. iiasa. ac. at/id/eprint/15347/[2018-07-10].

[34] United Nations Development Programme. The 2030 agenda in action—what does it mean? http://www. undp. org/content/undp/en/home/librarypage/sustainable-development-goals/the-2030-agenda-in-action—what-does-it-mean-. html[2018-12-04].

[35] UN General Assembly. United Nations secretary-general's plan: water action decade 2018-2028. http://www. wateractiondecade. org/wp-content/uploads/2018/03/UN-SG-Action-Plan_ Water-Action-Decade-web. pdf[2018-03-22].

[36] UN-Water. World water development report 2018: nature-based solutions for water. http://www. unwater. org/world-water-development-report-2018-nature-based-solutions-for-water/[2018-03-19].

[37] The National Academies of Sciences, Engineering, and Medicine. Future water priorities for the nation. https://www. nap. edu/catalog/25134/future-water-priorities-for-the-nation-directions-for-the-us#toc[2018-09-26].

[38] European Commission. Member states to benefit from 98. 2 million in investments to improve citizens' quality of life. https://ec. europa. eu/clima/news/member-states-benefit-%E2%82%AC982-million-investments-improve-citizens-quality-life_en[2018-02-08].

[39] European Commission. LIFE programme: member states to benefit from quarter of a billion euros of investments in environment, nature and climate action. https://ec. europa. eu/commission/presscorner/detail/en/IP_18_6162[2018-10-25].

[40] Department for Transport, Department for Business, Energy & Industrial Strategy, the Rt Hon Greg Clark, et al. Lift off for electric planes—new funding for green revolution in UK civil aerospace. https://www. gov. uk/government/news/lift-off-for-electric-planes-new-funding-for-green-revolution-in-uk-civil-aerospace[2018-07-16].

[41] The New Climate Economy. Unlocking the inclusive growth story of the 21st century. https://newclimateeconomy. report/2018/[2018-09-05].

[42] Future Earth. Exponential climate action roadmap. https://exponentialroadmap. org/[2018-09-13].

[43] European Commission. A European strategy for plastics in a circular economy. https://ec. europa. eu/environment/circular-economy/pdf/plastics-strategy-annex. pdf[2018-01-16].

[44] European Commission. Single-use plastics: new EU rules to reduce marine litter. http://europa. eu/rapid/press-release_IP-18-3927_en. htm[2018-05-28].

[45] Department for Environment, Food & Rural Affairs and Environment Agency. Resources and waste strategy for England. https://www. gov. uk/government/publications/resources-and-waste-strategy-for-england[2018-12-18].

[46] Australian Academy of Science Royal Society Te Apārangi. Discovering biodiversity: a decadal plan for taxonomy and biosystematics in Australia and New Zealand 2018-2027. https://www. science.

org. au/support/analysis/decadal-plans-science/discovering-biodiversity-decadal-plan-taxonomy[2018-04-27].

[47] Department of Conservation Te Papa Atawhai. Budget backs nature. https://www. doc. govt. nz/news/media-releases/2018/budget-backs-nature/[2018-05-17].

[48] Natural Environment Research Council. New programme launches to understand biodiversity in Latin America. https://nerc. ukri. org/press/releases/2018/19-latam/[2018-05-22].

[49] European Commission. EU pollinators initiative. http://ec. europa. eu/environment/nature/conservation/species/pollinators/documents/EU_pollinators_initiative. pdf[2018-06-01].

[50] Ministry of Economy, Trade and Industry. Basic hydrogen strategy determined. https://www. meti. go. jp/english/press/2017/1226_003. html[2017-12-26].

[51] Commonwealth Scientific and Industrial Research Organization. National hydrogen roadmap: pathways to an economically sustainable hydrogen industry in Australia. https://www. csiro. au/en/Do-business/Futures/Reports/Hydrogen-Roadmap[2018-08-23].

[52] International Renewable Energy Agency. Hydrogen from renewable power: technology outlook for the energy transition. https://www. irena. org/-/media/Files/IRENA/Agency/Publication/2018/Sep/IRENA_Hydrogen_from_renewable_power_2018. pdf[2018-09-07].

[53] Committee on Climate Change(CCC). Hydrogen in a low-carbon economy. https://www. theccc. org. uk/publication/hydrogen-in-a-low-carbon-economy/[2018-11-21].

[54] Zhou L H, Gilbert S, Wang Y, et al. Moving the Green Belt and Road Initiative: From Words to Actions. Washington: World Resources Institute, 2018: 1-44.

[55] Ascensão F, Fahrig L, Clevenger A P, et al. Environmental challenges for the Belt and Road Initiative. Nature Sustainability, 2018, 1: 206-209.

Environment Science

Qu Jiansheng, Liao Qin, Zeng Jingjing,
Pei Huijuan, Dong Liping, Liu Yanfei

In 2018, environmental protection issues and ecological construction have been raised to new heights. Some significant research progress has been made in the field of environmental science, such as land degradation and restoration, global warming and its interaction with ecosystems, impacts of air pollution and climate change on human health, surface ozone pollution, Antarctic glacier changes, and zero-carbon natural gas power generation technologies. Some important international organizations and major countries have strengthened the strategic deployments and actions in the areas of sustainable development goals, water science research, low-carbon economic transformation, waste treatment and resource use, biodiversity research and conservation, and hydrogen energy development in renewable energy, and so on, in order to promote sustainable economic and social development.

4.6 地球科学领域发展观察

郑军卫[1] 张志强[2] 赵纪东[1] 张树良[1] 翟明国[3]

（1. 中国科学院兰州文献情报中心；2. 中国科学院成都文献情报中心；
3. 中国科学院地质与地球物理研究所）

地球科学在人类认识、利用和适应自然界的过程中发挥着不可替代的重要作用。2018 年地球科学领域①在地球深部物质循环与结构、板块构造、地球系统、矿产资源绿色开采、行星地质学以及大数据与人工智能技术在地球科学中的应用等方面取得了一系列新的重要进展，一些国家和国际组织亦围绕上述领域进行了研究部署。

一、地球科学领域重要研究进展

1. 地球深部物质循环与结构研究获得新认识

地球内部的运行控制了表层系统的演变[1]，地球深部过程及动力学是地球矿产资源分布和地质灾害发生的深部根源。为了更全面、深入地理解地球深部作用的过程，人类不断向地球深部进军，围绕地球深部物质结构组成、演化的研究不断深入并取得突破。英国牛津大学与德国拜罗伊特大学等[2]机构合作研究发现地表下约 500km 的地方存在高度氧化的铁，这一发现令科学家们震惊，因为按照以往的认识，铁元素在地下深部发生氧化的可能性极小，他们推测碳酸盐流体或熔体导致铁的氧化，进而推测自然界的碳循环可以深入到地幔深部。美国密歇根州立大学等机构合作[3]也通过实验室模拟的方法研究了经改造后的地幔矿物——布里基曼石（Bridgmanite）的密度、压缩性和电子传导性等特征，促进了地幔中铁的认识。传统观点认为，在地球早期演化过程中地核与地幔的分离是一个有序过程，致密的铁质金属向内沉没形成地核，而大量的硅酸盐则向地球表面聚集形成地幔。但美国华盛顿卡内基研究所等[4]机构开展的一项基于夏威夷火山热点的钨和氙同位素地球化学研究发现，地幔中存在着一些保留了古老的氙和钨同位素特征的高密度区域，并据此推测地球的核幔分离是一个不均匀

① 本文所指的地球科学主要涉及地质学、地球物理学、地球化学、大气科学等学科。

的过程。

2. 地球板块构造理论得到进一步完善

板块构造理论一经提出，就一直是地球科学研究的重要内容和热点领域。传统观点认为，克拉通作为大陆地壳中年龄最古老的部分，通常远离活动构造边界，极少受到深部地幔动力学过程的影响，具有极强的稳定性，但 2018 年 2 月一项由美国伊利诺伊大学和意大利帕多瓦大学等[5]机构完成的研究发现，位于南美洲和非洲大陆下部的岩石圈地幔具有明显的分层结构且下层部分的密度更大，在进一步分析后认为克拉通底部岩石圈地幔的分层作用使得岩石圈的浮力发生变化，从而影响到克拉通的稳定性。澳大利亚国立大学和英国伦敦大学学院[6]通过检测地震波在地球不同深度的传播速度后发现，岩石样本中的水含量同地震波在其中传播的速度之间并无关联，首次揭示出板块运移的关键在于构造板块基底发生的部分熔融过程而非地幔水的存在，这颠覆了已有的认识。此外，在一些涉及对具体板块的研究方面也取得明显进展，如英国普利茅斯大学和自然历史博物馆[7]开展的有关英国大陆成因研究表明，英国大陆的形成是 3 个板块碰撞作用的结果，而非此前认为的 2 个。

3. 地球系统研究取得新进展

盖亚（Gaia）理论作为一种地球系统的认知框架，对地球系统科学的建立和发展完善具有重要意义[8]。英国埃克塞特大学和法国巴黎政治学院[9]合作研究认为，进入“人类世”后，人类及其技术的改进可以为地球的自调节系统（盖亚理论的核心）增加“自我意识”，使其升级为（人类）自我意识下自我调控的盖亚 2.0，这将有助于地球系统科学的发展和完善。由于人类活动对地球系统影响的范围和强度迅速增大，人类已被视为一种独立的地质营力来研究，并据此提出了“人类世”概念[10-12]。瑞典斯德哥尔摩大学和澳大利亚国立大学等[13]合作，以古气候动力学、现代观测和复杂性科学为基础，分析了“人类世”地球系统的可能演变轨迹，指出受自我强化反馈机制影响的地球系统可能正在接近行星临界点，这个临界点可能将地球锁定在一条向更热环境发展的路径上。

4. “四稀”关键金属矿产资源研究与绿色开采技术获得突破

稀有、稀散、稀土和稀贵金属由于具有独特的性质，广泛应用于高科技、军事、核工业、航空航天和新能源等领域，是支撑战略性新兴产业发展的重要原材料，关乎国家经济安全、国防安全和战略性新兴产业发展，近年来受到世界各国高度关注，纷纷被列为各国的“关键矿产”。爱沙尼亚塔尔图大学和奥地利维也纳技术大学等[14]开展了钴、铌、钨、稀土等关键原材料的可持续性评价，认为通过回收获得二次资源是一种实现对这些关键金属再利用的可取方法。巴西圣保罗大学的研究人员[15]评述了液-液萃取法提取稀土的选矿技术研究进展，并提出了改善稀土元素链的可持续性管理对策。随着环境保护意识的不断深入人心，探索矿业绿色发展[16]已成为实现资源利用效益最大化和矿业高质量发展的重要方式。目前，大多数的金矿开采还依赖于毒性大的氰化物法。美国圣母大学研究人员[17]研究出了一种新型大环分子（四内酰胺受体），其可以把含金矿石转化为氯金酸并用一种工业溶剂萃取出金，还可以在不使用酸性水汽提取的情况下选择性地把金从溶剂中分离出来，从而可减少金矿开采对环境的影响。该工艺也适用于铂和钯等其他贵金属的提取。此外，澳大利亚联邦科学与工业研究组织（CSIRO）[18]也宣布成功实现利用硫代硫酸盐替代传统的氰化物提取金的技术，且该技术的成本投入相较传统的氰化物加工而言要低很多，仅相当于后者的1/14～1/12。

5. 行星地质学受到重视和发展

作为地球科学的一个重要分支学科[19]，行星地质学研究已经从早期的宏观定性化发展到定量化和精细化的阶段，近年来以欧美为主的科学家围绕一些类地行星开展了多项综合性研究[20,21]。美国汉普顿大学和中国香港大学等[22]机构合作，基于对木卫冷却过程的观察，对类地行星的热演化机制进行了深入研究，提出了类地行星形成早期的热管冷却模式，并探讨了其对火山作用演化的影响。挪威极地研究所[23]通过雷达探测首次确认了火星上存在液态水，该液态水位于火星南极1.5km厚的冰层下，宽约20km。该研究结束了关于火星上是否存在液态水的争论，增加了火星上存在生命的可能。美国国家航空航天局（NASA）和法国国家科学研究中心（CNRS）等[24]机构合作，借助“好奇号”火星探测器在盖尔陨坑（Gale crater）地表处采集了一块有30亿年历史的沉积岩，从中发现了有机分子，包括噻吩类、苯、甲苯和小的碳链（如丙烷或丁烯），由此推测火星可能曾存在远古生命。

6. 人工智能技术在地学研究中得到应用

人工智能技术的发展为传统地球科学研究提供了新的研究方式和新的发展机遇。美国哥伦比亚大学等[25]机构共同利用机器学习算法对加利福尼亚州间歇泉地热区3年46 000多次的地震记录进行处理，从中识别出了与其他地震存在细微差别的地震波图谱，并据此发现水的运移与引起岩石滑动或破裂的机械过程相关，是引发当地地震的重要诱因。火山灰颗粒的形状能够反映火山喷发的类型和信息，一直是火山学家进行火山研究和灾害评估的重要内容，但此前对火山灰颗粒的分类主要靠人工完成。日本东京工业大学[26]通过训练一种卷积神经网络的人工智能程序来对火山灰颗粒的形状进行分类，并据此判断火山喷发类型和帮助减轻火山灾害，大大提高了分类的速度且有效避免了人工识别过程中的人为因素干扰。

二、地球科学领域重要研究部署

1. 重视关键矿产资源勘查开采和储备

随着新能源、新材料、信息技术等战略性新兴产业的发展，关键矿产资源的重要性日益突出，许多国家都纷纷制订相关战略加强保障。2018 年 5 月，美国内政部[27]公布了对美国经济和国家安全至关重要的 35 种矿产品清单，并以总统令形式使之列入战略重点，以期能使美国摆脱对外国矿产的依赖，寻求资源独立。该矿产品清单包括铝（矾土）、锑、砷、重晶石、铍、铋、铯、铬、钴、萤石、镓、锗、石墨（天然）、铪、氦、铟、锂、镁、锰、铌、铂族金属、钾盐、稀土元素族、铼、铷、钪、锶、钽、碲、锡、钛、钨、铀、钒和锆等关键矿产。美国地质调查局（USGS）[28]研究人员在《美国国家科学院院刊》发表文章比较分析了中美两国对新兴技术至关重要的 42 种非燃料矿产的净进口依存度、竞争格局和国外供应风险，认为未来中美将对锂、锆、铂、钯、铼、铑、钛、锰、钽、铬和铌等 11 种矿产展开争夺。一些具关键矿产资源优势的国家也开始重视对本国资源的保护和合理利用。例如，作为世界上钴资源最为丰富的国家之一，刚果民主共和国通过新的矿业法，将钴及钶钽铁矿纳入其国家战略矿产名录[29]。

2. 加强南北极相关研究

2018 年 5 月，澳大利亚外交部[30]宣布为推动澳大利亚的南极计划，政府打算在戴维斯研究站附近建造一条全年可通行的飞机跑道，这是继澳大利亚在南极凯西科考站附近修建“蓝冰”跑道后的又一举措。相对于南极而言，有关北极研究的部署更多。2018 年 2 月，美国战略与国际问题研究中心（CSIS）[31]发布报告《中国的北极梦》，评价了中国新兴的北极政策组织原则、中国对“开放”北极的诉求、中国参与下的北极地区公平治理现状及未来中美在北极合作的前景等。7 月，英国自然环境研究理事会（NERC）和德国联邦教育与研究部（BMBF）[32]宣布共同投资近 800 万英镑用于 12 个新的北极研究项目，旨在更好地了解和预测北极海洋环境和生态系统的变化。10 月，美国得克萨斯大学圣安东尼奥分校（UTSA）[33]宣布建成基于网络的北极开放数据库，可提供不同年份获取的数千张北冰洋影像资料，以帮助科学家和全球了解北极地区包括海冰消失在内的物理变化。

3. 推进数字地球技术研发

美国洛斯阿拉莫斯国家实验室[34]开发出新的地球模拟器 E3SM，具有天气尺度的分辨率，可以使用先进的计算机来模拟地球变异性的各方面特征，并预测未来几年将会对美国能源行业产生重大影响的变化。美国普林斯顿大学等[35]利用超级计算机和地震数据集共同开发出了一种新的地球外核弹性参数（EPOC）模型，对现有的初步地球参考模型（PREM）进行了更新，可以更好地研究地球深部的物理属性。2018 年 6 月，澳大利亚科学院（ASA）宣布建设一个新的空间研究中心，将重点收集和分析来自太空的地球观测数据[36]。该中心将协调澳大利亚联邦科学与工业研究组织（CSIRO）的一系列地球观测活动，同时也是连接澳大利亚企业、其他政府机构和研究机构的桥梁。7 月，澳大利亚数字地球项目再获 3690 万澳元的资助，将帮助当地企业和行业开发利用地球观测数据的潜力[37]。截至 2018 年 7 月，澳大利亚数字地球项目已经为澳大利亚不断变化的环境提供了许多有价值的见解，并为澳大利亚政府的决策制定提供了支撑。

4. 完善全方位地球观测监测体系

美国国家科学院[38]发布《让我们变化的星球繁荣发展：空间对地观测未来 10 年战略》报告，提出未来 10 年（2018～2027 年）需要解决的地球科学及其应用领域的 5 个优先观测项目，即气溶胶与云，对流和降水，地表生物学和地质学，地表形变，雪、冰和海水的质量变化，以期为美国未来的空间对地观测资助布局提供重要决策支撑。2018 年 5 月，美国国家航空航天局发射了由其和德国地球科学研究中心合作开发的新一代对地观测卫星（GRACE-FO），以实现对地球表面和地下水供应分布变化的观测[39]。8 月，欧洲空间局（ESA）发射“风神”（Aeolus）卫星，以提供全球风、气压、温度和湿度之间相互关系的信息[40]。同月，英国宣布将投资 9200 万英镑用于脱欧后独立卫星系统的开发，以期替代欧盟伽利略系统，为英国提供全面的导航服务[41]。

三、启示与建议

1. 加强地球系统科学研究

越来越多的科学家和研究机构都意识到，不论是对地球的深入认识，还是对一些重大科学难题的解决，都需要将地球作为一个整体系统来开展研究。近年来，美国、欧盟、澳大利亚等国家或地区以地球系统科学理念为指导，从空间对地观测系统建设、数字地球技术、地球模拟、关键带研究等方面进行布局，促进地球系统科学研究，推动地球科学重大基础研究和关键科学问题解决。抓住时机布局和开展以地球系统科学为统领，着眼于多圈层、多尺度、多学科、定量化、系统化、集成化的研究手段，揭示全球资源-生态-环境-灾害-社会等多要素的协调过程与机理研究，突出地球深部作用与过程、地球表层作用与过程，丰富和发展板块构造理论，将是我国实现从地学大国迈向地学强国的重要机遇。

2. 重视关键矿产资源的勘查和储备

随着高新技术产业的不断发展，越来越多的国家意识到关键矿产对高新技术的支撑和保障作用，纷纷制定相关举措促进本国关键矿产资源的勘查、开采和储备。美国研制和公布其发展所需的关键矿产资源清单，并采取措施加大对关键矿产品的储备和保障[27,42]。日本则加强对其国内资源的勘查，并于 2018 年在日本南鸟岛的海底泥土中发现了潜在的稀土资源[43]。我国经济社会发展的巨大潜力和空间使得矿产资源的需求持续增长，国内已有的关键矿产资源储量难以满足需求的日益增长，严重影响了我国关键矿产资源的安全供给。建议尽快提出关键矿产清单，立足国内，围绕关键矿产富集机制、规律和探测技术等开展研究以提升国内资源供给力，同时加强相关储备和保障战略的研制以保障我国关键矿产资源供应安全。

3. 布局类地行星研究

对类地行星、小行星等进行研究，可以为地外矿产资源勘查以及地球的起源和演化、生命的起源和演化等提供巨大帮助。2018 年 8 月，欧洲科学基金会（ESF）宣布成立欧洲行星协会[44]，以便促进欧洲行星科学的发展。美国持续部署和支持对类地行星的探测研究。自 2011 年以来，美国国家航空航天局研究人员就利用“好奇号”探测器对火星进行探测，以探寻生命元素。2018 年 6 月，“好奇号”探测器对火星盖尔陨坑中莫里山岩群沉积岩进行原位监测时发现了能证明火星曾存在生命的有机分子[24]。美国夏威夷大学等机构合作通过分析印度“月船一号”任务中月球矿物制图仪（M3）所获得的数据，以及与月球轨道激光测高仪（LOLA）、莱曼-阿尔法制图项目（LAMP）和月球勘测轨道飞行器（LRO）的数据进行比对，得出月球表面永久阴影区域（PSR）的地表存在水冰的结论[45]。我国需加强针对类地行星的研究部署，以期通过相关研究改进对行星地球的理解和认识。

4. 继续加强地球观测监测体系建设

现代地球科学研究的发展，要求建立全方位、立体化观测监测体系。虽然美国、欧盟、澳大利亚等国家或地区在地球科学研究大型基础设施、观测监测网络和大数据平台等建设方面已粗具规模，但2018年其仍将构建地基、海基、空基、星基密集观测系统，发展地球大数据科学平台，以及开发地球数值模拟装置和模型等作为资助的重点。近年来我国地球观测探测体系建设也取得长足进展，但对当前和未来的地球科学研究需求而言，仍需要继续加强全方位、立体化、高精度、密集型观测监测系统建设。

致谢：中国地质大学（武汉）马昌前教授、中国地质调查局施俊法研究员、中国科学院广州地球化学研究所凌明星研究员、西北大学陈亮副教授等审阅了本文并提出了宝贵的修改意见，中国科学院兰州文献情报中心刘学、王立伟、刘文浩、刘燕飞、安培浚、李小燕等参与了本文的部分资料收集与翻译，在此一并感谢。

参考文献

[1] 姚檀栋，刘勇勤，陈发虎，等. 地球系统科学发展与展望//中国科学院. 2018科学发展报告. 北京：科学出版社，2018：32-52.

[2] Kiseeva E S, Vasiukov D M, Wood B J, et al. Oxidized iron in garnets from the mantle transition zone. Nature Geoscience, 2018, 11(2): 144-147.

[3] Liu J, Dorfman S M, Zhu F, et al. Valence and spin states of iron are invisible in earth's lower mantle. Nature Communications, 2018, 9: 1284.

[4] Jackson C R M, Bennett N R, Du Z, et al. Early episodes of high-pressure core formation preserved in plume mantle. Nature, 2018, 553: 491-495.

[5] Hu J, Liu L, Faccenda M, et al. Modification of the Western Gondwana craton by plume-lithosphere interaction. Nature Geoscience, 2018, 11(3): 203-210.

[6] Cline II C J, Faul U H, David E C, et al. Redox-influenced seismic properties of upper-mantle olivine. Nature, 2018, 555: 355-358.

[7] Dijkstra A H, Hatch C. Mapping a hidden terrane boundary in the mantle lithosphere with lamprophyres. Nature Communications, 2018, 9: 3770.

[8] 孙枢，王成善. Gaia理论与地球系统科学. 地质学报，2008，82(1)：1-8.

[9] Lenton T M, Latour B. Gaia 2.0. Science, 2018, 361(6407): 1066-1068.

[10] Crutzen P J, Stoermer E F. The "Anthropocene". IGBP Newsletter, 2000, 41: 17-18.

[11] 刘学，张志强，郑军卫，等. 关于人类世问题研究的讨论. 地球科学进展，2014，29(5)：640-649.

[12] Shim Y S, Bellomy D C. Thinking and acting systematically about the Anthropocene. Systemic

Practice and Action Research,2018,31(6):599-615.

[13] Steffen W,Rockström J,Richardson K,et al. Trajectories of the earth system in the Anthropocene. PNAS,2018,115(33):8252-8259.

[14] Tkaczyk A H,Bartl A,Amato A,et al. Sustainability evaluation of essential critical raw materials: cobalt,niobium,tungsten and rare earth elements. Journal of Physics D—Applied Physics,2018,51(20):203001.

[15] Turra C. Sustainability of rare earth elements chain:from production to food—a review. International Journal of Environmental Health Research,2018,28(1):23-42.

[16] Liu W,Oliver A G,Smith B D. Macrocyclic receptor for precious gold,platinum,or palladium coordination complexes. Journal of the American Chemical Society,2018,140(22):6810-6813.

[17] 华丽,强海洋,陈丽新. 新时代矿业绿色发展与高质量发展思路研究. 中国国土资源经济,2018,31(8):4-10.

[18] CSIRO. CSIRO's cyanide-free gold showcases non-toxic solution. https://www. csiro. au/en/News/News-releases/2018/CSIROs-cyanide-free-gold-showcases-non-toxic-solution[2018-08-28].

[19] Rossi A P, van Gasselt S. Planetary Geology. Berlin: Springer International Publishing, 2018: 1-414.

[20] Pajola M,Rossato S,Carter J,et al. Eridania Basin:An ancient paleolake floor as the next landing site for the Mars 2020 rover. Icarus,2016,275(3):163-182.

[21] Moriarty D P,Pieters C M. The character of South Pole-Aitken Basin: patterns of surface and subsurface composition. Journal of Geophysical Research:Planets,2018,123(3):729-747.

[22] Moore W B,Simon J I,Web A A G. Heat-pipe planets. Earth and Planetary Science Letters,2017,474(9):13-19.

[23] Diez A. Liquid water on Mars. Science,2018,361(6401):448-449.

[24] Grocholski B,Smith K T. Measuring Martian organics and methane. Science,2018,360(6393):1082.

[25] Holtzman B K,Paté A,Paisley J,et al. Machine learning reveals cyclic changes in seismic source spectra in Geysers geothermal field. Science Advances,2018,4(5):eaao2929.

[26] Shoji D,Noguchi R,Otsuki S,et al. Classification of volcanic ash particles using a convolutional neural network and probability. Scientific Reports,2018,8:8111.

[27] DOI. Interior releases 2018's final list of 35 minerals deemed critical to U. S. national security and the economy. https://www. usgs. gov/news/interior-releases-2018-s-final-list-35-minerals-deemed-critical-us-national-security-and[2018-06-01].

[28] Gulley A L,Nassar N T,Xun S. China,the United States,and competition for resources that enable emerging technologies. PNAS,2018,115(16):4111-4115.

[29] Reuters. Cobalt to be declared a strategic mineral in the DRC. http://www. miningweekly. com/article/cobalt-to-be-declared-a-strategic-mineral-in-the-drc-2018-03-15[2018-04-05].

[30] Australian Minister for Foreign Affairs. Leading the way by building Antarctica's first paved runway. https://foreignminister. gov. au/releases/Pages/2018/jb_mr_180518. aspx? w=tb1CaGpk PX% 2FlS0K% 2Bg9ZKEg% 3D% 3D[2018-05-20].

[31] Center for Strategic and International Studies. China's Arctic Dream. https://csis-prod. s3. amazonaws. com/s3fs-public/publication/180220_Conley_ChinasArcticDream_Web. pdf? 3tqVgNHyj BBkt. p_sNnwuOxHDXs. ip36[2018-03-01].

[32] UK Research and Innovation. UK and Germany combine forces to fund crucial Arctic science. https://nerc. ukri. org/press/releases/2018/27-arctic/[2018-07-03].

[33] University of Texas at San Antonio. UTSA creates web-based open source dashboard of North Pole. https://www. utsa. edu/today/2018/10/story/ArcCI. html[2018-11-05].

[34] Los Alamos National Laboratory. New high-resolution earth-modeling system announced. http://lanl. gov/discover/publications/connections/2018-05/science. php[2018-05-05].

[35] Irving J C E, Cottaar S, Lekić V. Seismically determined elastic parameters for earth's outer core. Science Advances, 2018, 4(6): eaar2538.

[36] CSIRO. Space capability strengthens with new earth observation centre. https://www. csiro. au/en/News/News-releases/2018/new-earth-observation-centre[2018-06-18].

[37] Geoscience Australia. New investment helps Digital Earth Australia to take off. http://www. ga. gov. au/news-events/news/latest-news/new-investment-helps-digital-earth-australia-to-take-off[2018-08-05].

[38] National Academies of Sciences, Engineering, and Medicine; Division on Engineering and Physical Sciences; Space Studies Board; et al. Thriving on our changing planet: a decadal strategy for earth observation from space. https://download. nap. edu/cart/download. cgi? record_id=24938[2018-01-15].

[39] Bartuska A, Bernknopf R, Mabee B. GRACE mission analyses illustrate the value of earth observations. https://www. resourcesmag. org/common-resources/grace-mission-analyses-illustrate-the-value-of-earth-observations/[2018-06-05].

[40] European Space Agency. ESA's Aeolus wind satellite launched. https://www. esa. int/For_Media/Press_Releases/ESA_s_Aeolus_wind_satellite_launched[2018-09-05].

[41] Ministry of Defence; UK Space Agency; Department for Business, Energy & Industrial Strategy, et al. Space sector to benefit from multi-million pound work on UK alternative to Galileo. https://www. gov. uk/government/news/space-sector-to-benefit-from-multi-million-pound-work-on-uk-alternative-to-galileo[2018-09-05].

[42] USGS. President proposes $922 million FY18 budget for USGS. https://www. usgs. gov/news/president-proposes-922-million-fy18-budget-usgs[2017-05-23].

[43] Takaya Y, Yasukawa K, Kawasaki T, et al. The tremendous potential of deep-sea mud as a source of rare-earth elements. Scientific Reports, 2018, 8: 5763.

[44] European Science Foundation. Europlanet society launched at the European planetary science congress 2018. http://www. esf. org/newsroom/news-and-press-releases/article/europlanet-society-launched-at-the-european-planetary-science-congress-2018/? L=% 5C% 28% 29A% 3D0&cHash =d87c0f86aff2b87e96b2cca36a0b7433[2018-09-20].
[45] Li S, Lucey P G, Milliken R E, et al. Direct evidence of surface exposed water ice in the lunar polar regions. PNAS, 2018, 115(36): 8907-8912.

Earth Science

Zheng Junwei, Zhang Zhiqiang, Zhao Jidong, Zhang Shuliang, Zhai Mingguo

Earth science is a natural science with a long history. It plays an irreplaceable role in the process of human understanding, using and adapting to nature. In 2018, a great deal of breakthrough progress has been made in the field of earth science: new understanding of material cycle and structure in deep earth; the theory of earth plate tectonics; new progress in earth system research; breakthroughs in green mining technology of precious metal mineral resources; development of planetary geology; application of big data and artificial intelligence technology in geoscience research; and so on. Some countries and international organizations mainly focus on key mineral resources exploration, North Pole and South Pole research, digital earth technology research and development, and construction of earth observation and monitoring system.

4.7　海洋科学领域发展观察

高　峰[1]　王金平[1]　冯志纲[2]　王　凡[2]　吴秀平[1]

（1. 中国科学院西北生态环境资源研究院；2. 中国科学院海洋研究所）

2018年，全球在海洋科学领域取得了一系列重要研究成果。在物理海洋、海洋生物、海洋地质、海洋环境以及海洋技术等领域的研究持续推进，在海平面上升、全球变暖对海洋的影响、极地海洋研究和海洋观测探测技术等方面取得诸多突破。国际组织和主要海洋国家围绕相关海洋研究方向进行了部署。

一、海洋科学领域重要研究进展

1. 物理海洋研究取得新进展

来自数十个研究机构的合作研究发现，全球海平面正在以每年3.1mm的速度快速升高[1]。英国国家海洋学中心（National Oceanographic Centre，NOC）研究发现，若全球升温没有控制在工业化前期基础上的2℃以内，预计到2100年海平面上升所造成的洪水灾害会使全球每年损失14万亿美元[2]。英国林肯大学等机构研究指出，如不采取行动保护沿海湿地，2100年全球30%的沿海湿地可能会消失[3]。

美国国家大气研究中心（National Center for Atmospheric Research，NCAR）等机构的研究表明，随着全球气候变暖，厄尔尼诺-南方涛动（El Niño-Southern Oscillation，ENSO）对温度、降水和森林火灾的影响将加剧[4]。美国国家航空航天局（NASA）等机构的新研究指出，强厄尔尼诺事件会造成南极冰架严重的冰层损失，而在强拉尼娜现象下则相反[5]。挪威比约克内斯气候研究中心等机构的研究结果表明，在晚秋季节ENSO可能对气候产生重要影响，特别是与ENSO相关的温度异常范围要比随后的冬季月份大得多[6]。

2018年1月3日，美国斯克里普斯海洋研究所（Scripps Institution of Oceanography，SIO）联合日本国立极地研究所等机构的研究发现，在末次冰期过渡期，全球平均海表温度上升了2.57℃左右[7]。来自德国不来梅大学等机构的研究指出，在1.5℃和2℃升温情景下，21世纪冰川质量损失对海平面的影响没有显著差异[8]。美国科罗拉多大学科研人员领导的研究团队指出，末次冰期覆盖了当今北美大部分地区的劳伦蒂德冰盖在末次冰消期之后大幅减少，导致热带太平洋和南极西部地区出现明显的气候变率[9]。

由伦敦大学学院和伍兹霍尔海洋学研究所（WHOI）领导的最新一项研究证明，全球海洋环流系统自19世纪中期以来已经不再以最高强度运行，目前处于1600年以来的最低点[10]。美国得克萨斯大学奥斯汀分校研究发现了大西洋洋流变化与陆地降水之间的关联性，并且这种关联性已经存在数千年，这一重要发现将有助于科学家认识和理解地球历史气候过程的控制要素将如何影响现在和未来气候[11]。

2. 海洋生物学研究成果显著

日本海洋与地球科学技术局（JAMSTEC）与德国亥姆霍兹学会吉斯达赫特材料与海岸研究中心（HZG）的科学家发现，海洋中浮游植物的多样性是维持海洋生态系统整体生产力和恢复力的关键因素[12]。亚太经合组织气候中心与沙特阿拉伯阿卜杜拉国王科技大学等机构的研究证实了DNA甲基化与脊椎动物对气候变化的跨代适应①（transgenerational）之间存在联系[13]。英国南极调查局（British Antarctic Survey，BAS）科研人员研究了气候变暖对960多种海洋无脊椎动物的潜在影响，指出79%的南极洲特有海洋物种受到海洋升温的威胁[14]。美国加州大学欧文分校生态学家提出浅水海岸生态系统中的海洋植物和海藻在降低海洋酸化影响方面发挥关键作用[15]。

3. 海洋地质研究取得新发现

澳大利亚海洋科学研究所（Australian Institute of Marine Science，AIMS）在西澳大利亚州西北部的两个站点完成了世界首例真实地震实验，以确定海洋噪声对鱼类和珍珠牡蛎的影响[16]。来自英国、挪威和丹麦的国际研究团队证实在南极洲东部存在一个巨大的地热能来源[17]。华盛顿大学（圣路易斯）的研究人员指出，海洋下构造板块的慢速碰撞将大约3倍多（相对于之前的估计的水）拖动到地球深部[18]。日本东京工业大学和东北大学的研究人员发现，板块俯冲慢滑事件中的流体释放可能是引发大型逆冲区地震的一个重要原因[19]。由瑞士苏黎世联邦理工学院主导的一项研究发现，地震是大洋深部碳循环的驱动因素[20]。华盛顿大学等机构的科学家发现，二叠纪末期全球变暖引起大规模物种灭绝的原因在于海洋动物的缺氧死亡[21]。

---

① 上一代的生活环境可以影响下一代的表现，当父代和他们的后代都经历同样的环境变化时，一些物种可以适应与气候相关的压力，即为跨代适应。

4. 海洋环境问题获得新的认识

美国弗吉尼亚大学和加州大学圣塔芭芭拉分校等机构研究发现，海洋风暴的发生频率是影响海藻森林生物多样性的最重要因素，未来的海洋风暴可能会给沿海海洋生物的多样性带来巨大的变化[22]。欧盟联合研究中心报告指出，如果气温上升幅度超过工业化前水平 2℃以上并且没有采取适当的适应措施，整个欧洲范围内就有可能面临更频繁和更强烈的极端天气事件，并产生重大的环境和社会经济影响[23]。由英国 NOC 等机构的科学家开展的一项研究显示，自从含铅汽油被逐步淘汰以来，欧洲各海域表层水中的铅浓度首次出现下降[24]。澳大利亚海洋科学研究所的研究人员首次在大堡礁野生捕获商业鱼类的肠道中发现了 115 种人造碎片[25]。德国赫姆霍兹基尔海洋研究中心（GEOMAR）研究指出，第二次世界大战期间有无数的弹药被投入海洋中，如果弹药中的炸药等有毒化学物质发生泄漏，这些化学物质将对海洋生态系统产生严重影响[26]。

5. 海洋观测新技术研发与应用

英国国家海洋学中心的创新型海洋机器人 ecoSUB 在苏格兰北部的奥克尼群岛完成试验任务[27]。这种新型微型水下机器人能有效帮助我们了解海洋自主水下系统的能力，将有可能改变海事领域的数据收集现状。英国国家海洋学中心测试了一款新型深海滑翔机（Deepglider）[28]，可以测量海水温度、盐度、浮游植物丰度等参数。该滑翔机不仅最高能够承受海洋深处 600 个标准大气压的压强，而且有效荷载下可保持 6 个月以上的续航能力。德国赫姆霍兹基尔海洋研究中心、基于人工智能技术开发了一套全新的用于海底图像分析的全自动工作系统[29]。英国新建的极地科考船下海，该船是英国政府近 30 年来建造的最先进的极地科考船，同时启动下一阶段的建造工作[30]。美国国家航空航天局成功发射了一颗测冰卫星（ICESat-2），是同类中最先进的激光卫星，可测量极地高度的变化，并计算其对全球海平面和气候变化的潜在影响[31]。美国国家航空航天局宣布借助最新的小卫星技术首次成功获得全球冰云分布图，从而填补了一直以来无法直接探测冰云的科学空白[32]。

二、海洋科学领域重要研究部署

1. 国际组织

以联合国相关机构为代表的国际组织持续关注海洋可持续发展、绿色航运和海洋防灾减灾等方向。2018 年 2 月，联合国教科文组织发表的《联合国海洋科学十年可持续发展路线图》[33] 指出，实现海洋科学的可持续发展需要科学知识储备、基础设施建设及广泛合作的开展。4 月 13 日，国际海事组织（International Maritime Organization，IMO）在伦敦通过减少船舶温室气体排放的初步战略，该战略力争 2050 年的温室气体排放总量比 2008 年至少减少 50%，并逐步迈向零碳目标[34]。11 月 16 日，世界气象组织（World Meteorological Organization，WMO）宣布在南极开展为期三个月的“极地预测年”特殊观测期[35]，该特殊观测期通过改善北极和南极的预报来提升环境安全。11 月 27 日，世界气象组织宣布启动旨在强化加勒比地区多灾害早期预警系统建设的行动计划《强化加勒比地区水文-气象及早期预警服务》[36]。

2. 美国

为了确保美国在北极地区的经济和战略利益，2018 年美国有关部门和机构发布了一系列战略规划和战略性报告。2018 年 4 月 2 日，美国国际战略研究中心（Center for Strategic and International Studies，CSIS）发布《中国海上丝绸之路：对印度洋-太平洋地区战略和经济影响》，以具体案例分析了中国海上丝绸之路对印度洋-太平洋地区基础设施发展及经济、地缘战略的影响[37]。5 月 21 日美国进步中心（Center for American Progress）发布《蓝色未来：梳理中美海洋合作的机遇》，通过美中海洋对话确定了两国在海洋资源管理和可持续发展方面的合作途径[38]。10 月，国际珊瑚礁学会（International Coral Reef Initiative，ICRI）发布了美国国家海洋和大气管理局更新版本的《珊瑚礁保护战略规划》，列出了保护珊瑚礁生态系统的重点事项[39]。11 月，美国国家科学技术委员会（National Science and Technology Council，NSTC）发布《美国国家海洋科技发展：未来十年愿景》，确定了 2018～2028 年海洋科技发展的迫切研究需求与发展机遇，以及未来十年推进美国国家海洋科技发展的目标与优先事项[40]。

3. 欧洲

为应对日益严峻的塑料污染特别是海洋塑料污染，欧洲继续加强相关布局。2018 年 1 月 16 日，欧洲委员会发布《欧洲循环经济中的塑料战略》，该战略提出了欧盟层面需要采取的具体行动，旨在在 2030 年前消除不可回收的塑料[41]。10 月，法国国家科学研究中心（CNRS）等机构评估了 13 项应对气候变化的海洋解决方案的潜力[42]。作为全球重要海洋科技强国，英国基于自身需求，加强了未来海洋战略方向布局和研究项目实施。3 月 21 日，英国发布了《预见未来海洋》报告，从总体建议、海洋经济发展、海洋环境保护、全球海洋事务合作、海洋科学等五个方面分析阐述了英国海洋战略的现状和未来需求，并为未来英国海洋发展提出了20条建议[43]；7月，英国自然环境研究理事会（Natural Environment Research Council，NERC）宣布未来五年将投资2200万英镑用于气候相关的大西洋科学研究项目[44]；11月19日，英国自然环境研究理事会和生物技术与生物科学研究理事会（Biotechnology and Biological Sciences Research Council，BBSRC）共同发起英国水产养殖计划，以应对英国水产养殖面临的战略挑战[45]。

4. 其他国家

2018年2月20日，日本发布了“海底2030计划”，计划于2030年完成全球海底深度地图绘制[46]。5月，日本发布了《海洋基本计划》，将海洋政策重点从海洋资源开发调整至海洋安全保障领域[47]。6月20日，澳大利亚海洋科学研究所发布《北部地区海洋科学计划》，以促进确保澳大利亚北部地区的海洋科学研究成果能够推广应用[48]。

三、启示与建议

1. 持续关注全球性海洋环境问题，加强重大项目实施

全球性海洋环境问题对人类健康和全球可持续发展具有重要意义。近年来，海洋环境污染问题日渐凸显，受到国际社会特别是科学界的广泛关注。同时，气候变化带来的海洋升温、海洋酸化、海洋灾害频发以及海洋缺氧等也进一步受到重点关注。我国在海洋环境研究方面已持续开展了大量相关工作，国家重点研发计划“海洋环境安全保障”持续推进，取得一定的进展。未来我国应进一步瞄准全球性重要海洋环境问题，并结合我国海洋环境治理需求，提升相关研究的国际影响力，提升涉海环境问题的国际话语权，推进相关研究成果的应用。

2. 加强国际合作，提升极地考察能力和技术研发水平

随着全球气候变暖，两极地区的战略价值和资源潜力逐渐显现，近年来，各海洋强国显著加强了对南北极的研究，相关研究布局和研究资助也进一步加强。我国在极地研究方面起步较晚，相关技术与欧美等国家或地区有一定的差距。近年来，随着国家对相关研究的资助力度不断加大，我国极地研究开始全方位推进。在国家重点研发计划等的资助下，相关科学研究和技术开发不断取得进步。极地科学研究和考察活动对技术手段的要求极高，未来我国应重点加强极地破冰船、极地地区监测观测设备等

相关技术开发，并积极与俄罗斯、英国等国开展合作，共同开展技术研发和科学研究，促进我国自主研发能力的提升，提升北极和南极的科学研究水平。

3. 加大对核心关键技术的投入，整体提升海洋装备水平

随着信息技术的不断进步，海洋新技术的开发和应用对海洋研究的促进作用愈加明显。近年来，欧美日等海洋强国和国际组织不断推出和测试相关新技术，加强海洋观测和探测能力。在国家 863 计划和国家重点研发计划等的资助下，我国海洋技术装备的研发能力取得显著进步，但在实际应用方面，相关技术设备与欧美仪器设备存在不小的差距。此外，针对核心传感器和相关功能部件研发等方面存在技术短板，应重点加强投入。

致谢：中国科学院海洋研究所李超伦研究员、中国海洋大学高会旺教授、自然资源部第一海洋研究所王宗灵研究员、中国海洋大学于华明副教授对本报告初稿进行了审阅并提出了宝贵修改意见，在此表示感谢！

参考文献

[1] Cazenave A. Global sea-level budget 1993-present. Earth System Science Data,2018,10:1551-1590.

[2] National Oceanography Centre. Rising sea levels could cost the world ＄14 trillion a year by 2100. http://noc. ac. uk/news/rising-sea-levels-could-cost-world-14-trillion-year-2100[2018-07-04].

[3] Mark S,Tom S,Stijn T,et al. Future response of global coastal wetlands to sea-level rise. Nature, 2018,561:231-234.

[4] Fasullo J T,Otto-Bliesner B L,Stevenson S. ENSO's changing influence on temperature,precipitation,and wildfire in a warming climate. https://agupubs. onlinelibrary. wiley. com/doi/10. 1029/2018GL079022[2018-08-22].

[5] Paolo F S,Padman L,Fricker H A,et al. Response of Pacific-sector Antarctic ice shelves to the El Niño/Southern Oscillation. Nature Geoscience,2018,11:121-126.

[6] King M P. Importance of late fall ENSO teleconnection in the Euro-Atlantic sector. https://journals. ametsoc. org/doi/10. 1175/BAMS-D-17-0020. 1[2018-08-22].

[7] Bereiter B,Shackleton S,Baggenstos D,et al. Mean global ocean temperatures during the last glacial transition. Nature,2018,553:39-44.

[8] Ben M,Georg K,Fabien M,et al. Limited influence of climate change mitigation on short-term glacier mass loss. Nature,2018,8:305-308.

[9] Jones T R,Roberts W H G,Steig E J,et al. Southern Hemisphere climate variability forced by Northern Hemisphere ice-sheet topography. Nature,2018,554:351-355.

[10] Thornalley D J R,Oppo D W,Ortega P,et al. Anomalously weak Labrador Sea convection and

Atlantic overturning during the past 150 years. Nature,2018,556(7700):227.

[11] Thirumalai K,Quinn T M,Okumura Y,et al. Pronounced centennial-scale Atlantic Ocean climate variability correlated with Western Hemisphere hydroclimate. Nature Communications, 2018, 9 (1):392.

[12] Chen B Z,Smith S L,Wirtz K W. Effect of phytoplankton size diversity on primary productivity in the North Pacific:trait distributions under environmental variability. Ecology Letters,2019,22:56-66.

[13] Ryu T,Veilleux H D,Donelson J M,et al. The epigenetic landscape of transgenerational acclimation to ocean warming. Nature Climate Change,2018,(8):504-509.

[14] Griffiths H J,Andrew J,Thomas J B. More losers than winners in a century of future Southern Ocean seafloor warming. Nature Climate Change,2017,7:749-754.

[15] UCI. Marine vegetation can mitigate ocean acidification,UCI study finds. https://news. uci. edu/2018/01/22/marine-vegetation-can-mitigate-ocean-acidification-uci-study-finds/[2018-01-22].

[16] Austrilia Government. World first seismic sound experiment conducted off NW Australia. https://www. aims. gov. au/docs/media/latest-releases/-/asset_publisher/8Kfw/content/world-first-seismic-sound-experiment-conducted-off-nw-australia[2018-10-20].

[17] Jordan T A,MartinC,Ferraccioli F,et al. Anomalously high geothermal flux near the South Pole. Scientific Reports,2018,8:16785.

[18] NSF. Seismic study reveals huge amount of water dragged into Earth's interior. https://www. nsf. gov/news/news_summ. jsp?cntn_id=297133&org=NSF&from=news[2018-11-23].

[19] Junichi N,Naoki U. Repeated drainage from megathrusts during episodic slow slip. Nature Geoscience,2018,11:351-356.

[20] Bao R,Strasser M,McNicho A P,et al. Tectonically-triggered sediment and carbon export to the Hadal zone. Nature Communications,2018,9(1):121.

[21] Penn J L,Deutsch C,Payne J L,et al. Temperature-dependent hypoxia explains biogeography and severity of end-Permian marine mass extinction. Science,2018,362(6419):eaat1327.

[22] NSF. Increasing frequency of ocean storms alters kelp forest ecosystems. https://www. nsf. gov/discoveries/disc_summ. jsp? cntn_id=296516&org=ERE&from=news[2018-10-30].

[23] European Commission. Climate impacts in Europe:Final report of the JRC PESETA Ⅲ project. https://ec. europa. eu/jrc/en/publication/eur-scientific-and-technical-research-reports/climate-impacts-europe[2018-11-25].

[24] Rusiecka D,Gledhill M,Milne A. Anthropogenic signatures of lead in the Northeast Atlantic. Geophysical Research Letters,2018,45(6):2734-2743.

[25] AIMS. Reef fish show signs of marine debris in their gut. https://www. aims. gov. au/docs/media/latest-releases/-/asset _ publisher/8Kfw/content/reef-fish-show-signs-of-marine-debris-in-their-gut[2018-12-08].

[26] Beck A J, Gledhill M, Schlosser C, et al. Spread, Behavior, and Ecosystem Consequences of Conventional Munitions Compounds in Coastal Marine Waters. Frontiers in Marine Science 2018, 5:00141.

[27] National Ocean Center. Royal navy supports successful trials of new underwater micro-robots. http://noc. ac. uk/news/royal-navy-supports-successful-trials-new-underwater-micro-robots[2018-11-28].

[28] National Ocean Center. New Deepglider ocean robot successfully trialled off southwest UK. http://noc. ac. uk/news/new-deepglider-ocean-robot-successfully-trialled-southwest-uk[2018-06-12].

[29] GEOMAR. Understanding deep-sea images with artificial intelligence. https://www. eurekalert. org/pub_releases/2018-09/hcfo-udi091018. php[2018-09-25].

[30] NERC. Launch of the RRS Sir David Attenborough hull into River Mersey. https://nerc. ukri. org/press/releases/2018/28-ship/[2018-07-11].

[31] Voosen P. NASA space laser will track Earth's melting poles and disappearing sea ice. http://www. sciencemag. org/news/2018/09/nasa-space-laser-will-track-earth-s-melting-poles-and-disappearing-sea-ice[2018-09-29].

[32] NASA. Tiny satellite's first global map of ice clouds. https://www. nasa. gov/feature/goddard/2018/tiny-satellites-first-global-map-of-ice-clouds[2018-05-15].

[33] UNESCO. Roadmap for the UN Decade of Ocean Science for Sustainable Development. https://www. oceandecade. org/[2017-12-06].

[34] IMO. UN body adopts climate change strategy for shipping. http://www. imo. org/en/MediaCentre/PressBriefings/Pages/06GHGinitialstrategy. aspx[2018-04-15].

[35] World Meteorological Organization. Special observing period begins in Antarctic. https://public. wmo. int/en/media/news/special-observing-period-begins-antarctic[2018-11-26].

[36] World Meteorological Organization. Caribbean to strengthen early warning systems and resilience to climate change. https://public. wmo. int/en/media/news/caribbean-strengthen-early-warning-systems-and-resilience-climate-change[2018-11-27].

[37] Csisprod. China's Maritime Silk Road: Strategic and Economic Implications for the Indo-Pacific Region. https://www. wita. org/atp-research/chinas-maritime-silk-road-strategic-and-economic-implications-for-the-indo-pacific-region/[2018-04-02].

[38] Consortium for Ocean Leadership. Blue Future: Mapping Opportunities for U. S.-China Ocean Cooperation. http://oceanleadership. org/blue-future-mapping-opportunities-for-u-s-china-ocean-cooperation/[2018-05-22].

[39] NOAA Coral Reef Conservation Program. NOAA Coral Reef Conservation Program Strategic Plan. https://www. icriforum. org/sites/default/files/noaa_19419_DS1. pdf[2018-10-20].

[40] National Science and Technology Council. Science and Technology for America's Oceans: A Decadal Vision. https://www. whitehouse. gov/wp-content/uploads/2018/11/Science-and-Technology-for-

Americas-Oceans-A-Decadal-Vision. pdf[2018-11-12].
[41] Europa. A European Strategy for Plastics in a Circular Economy. http://europa. eu/rapid/press-release_IP-18-5_en. htm[2018-01-16].
[42] CNRS. Thirteen ocean solutions for climate change. http://www2. cnrs. fr/en/3157. htm[2018-10-04].
[43] UK Government. Foresight Future of the Sea. https://www. gov. uk/government/collections/future-of-the-sea[2018-03-21].
[44] National Ocean Center. NERC invests £22M in major new research programme focused on the Atlantic Ocean. http://noc. ac. uk/news/nerc-invests-% C2% A322m-major-new-research-programme-focused-atlantic-ocean[2018-07-25].
[45] NERC. £5. 1 million UKRI funding for UK aquaculture research and innovation. https://nerc. ukri. org/press/releases/2018/51-ukaquaculture/[2018-11-22].
[46] National Ocean Center. Global project to map ocean floor by 2030 gets underway. http://noc. ac. uk/news/global-project-map-ocean-floor-2030-gets-underway[2018-02-23].
[47] 総合海洋政策本部. 海洋基本計画. https://www8. cao. go. jp/ocean/policies/plan/plan03/pdf/plan03. pdf[2018-05-12].
[48] AIMS. Toward a Marine Science Plan for the Northern Territory. https://www. aims. gov. au/documents/30301/2158405/NTMSEUNA+-+FINAL_20180615_for_web. pdf/0e6cce88-fea4-4ede-b9c5-0562d433ad83[2018-06-20].

Oceanography

Gao Feng, Wang Jinping, Feng Zhigang, Wang Fan, Wu Xiuping

The ocean has great significance in politics, economy and security for the global, and is playing a more and more important role in meeting human resource need, regulating global warming and solving human food problems. In 2018, the researches on international oceanography, including physical oceanography, marine biology, marine geology, marine environment and marine technology etc. , continued to advance. And areas of the marine science and technology, such as sea level rising, the impact of global oceanic warming, polar ocean research and marine observation and detection technology etc. , has made some breakthroughs. Furthermore, international organizations and the relevant major marine countries have deployed in these areas.

4.8　空间科学领域发展观察

杨　帆　韩　淋　王海名　范唯唯

（中国科学院科技战略咨询研究院）

2018 年，“盖亚”绘制银河系新地图、“费米伽马射线空间望远镜”首次确定银河系外高能中微子源、基于造父变星标准获得最新哈勃常数、“嫦娥四号”拍摄世界首张近距离月背影像图、小行星探测任务取得里程碑进展、国际空间站实验对比揭示空间飞行对人体的影响等空间科学研究亮点频现，不断深化我们对宏观宇宙和微观物理世界奥秘的认知。美国推出新版《国家航天战略》，修订美国国家航空航天局（NASA）战略规划，拟定国家空间探索行动计划，加强近地轨道空间、月球轨道和月表、火星及以远任务规划与部署。欧洲、俄罗斯、日本持续推进各自的空间计划，兼顾自主发展与国际合作。全球探索路线图为通过国际合作开展载人空间探索创造最大可能和可行路径。我国应重点关注天体物理学、多信使天文学、太阳系天体探秘等世界空间科学前沿热点，密切关注月球竞争动向，推动空间科学领域高质量发展和重大成果产出。

一、重要研究进展

1. “盖亚”绘制银河系新地图

2018 年 4 月，“盖亚”天文卫星发布第二批观测数据集，利用 2014 年 7 月至 2016 年 5 月的测量数据绘制出最新银河系地图，揭示出银河系星族构成和恒星运动细节，有助于研究银河系的形成和演化[1]。“盖亚”最终版数据集将于 2020 年后发布，这将是最具权威的恒星星表，有望在天文学领域发挥关键作用。“盖亚”数据处理和分析团队负责人 Anthony Brown 被《自然》期刊评为年度十大人物之一[2]。

2. 首次确定银河系外高能中微子源

2018 年 7 月，科学家利用“费米伽马射线空间望远镜”，首次发现此前由冰立方中微子天文台观测到的银河系外的一次高能中微子事件来源于一个距地球 40 亿光年的遥远星系 TXS 0506+056 中的超大质量黑洞。中微子观测提供了关于宇宙中最极端环境的新信息，这项突破性进展将为认识宇宙提供除电磁辐射、引力波之外的第三种方法，推动多信使天文学进入一个新的时代[3]。

3. 基于造父变星标准获得最新哈勃常数

2018 年 7 月，科学家利用“哈勃”空间望远镜和“盖亚”天文卫星对造父变星的最新观测数据测得哈勃常数为 73.5km/（s·Mpc），这一结果进一步加剧了近邻宇宙与更遥远的原始宇宙哈勃常数的不一致。新测得的哈勃常数与根据“普朗克”卫星 2013 年发布的宇宙微波背景辐射数据推算出的哈勃常数［67km/（s·Mpc）］的差值是两种方法测得值不确定度总和的 4 倍，新物理学可能暗藏其中[4]。

4. “开普勒”卫星天文观测任务结束

2018 年 10 月，美国宣布“开普勒”（Kepler）卫星结束为期近 10 年的天文观测任务。Kepler 主任务和 Kepler-K2 任务期间共对 530 506 颗恒星开展观测，确认 2662 颗系外行星，观测到处于爆发最初始阶段的 61 颗超新星，传回 678GB 的科学观测数据，带领人类进入系外行星观测的黄金时代[5,6]。

5. “嫦娥四号”探测器首获月球背面影像

2018 年 12 月 8 日，中国成功将“嫦娥四号”探测器送上太空，开启人类航天器首次月球背面软着陆探测之旅[7]。2019 年 1 月 3 日，“嫦娥四号”成功着陆在月球背面，并通过“鹊桥”中继星传回世界首张近距离拍摄的月背影像图，揭开古老月背的神秘面纱，实现人类探测器首次月背软着陆和首次月背与地球的中继通信，开启人类月球探测新篇章[8]。

6. 火星探测取得新成果

2018 年 1 月，“火星勘测轨道器”发现火星 8 处受侵蚀的陡峭斜坡上暴露出地表之下厚厚的冰沉积物，揭示出关于此前探测到的火星中纬度地区地下冰原的内部层状结构的新信息[9]。

2018 年 6 月，“好奇”号在火星浅层表面岩石识别出多种复杂有机分子碎片，还发现火星大气甲烷水平存在季节性波动，为火星可能曾经存在生命以及目前可能仍存在生命提供了新证据[10]。

2018 年 9 月，“火星生命探测计划 2016 任务”痕量气体轨道器公布对辐射剂量的观测发现，假设往返地球和火星各需要 6 个月，执行火星任务的航天员受到的辐射剂量将达到个人耐受辐射剂量极限值的60%或更高[11]。

7.“朱诺”揭示木星新细节

2018年3月，《自然》期刊集中发表了4篇关于“朱诺”号获得木星重力场[12]、大气喷流[13]、内部结构[14]以及两极气旋[15]的新发现。木星的重力场南北不对称；大气层总深度约3000千米，远超此前预期；木星大气的旋转存在差异性，其深层内部的旋转近似于刚体旋转[16]。

8.“卡西尼”探测器最终阶段获得科学新发现

2018年10月，《科学》期刊“潜入土星环”特刊集中披露“卡西尼”土星探测器科学任务最终阶段对土星系统特别是对此前从未被探测过的土星与土星环之间空间的理解上的巨大飞跃，包括：土星环向土星高层大气坠落的纳米级水珠成分复杂，土星内环粒子和气体直接落入土星大气层，土星环和土星大气层之间的大部分物质为纳米级颗粒，土星磁轴几近与自转轴平齐，发现联系土星环与土星大气层顶的电流系统和土星附近的高能粒子辐射带，证明土星磁极适宜开展射电产生机理研究[17]。

9.小行星探测任务验证新技术、取得新发现

2018年9月，“隼鸟”2号的两个小型漫游器成功登陆小行星“龙宫”表面，通过跳跃的方式实现在小行星表面自主移动[18]。10月，“隼鸟”2号的“小行星表面移动侦查”登陆器以自由落体的方式着陆，在航天史上首次使用非常规机动方式实现在小行星表面的移动[19]。

2018年11月，“黎明”号探测器终结了为期11年的小行星探测之旅。“黎明”号是唯一一个曾围绕小行星带天体运行的航天器，也是首个绕飞两颗地外小天体的航天器，它采用高效的离子推进系统突破了系统能力和续航力极限，实现了前所未有的工程壮举，为其他多目的地探索任务配备离子推进系统提供了佐证，其观测数据揭示了灶神星和谷神星诞生的位置和演化过程[20]。

2018年12月，美国首个小行星采样返回任务“起源、光谱分析、资源识别与安全-风化层探测器”飞抵小行星贝努（Bennu），并初步在贝努的黏土中发现了水的痕迹[21,22]。

10.“旅行者”2号进入星际空间

2018年12月，美国宣布飞行了41年的“旅行者”2号探测器上的等离子科学实验设备发现日球层粒子的速度陡降，此后未检测到太阳风，说明它已飞出日球层开始

探索星际空间，成为继“旅行者”1号之后又一个进入星际空间的人造物体[23]。

11. 国际空间站科学实验取得重大突破性成果

2018年，国际空间站迎来在轨运行20周年，各研究领域持续保持着较高的活跃度，开展了包括空间培育植物、测试新设备、空间生命科学和理解宇宙本身在内的多项实验。1月，美国发布“双胞胎实验”的详细研究结果，持续两年的实验详细研究了航天员Scott在空间飞行前、中、后身体各系统与作为地面对照组的其双胞胎兄弟Mark的区别，初步揭示了空间飞行对人体主要系统的影响[24,25]。7月，“冷原子实验室”首次在轨产生玻色-爱因斯坦凝聚，实验旨在利用微重力下的超冷量子气体研究基本物理规律，如精确测量重力、开展量子物理学研究、探索物质的波动性质等[26,27]。

12. 多个空间科学创新平台成功发射

2018年4月发射的“系外行星凌星巡天卫星”将接棒“开普勒”卫星，采用凌星法搜寻30～300光年内的系外行星系统[28,29]。2018年10月发射的人类第三个水星任务“贝皮·科伦坡”（Bepi Colombo）探测器将对水星开展全方位的探测研究[30]。2018年8月发射的“帕克太阳探测器”将成为首个飞入日冕的探测器，以最近距离对太阳进行探测[31,32]。2018年5月发射的“洞察”号火星探测器于11月实现美国国家航空航天局的第八次成功火星软着陆[33]。

二、重要战略规划

1. 美国调整国家航天战略，力促重返月球

美国总统特朗普于2017年12月签署空间政策一号令，要求美国重返月球，并继续向火星及以远进发，重振美国的载人空间探索计划[34]。2018年3月，白宫披露新版《国家航天战略》，秉承特朗普政府的“美国优先”理念，阐述了维护美国在航天领域的科学、产业、技术和国家安全核心利益的战略目标和举措，强调国家安全航天、商业航天和民用航天三个领域应充分互动，加强合作[35]。

2018年2月，美国国家航空航天局发布最新战略规划，明确在2018～2021年及更长远未来的战略方向、目标和优先事项。其使命是主导一项创新和可持续的探索计划，与商业伙伴和国际伙伴合作，使人类的足迹拓展到整个太阳系，并为地球带来新的知识和机遇；支持美国航空航天领域的经济发展，增进对宇宙和人类自身的了解，

与工业界合作发展美国的航空航天技术，提高美国的领导力[36]。2018 年 9 月，NASA 发布《国家空间探索行动报告》，系统阐述了美国“国家空间探索行动”的五大战略目标以及在近地轨道空间、月球轨道和月表、火星及以远的任务部署[37,38]。

2. 欧洲稳步推进空间计划实施

2018 年 5 月，欧盟委员会《2021—2027 年多年期财政框架》提案提出将欧盟现行的和未来的空间活动整合为一项空间计划，总预算为 160 亿欧元[39]。欧盟将重点开展“伽利略全球导航卫星系统”、“欧洲地球同步卫星导航覆盖系统”、“哥白尼”对地观测计划、空间安全领域项目[40]。

2018 年 6 月，欧洲空间局理事会确定支持“欧洲探索包络计划”未来探索任务框架，并将在近地轨道、月球和火星三个探索目的地之间，以及载人基础设施、运输和无人任务之间进行平衡投资[41]。“宇宙憧憬”空间科学计划的第四个中型科学任务确定将聚焦系外行星的性质，研究行星形成和生命出现的条件[42]，第五个中型科学任务备选概念包括天空高能瞬变与早期宇宙探测、宇宙学和天体物理学空间红外望远镜和金星探测任务[43]。

3. 俄罗斯公布月球计划实施路线图

2018 年 11 月，俄罗斯“能源”火箭公司公布月球计划实施路线图，近月轨道站或于 2030～2035 年建成，首批俄罗斯航天员将从近月轨道站登月并开展为期两周的月球任务，2035 年后完成月球基地建设，建立统一的载人和无人月球探测系统[44]。

4. 日本宇宙航空研究开发机构发布中长期发展规划

2018 年 3 月，日本宇宙航空研究开发机构发布《第四期中长期发展规划》，将聚焦确保空间安全，促进航空航天科技在民生领域的应用，以及维持、强化空间科技及产业三大主题，重点实施导航定位卫星、遥感卫星、通信卫星、空间运输系统、空间态势感知、海洋态势感知和早期预警功能、空间系统功能维护、空间科学与探索、国际空间站、载人空间探索和卫星应用技术等研发计划[45]。

5. 国际空间探索协调工作组发布第 3 版国际空间探索战略

2018 年 2 月，国际空间探索协调工作组发布由 14 个国家/地区的航天管理机构共同制定的第 3 版《全球探索路线图》，提出将以国际空间站为起点，向月球进发，并最终实现载人探索火星[46]。新版路线图提出载人深空探索的关键步骤包括：近地轨道任务（包括国际空间站、中国空间站、可能的商业空间站和俄罗斯空间站等）、无人探索任务、在月球附近建设平台（如“深空门户”）、月球表面任务和载人火星任务。

三、发展启示建议

基于2018年空间科学领域发展观察分析，天体物理学、多信使天文学、太阳系天体探秘等是世界空间科学前沿热点，应及时跟踪世界发展趋势，积极把握发展机遇，通过规划实施中国空间科学卫星任务系列和积极参与国际合作等多种渠道，推动重大成果产出，抢占世界基础研究的最前沿。

同时，美国特朗普政府重提重返月球，载人地月轨道空间站概念不断推陈出新，俄罗斯确定月球计划实施路线，月球再度成为世界载人航天竞争焦点。我国要持续开展战略研究，加强未来趋势研判，为空间科学领域未来高质量发展审慎做好战略决策和战略部署。

致谢：中国科学院国家空间科学中心吴季研究员、中国科学院科技战略咨询研究院张凤研究员对本文的撰写提出许多重要的修改意见，特此致谢。

参考文献

[1] ESA. Gaia creates richest star map of our Galaxy and beyond. http://www. esa. int/Our_Activities/Space_Science/Gaia/Gaia_creates_richest_star_map_of_our_Galaxy_and_beyond[2018-04-25].

[2] Nature. *Nature's* 10 people who mattered this year. https://www. nature. com/immersive/d41586-018-07683-5/index. html[2018-12-20].

[3] NASA. NASA's Fermi traces source of cosmic neutrino to monster black hole. https://www. nasa. gov/press-release/nasa-s-fermi-traces-source-of-cosmic-neutrino-to-monster-black-hole[2018-07-12].

[4] NASA. Hubble and Gaia team up to fuel cosmic conundrum. https://www. nasa. gov/feature/goddard/2018/hubble-and-gaia-team-up-to-fuel-cosmic-conundrum[2018-07-12].

[5] NASA. NASA retires Kepler space telescope, passes planet-hunting torch. https://www. nasa. gov/press-release/nasa-retires-kepler-space-telescope-passes-planet-hunting-torch[2018-10-31].

[6] NASA. Kepler by the numbers—mission statistics. https://www. nasa. gov/kepler/missionstatistics[2018-10-30].

[7] 中国探月与深空探测网. 探月工程嫦娥四号探测器成功发射 开启人类首次月球背面软着陆探测之旅. http://www. clep. org. cn/n5982341/c6804675/content. html[2018-12-08].

[8] 中国探月与深空探测网. 嫦娥四号探测器成功着陆月球背面 传回世界第一张近距离拍摄月背影像图. http://www. clep. org. cn/n5982341/c6805036/content. html[2019-01-03].

[9] NASA. Steep slopes on Mars reveal structure of buried ice. https://www. nasa. gov/feature/jpl/steep-slopes-on-mars-reveal-structure-of-buried-ice[2018-01-11].

[10] NASA. NASA finds ancient organic material, mysterious methane on Mars. https://www. nasa. gov/press-release/nasa-finds-ancient-organic-material-mysterious-methane-on-mars[2018-06-08].

[11] ESA. ExoMars highlights radiation risk for Mars astronauts and watches as dust storm subsides. http://www. esa. int/About_Us/ESAC/ExoMars_highlights_radiation_risk_for_Mars_astronauts_and_watches_as_dust_storm_subsides[2018-09-20].

[12] Iess L, Folkner W M, Durante D, et al. Measurement of Jupiter's asymmetric gravity field. Nature, 2018, 555(7695): 220-222.

[13] Kaspi Y, Galanti E, Hubbard W B, et al. Jupiter's atmospheric jet streams extend thousands of kilometres deep. Nature, 2018, 555(7695): 223-226.

[14] Guillot T, Miguel Y, Militzer B, et al. A suppression of differential rotation in Jupiter's deep interior. Nature, 2018, 555(7695): 227-230.

[15] Adriani A, Mura A, Orton G, et al. Clusters of cyclones encircling Jupiter's poles. Nature, 2018, 555(7695): 216-219.

[16] NASA. NASA Juno findings—Jupiter's jet-streams are unearthly. https://www. nasa. gov/feature/jpl/nasa-juno-findings-jupiter-s-jet-streams-are-unearthly[2018-03-08].

[17] Smith K T. Diving within Saturn's rings. Science, 2018, 362(6410): 44-45.

[18] Space. com. Japan's hopping rovers capture amazing views of asteroid Ryugu. https://www. space. com/41957-japan-amazing-asteroid-photos-hayabusa2-rovers. html[2018-09-27].

[19] German Aerospace Center. Numerous boulders, many rocks, no dust: MASCOT's zigzag course across the asteroid Ryugu. https://www. dlr. de/dlr/presse/en/desktopdefault. aspx/tabid-10172/213_read-30235/year-all/#/gallery/32337[2018-10-12].

[20] NASA. The legacy of NASA's Dawn, near end of mission. https://www. nasa. gov/feature/jpl/the-legacy-of-nasa-s-dawn-near-end-of-mission[2018-09-07].

[21] NASA. NASA's OSIRIS-REx spacecraft arrives at asteroid Bennu. https://www. nasa. gov/press-release/nasas-osiris-rex-spacecraft-arrives-at-asteroid-bennu[2018-12-04].

[22] NASA. NASA's newly arrived OSIRIS-REx spacecraft already discovers water on Asteroid. https://www. nasa. gov/press-release/nasa-s-newly-arrived-osiris-rex-spacecraft-already-discovers-water-on-asteroid[2018-12-11].

[23] NASA. NASA's Voyager 2 probe enters interstellar space. https://www. nasa. gov/press-release/nasa-s-voyager-2-probe-enters-interstellar-space[2018-12-10].

[24] NASA. NASA twins study investigators to release integrated paper in 2018. https://www. nasa. gov/feature/nasa-twins-study-investigators-to-release-integrated-paper-in-2018[2018-02-01].

[25] NASA. NASA twins study confirms preliminary findings. https://www. nasa. gov/feature/nasa-twins-study-confirms-preliminary-findings[2018-02-01].

[26] NASA. Space station experiment reaches ultracold milestone. https://www. nasa. gov/feature/jpl/space-station-experiment-reaches-ultracold-milestone[2018-07-28].

[27] Internation Space Station. Cold Atom Lab. https://www.nasa.gov/mission_pages/station/research/experiments/2477.html[2018-12-27].

[28] NASA. NASA planet Hunter on its way to orbit. https://www.nasa.gov/press-release/nasa-planet-hunter-on-its-way-to-orbit[2018-04-19].

[29] NASA. NASA's TESS shares first science image in hunt to find new worlds. https://www.nasa.gov/feature/goddard/2018/nasa-s-tess-shares-first-science-image-in-hunt-to-find-new-worlds[2018-09-18].

[30] ESA. BepiColombo blasts off to investigate Mercury's mysteries. http://www.esa.int/Our_Activities/Space_Science/BepiColombo/BepiColombo blasts_off_to_investigate_Mercury_s_mysteries[2018-10-20].

[31] NASA. NASA, ULA launch Parker Solar Probe on historic journey to touch sun. https://www.nasa.gov/press-release/nasa-ula-launch-parker-solar-probe-on-historic-journey-to-touch-sun [2018-08-12].

[32] NASA. Parker Solar Probe: humanity's first visit to a star. https://www.nasa.gov/content/goddard/parker-solar-probe-humanity-s-first-visit-to-a-star[2018-08-12].

[33] NASA. NASA InSight Lander arrives on Martian surface to learn what lies beneath. https://www.nasa.gov/press-release/nasa-insight-lander-arrives-on-martian-surface-to-learn-what-lies-beneath[2018-11-27].

[34] The White House. Presidential memorandum on reinvigorating America's human space exploration program. https://www.whitehouse.gov/the-press-office/2017/12/11/presidential-memorandum-reinvigorating-americas-human-space-exploration[2017-12-11].

[35] The White House. President Donald J. Trump is unveiling an America first national space strategy. https://www.whitehouse.gov/briefings-statements/president-donald-j-trump-unveiling-america-first-national-space-strategy/[2018-03-23].

[36] NASA. NASA 2018 strategic plan. https://www.nasa.gov/sites/default/files/atoms/files/nasa_2018_strategic_plan.pdf[2018-02-12].

[37] NASA. National Space Exploration Campaign Report. https://www.nasa.gov/sites/default/files/atoms/files/nationalspaceexplorationcampaign.pdf[2018-09-01].

[38] NASA. NASA unveils sustainable campaign to return to Moon, on to Mars. https://www.nasa.gov/feature/nasa-unveils-sustainable-campaign-to-return-to-moon-on-to-mars[2018-09-27].

[39] EUR-Lex. A modern budget for a union that protects, empowers and defends the multiannual financial framework for 2021-2027. https://eur-lex.europa.eu/legal-content/EN/TXT/?uri=COM%3A2018%3A321%3AFIN[2018-05-02].

[40] European Commission. EU budget: A 16 billion space programme to boost EU space leadership beyond 2020. http://ec.europa.eu/growth/content/eu-budget-%E2%82%AC16-billion-space-programme-boost-eu-space-leadership-beyond-2020_en[2018-06-06].

[41] European Space Agency(ESA). A milestone in securing ESA's future role in the global exploration of space. http://www.esa.int/Our_Activities/Human_Spaceflight/Exploration/A_milestone_in_securing_ESA_s_future_role_in_the_global_exploration_of_space[2018-06-15].

[42] ESA. ESA's next science mission to focus on nature of exoplanets. http://www.esa.int/Our_Activities/Space_Science/ESA_s_next_science_mission_to_focus_on_nature_of_exoplanets[2018-03-20].

[43] ESA. ESA selects three new mission concepts for study. http://www.esa.int/Our_Activities/Space_Science/ESA_selects_three_new_mission_concepts_for_study[2018-05-07].

[44] TASS Russian News Agency. Russian cosmonauts will go on a two-week mission to the moon after 2030. https://tass.ru/kosmos/5809966[2018-11-17].

[45] Japan Aerospace Exploration Agency. Plan to achieve the mid-to long-term target of the National R&D Corporation JAXA(mid-to long-term plan). http://www.jaxa.jp/about/plan/pdf/plan04.pdf[2018-03-30].

[46] International Space Exploration Coordination Group(ISECG). The Global Exploration Roadmap. https://www.globalspaceexploration.org/wordpress/wp-content/isecg/GER_2018_small_mobile.pdf[2018-01-01].

Space Science

Yang Fan, Han Lin, Wang Haiming, Fan Weiwei

In 2018, hot research fronts of space science are emerging in an endless stream, such as the most precise 3D map of the Milky Way is produced by Gaia, a high-energy neutrino from outside of our galaxy is found for the first time by Fermi Gamma-ray Space Telescope and the first images from lunar far side is obtained by Chang'e-4 following the historic landing. The United States launched a new version of the *National Space Strategy*, revised the NASA strategic plan, and unveiled the *National Space Exploration Campaign Report*. Europe, Russia and Japan continued to push forward their space science programs respectively. The *Global Exploration Roadmap 2018* reflected a consensus for expanding human presence into the solar system. China should follow with interest the world space science frontiers, pay close attention to the lunar exploration competition trend, and promote high-quality development and major achievements in space science.

4.9 信息科技领域发展观察

唐 川[1] 徐 婧[1] 田倩飞[1] 王立娜[1] 孙哲南[2]

（1. 中国科学院成都文献情报中心；2. 中国科学院自动化研究所）

21世纪以来，信息科技发展日新月异，对国际政治、经济、文化、社会和军事等领域的发展产生着深刻的影响。2018年是全球信息科技领域极不平凡的一年，美国发起的贸易战严重扰乱全球科技发展，使中国半导体产业诸多缺陷得到暴露，美国、欧盟等领先者却没有满足于现有优势，反而不约而同投入巨资、实施重大研发计划，意图抢先控制未来话语权。在信息科技其他领域，这种竞争也是日渐激烈。本文以2018年全球半导体、量子信息、人工智能（AI）和网络空间四个关键领域为对象，重点剖析了领域重要研究进展与各国/地区战略规划。

一、重要研究进展

（一）半导体

1. 持续推进先进制程与芯片架构升级

集成电路继续沿着不断提高性能、降低成本和功耗的终极目标发展，业界在2018年持续推进微型化和架构升级。韩国三星集团于2018年4月首次使用极紫外光刻（extreme ultraviolet lithography，EUV）技术完成7nm芯片新工艺的研发[1]。同月，中国台湾积体电路制造股份有限公司宣布7nm芯片工艺投入量产，并于2019年量产EUV版的7nm+工艺。12月，英特尔公司联合加州大学伯克利分校利用“自旋电子学”技术开发一种可扩展的自旋电子逻辑器件，与CMOS技术相比，有望将逻辑密度提高10～30倍[2]。

2. AI芯片、开源运动和第三代半导体备受追捧

鉴于人工智能极为关键且竞争激烈，谷歌、微软、亚马逊、华为等各大科技巨头纷纷研制出不同架构的AI芯片：谷歌发布了“Edge TPU”AI芯片用于物联网设备，

华为发布了“昇腾”云端AI芯片，微软选择了现场可编程门阵列（FPGA）的AI芯片路线，英特尔则在专用集成电路（ASIC）和FPGA方面都有布局。此外，阿里巴巴、脸书等也在2018年决定追随这一潮流。

在开源运动方面，2018年堪称第五代精简指令集（reduced instruction set somputer-five，RISC-V）爆发的元年。RISC-V在全球范围内高高举起了开源CPU架构的旗帜：2017年图灵奖得主约翰·轩尼诗（John L. Hennessy）和大卫·帕特森（David A. Patterson）极力倡导RISC-V，大量全球一流科研院所和企业纷纷投入RISC-V运动，中国RISC-V产业联盟也在2018年宣告成立。此外，无内部互锁流水级微处理器（Microprocessor without interlocked piped stages，MIPS）架构也宣布完全开源[3]。

无线通信、新能源汽车、消费电子等领域潜在的巨大应用市场引发了对第三代半导体的需求热情，成为半导体技术研究前沿和产业竞争焦点，正在倒逼相关基础研究。

（二）量子信息

1. 量子试验通信距离不断增长，欧美加紧布局

2018年1月，中国和奥地利科学家基于“墨子”号量子科学实验卫星，在北京与维也纳两地间完成量子密钥分发，实现了横跨7600km的洲际量子保密通信[4]。12月，意大利科学家在俄罗斯格洛纳斯导航卫星与意大利航天局空间大地测量中心之间成功交换了多个光子，实现了距离20 000km的星地量子通信[5]。

其他国家和地区也在2018年积极推动量子通信技术研发，包括：欧盟量子技术旗舰计划支持荷兰在四个城市间研制支持量子比特传输和组网的量子通信实验网[6]；英国电信公司建成75mi① 的量子保密通信网络；美国Quantum Xchange量子通信公司也宣布将为美国创造该国的首个州际、商用量子保密通信网络[7]。

2. 量子计算与模拟研发竞赛持续加速

2018年，各界对量子计算的关注继续升温，研发进展频出、竞争持续加速，尤以美国科研界和产业界的表现最为突出。1月，英特尔公司宣布利用硅技术研制出49量子比特的超导量子芯片；同月，IBM公司对外展示其50量子比特的原型机；3月，谷歌公司展示了一款72量子比特的量子芯片[8]。量子模拟方面，美国哈佛大学、马

① 1mi=1609.344m。

里兰大学等机构分别研制出51量子比特和53量子比特的量子模拟器[9]。

3. 量子科学基础研究稳步推进

2018年3月，微软宣布发现马约拉纳费米子存在的有力证据[10]，在人工制备/调控、操纵量子态领域取得巨大进展；7月，中国科学技术大学团队在国际上首次实现18个光量子比特的纠缠[11]；10月，IBM与德国慕尼黑工业大学宣布证明在相同限制条件下，量子计算机能击败经典计算机。

（三）人工智能

1. 当前主流技术重要突破接连不断

在2018年，以深度学习为代表的主流人工智能技术不断取得重要突破，诞生了一些重要的算法、模型和工具。

在图像生成方面，DeepMind创造的生成对抗网络模型BigGAN大幅超越已有技术，可生成“以假乱真”的图片[12]。在自然语言处理方面，预训练语言模型取得了长足进步，先是谷歌提出全面超越以往技术的BERT模型（10月），紧接着微软又推出了大幅超越BERT的综合性模型（12月）。在人脸识别方面，依图公司在权威测试中将准确率较历史最佳水平提升了80%。

2. “后深度学习时代”探索快速升温

随着深度学习的局限性逐步显现，有越来越多的业内人士开始积极尝试扩展或跨越深度学习，其中最突出的包括：DeepMind等提出一种基于图结构的广义神经网络——“图网络”（graph network）[13]，将端到端学习与归纳推理相结合，有望解决深度学习无法进行关系推理的问题；多伦多大学提出神经常微分方程，它将神经网络与常微分方程结合在一起，针对深度学习的一些基础性概念进行了创新，有望推动深度学习进一步演化；此外，美国国防高级研究计划局（Defense Advanced Research Projects Agency，DARPA）启动了耗资20亿美元的“第三代人工智能项目”，计划突破当前技术局限，使人工智能具备人类的沟通和推理能力。

人工智能领域的其他重要趋势包括：人工智能芯片与物联网紧密结合，“边缘智能”成为亮点；开源平台影响日益扩大，竞争加剧；谷歌在2017年提出的Transformer已成为机器翻译的主流架构。

（四）网络空间

在网络空间，新兴技术带来了新的网络安全风险，同时也提供了新的解决方案。

利用人工智能可提升攻击效率并加剧网络攻击破坏程度。安全公司EndGame早在2017年就发布了可修改恶意软件绕过检测的人工智能程序，可以以16%的概率绕过安全系统的防御检测[14]。另一方面，美研究人员正在研发一种能够利用谷歌DeepMind人工智能技术，确定网络强化操作设备安装位置的机器学习工具，以帮助电力公司检测和解决其配电网络上的网络攻击。

量子计算的迅速发展将彻底颠覆包括公钥加密算法（RSA）、数字签名算法（DSA）和椭圆曲线密码算法（ECC）在内的许多公钥密码体系。为应对量子计算的潜在威胁，各国机构都在积极促进后量子密码学研究和加速推动量子密钥技术的实用。2018年，美国能源部下属机构就开始运用量子密钥加密和隔离网络等技术来保护电网基础设施的通信网络安全。

2018年，区块链安全事件频发，仅上半年就有价值约11亿美元的数字加密货币被盗，同时还有利用区块链加密货币进行勒索的恶意行为。但区块链的创新思想也被用于解决已有的安全问题，美国国土安全部在2018年4月资助研究基于区块链技术的大容量密钥分发解决方案，计划把密钥存储从统一的认证中心转移到分布式账本之中，以有效地降低获取公钥的成本[15]。

二、重要战略规划

（一）半导体

1. 美国重金推动下一次电子革命

美国在半导体领域重点部署了“电子复兴计划”（ERI）[16]，意图通过颠覆性创新开启下一次电子革命，确保未来继续掌控全球半导体产业话语权。美国国防高级研究计划局于2018年6月和11月相继公布ERI前两阶段实施方案，计划未来五年投入15亿美元，围绕新材料、新体系结构、软硬件设计、差异化开发、芯片安全等重点开展技术攻关。

2. 欧盟应用驱动和制造能力建设并举发展

欧盟已不追求在逻辑集成电路和存储器等方面取得竞争力，而侧重应用驱动的衍生性技术以及超越摩尔定律的前沿技术。2018年12月，欧盟委员会通过由法国、德国、意大利、英国四国29家企业共同推进的“微电子联合研究创新项目”[17]，将集中力量突破功率半导体、节能芯片、智能传感器、先进光学设备、化合物材料等五大方向，意图巩固已有强项、抢占关键应用市场、拓展基础技术。该项目预计在2024年前将得到 77.5 亿欧元支持，其中政府投入 17.5 亿欧元、企业投入 60 亿欧元。

3. 韩国和中国台湾地区着力强化固有产业链优势地位

韩国和中国台湾地区也在不断强化半导体产业的竞争力，通过重大研究计划力争确立其在全球半导体产业的枢纽地位。韩国政府计划在 10 年内投入约 7334 亿元人民币[18]，试图将其竞争优势扩展至产业链上下游各重要环节。中国台湾地区启动“半导体射月计划”[19]，聚焦边缘人工智能、下一代存储器、物联网、无人驾驶与 AR/VR 元器件、新兴半导体制程、材料和元器件等方向。

（二）量子信息

1. 美国全面部署“第二次量子革命”争夺战

美国总统特朗普于 2018 年 12 月正式签署《国家量子法案》，通过实施为期 10 年的“国家量子计划”，全方位加速量子科技的研发与应用，力图确保美国在“第二次量子革命”中取得全球领导地位[20]。

2018 年 9 月，美国白宫科技政策办公室提出美国量子信息科学国家战略[21]，围绕量子传感、量子计算、量子网络、量子器件和理论四大方向进行全面部署。同月，美国能源部和国家科学基金会宣布拨款 2.5 亿美元支持 60 多家科研机构开展 110 多项量子信息科技研究项目，全面发起量子信息科技攻关。

2. 欧盟正式启动量子技术旗舰计划

欧盟在 2018 年 10 月正式启动总经费达 10 亿欧元的量子技术旗舰计划[22]，全面推进量子通信、量子计算、量子模拟、量子精密测量和传感、基础科学五大方向科技研究。前三年将投入 1.32 亿欧元支持 20 个项目，其中量子精密测量和传感类、量子通信为支持重点；后期将再资助 130 个项目，以覆盖从基础研究到产业化的整条价值链。

3. 中国筹建量子信息科学国家实验室

量子信息科学国家实验室是“科技创新 2030——量子通信与量子计算机重大项目”的承担实体，着力突破前沿科学问题和核心关键技术，培育形成量子通信、量子计算和量子精密测量等战略性新兴产业。目前已获得安徽和上海政府各 10 亿元左右配套启动资金，而预计国家长期投入将达到千亿元[23]。

（三）人工智能

1. 美国人工智能计划姗姗来迟，看似平淡无奇，实则暗含深意

在美国各界催促下，2019 年 2 月，美国特朗普总统签署行政命令，正式启动“美国人工智能计划”[24]。行政命令强调围绕人工智能优先投资、释放基础资源、制定治理标准、培养劳动力、推动国际合作，却未明确新的经费和具体目标，在美国国内广受质疑。然而，美国政府在 2018 年已采取多项举措来巩固和保障其在人工智能领域的领先地位和话语权，包括：白宫人工智能专门委员会，负责协调各联邦机构的人工智能投资；美国国防高级研究计划局在五年内将投资 20 亿美元研发第三代人工智能技术；国防部新成立联合人工智能中心，五年内将投 17 亿美元加速研发人工智能技术；成立人工智能国家安全委员会；2020 财年预算指南要求优先投资人工智能等领域。

2. 欧盟积极推动人工智能追赶中美发展步伐，数据保护政策恐将导致差距拉大

2018 年 4 月，欧盟成员国签署人工智能合作宣言[25]，计划在 2018～2020 年完成 200 亿欧元总投资，促进教育和培训体系升级，研究制定人工智能道德准则，以推动人工智能加快发展。到 2020 年，欧盟委员会在人工智能研发方面计划投入 15 亿欧元。此外，英国持续加强人工智能投入，法国和德国也出台了旨在追赶领先国家的人工智能战略。

但是，欧盟在制度和观念层面与发展人工智能的现实要求稍显脱节，可能削弱其人工智能的竞争力。2018 年 5 月，欧盟正式实施号称“史上最严隐私数据保护条例”的《通用数据保护条例》[26]，对企业使用数据提出了一些苛刻要求，人工智能创新遭到较大阻碍，使得与中美之间差距继续拉大。

（四）网络空间

1. 美国网络空间战略目标更加明确，并放宽网络攻击限制

美国在 2018 年密集出台网络空间战略、政策和法案，意欲维持并增强其第一网络强国的地位。8 月通过的《2019 财年国防授权法案》确立了国防部在网络行动方面的主导作用，提高了国防部发起军事网络行动的自由度，并明确将俄罗斯、中国、朝鲜、伊朗列为战略竞争对手[27]。同月，特朗普撤销奥巴马时期的《第 20 号总统政策

指令》，放宽了美国政府和军方对部署进攻性网络武器的限制。其他重要部署还包括常态化网络演习制度、重新评估网络威慑战略等。

2. 各国积极完善网络空间顶层设计

在网络空间体系最为完备的美国，仍在不断完善其网络空间顶层设计。9 月，特朗普公布的《国家网络战略》[28]是美国近 15 年来首份完整清晰的美国国家网络战略。同月，《国防部网络战略 2018》[29]明确指出要在网络空间实施竞争与威慑策略。

不仅美国，欧亚重要国家和地区也在积极完善网络空间的顶层设计，包括升级网络空间安全战略和法案，投入更多经费和人力，建立和调整相关领导机构等。

欧洲国家对完善网络安全顶层设计尤为积极，荷兰、瑞士、丹麦等国家先后发布新战略和制定新法律。丹麦在 2018 年 5 月发布《丹麦网络与信息安全战略 2018—2021》[30]，重点改善电信、金融、能源等关键部门的网信安全。

日本、加拿大等国也纷纷采取重要行动，特别是大幅增加网络空间投入。日本 2019 财年为网络领域相关的国防预算分配了 180 亿日元，较 2018 财年增加了 70 亿日元，增幅约为 64%。加拿大于 2018 年 6 月更新了其《国家网络安全战略》，未来五年将投入 5.077 亿加元推进该战略。

三、发展启示建议

回顾 2018 年全球信息科技领域的若干战略动向与关键趋势，反思我国在关键技术上受制于人的根源问题，可为我国信息科技的未来发展带来如下启示。

（1）加强顶层设计与布局，通过稳定的计划与资助、明晰的知识产权制度和有效的战略合作机制，促进政府部门、科研机构、产业界之间的跨部门、跨机构通力合作，加速关键科技难题的协同攻关，推进科技成果向商业化产品的转化。

（2）抓紧布局信息科技类国家实验室，例如量子信息国家实验室、集成电路国家实验室等，通过国家实验室集中力量和优势资源，抓重大项目、抓尖端技术、吸引全球顶尖人才，将其发展成国家战略科技力量，建成引领全球信息科技颠覆性创新的高地。

（3）以自主可控的技术体系为核心导向，通过政府财政资助和政策引导，促进科研机构与企业发展自主技术体系，形成核心产品，并通过在重点行业领域推广产业化应用，例如积极发展开源架构的 RISC-V 芯片技术，带动全局发展。

（4）构建全球科技发展与竞争态势监测、评估和咨询体系，强化信息科技发展战略研判、评估与决策咨询制度，并指导前瞻部署。密切跟踪全球信息科技的发展动态，研判其关键趋势，以战略评估支撑重大问题研究，以决策咨询支撑重要政策制定，明确突破方向、实现前瞻谋划、合理布局科技资源。

致谢：中国科学技术大学王亚教授、南方科技大学张国飙教授、中国科学院成都计算机应用研究所秦小林研究员等审阅了本文并提出了宝贵的修改意见，中国科学院成都文献情报中心房俊民、张娟等为本文提供了部分资料，在此一并感谢！

参考文献

[1] Samsung. Samsung tees up the world's first commercial EUV chips. http://www.samsungsemiblog.com/foundry/samsung-tees-up-the-worlds-first-commercial-euv-chips/[2018-04-04].

[2] Manipatruni S, Nikonov D E, Lin C, et al. Scalable energy-efficient magnetoelectric spin-orbit logic. Nature, 2019, 565: 35-42.

[3] 电子创新网. MIPS CPU 架构宣布开源，RISC-V 使命完成了？http://www.eetrend.com/article/2018-12/100127399.html[2018-12-20].

[4] 虞涵棋. 潘建伟团队进行人类首次洲际量子通信. http://news.sciencenet.cn/htmlnews/2018/1/400638.shtm[2018-12-20].

[5] Calderaro L, Agnesi C, Dequal D, et al. Towards quantum communication from global navigation satellite system. https://arxiv.org/abs/1804.05022[2018-04-13].

[6] European Commission. EU funded projects on quantum technology. https://ec.europa.eu/digital-single-market/en/projects-quantum-technology[2018-12-20].

[7] 美国量子网络通讯项目开启 全球量子互联网竞赛方兴未艾. https://k.sina.com.cn/article_5445360823_144919cb700100e601.html[2018-12-20].

[8] Kelly J. A preview of Bristlecone, Google's new quantum processor. https://ai.googleblog.com/2018/03/a-preview-of-bristlecone-googles-new.html[2018-12-20].

[9] Bernien H, Schwartz S, Keesling A, et al. Probing many-body dynamics on a 51-atom quantum simulator. Nature, 2017, 551(7682): 579-584.

[10] Zhang H, Liu C X, Gazibegovic S, et al. Quantized Majorana conductance. Nature, 2018, 556(7699): 74-79.

[11] 孙振. 我国实现 18 个量子比特纠缠(创新前沿). http://scitech.people.com.cn/n1/2018/0703/c1007-30106012.html[2018-07-03].

[12] Zhang M. Best GAN samples ever yet? Very impressive ICLR submission! BigGAN improves inception scores by > 100. https://syncedreview.com/2018/10/02/biggan-a-new-state-of-the-artin-image-synthesis/[2018-10-02].

[13] Battaglia P W, Hamrick J B, Bapst V, et al. Relational inductive biases, deep learning, and graph networks. https://arxiv.org/abs/1806.01261[2018-06-04].

[14] 中国信息通信研究院. 人工智能安全白皮书(2018年). http://www.caict.ac.cn/kxyj/qwfb/bps/201809/P020180918473525332978.pdf[2018-08-09].

[15] GCN. Making encryption easier with blockchain. https://gcn.com/blogs/cybereye/2018/04/blockchain-for-pki.aspx?admgarea=TC_SecCybersSec[2018-04-27].

[16] Defense Advanced Research Projects Agency. DARPA announces next phase of electronics resurgence initiative. https://www.darpa.mil/news-events/2018-11-01a[2018-11-01].

[17] European Commission. Commission approves plan by France, Germany, Italy and the UK to give 1.75 billion public support to joint research and innovation project in microelectronics. http://europa.eu/rapid/press-release_IP-18-6862_en.htm[2018-12-18].

[18] 全球半导体观察. 韩国超7000亿推IC制造群体计划 SK海力士或再建半导体厂. https://mp.weixin.qq.com/s/6D1QtMWB8aoujoOZ83Uoww[2018-12-20].

[19] 半导体行业观察. 台湾启动半导体射月计划,聚焦六大领域的攻关. https://mp.weixin.qq.com/s/AtePWCPRYnB3vjjN-YlnoQ[2018-09-28].

[20] 胡定坤. 特朗普签署国家量子法案 斥巨资开启量子"登月计划". http://www.chinanews.com/gj/2018/12-27/8713486.shtml[2019-01-02].

[21] Whitehouse. National strategic overview for quantum information science. https://www.whitehouse.gov/wp-content/uploads/2018/09/National-Strategic-Overview-for-Quantum-Information-Science.pdf[2018-09-05].

[22] 张娟. 欧盟正式启动量子技术旗舰计划. http://news.sciencenet.cn/sbhtmlnews/2018/11/341083.shtm[2018-12-20]

[23] 钱童心. 量子通信产业化初试 中国筹建千亿级国家实验室. http://tech.huanqiu.com/it/2018-09/12929626.html[2018-12-20].

[24] The White House. Executive order on maintaining American leadership in artificial intelligence. https://www.whitehouse.gov/presidential-actions/executive-order-maintaining-american-leadership-artificial-intelligence/[2019-2-11].

[25] 腾讯科技. 欧盟将发布人工智能战略文件. http://tech.qq.com/a/20180415/002938.htm[2018-04-15].

[26] 沈敏. 欧盟史上最严数据保护条例生效 影响全球在欧有业务企业. https://www.guancha.cn/europe/2018_05_26_457990.shtml[2018-05-26].

[27] Defense Intelligence Agency. China military power 2019: modernizing and a force to fight and win. https://assets.documentcloud.org/documents/5684995/China-Military-Power-FINAL-5MB-20190103.pdf[2019-1-15]

[28] The White House. National Cyber Strategy of the United States of America. https://www.whitehouse.gov/wp-content/uploads/2018/09/National-Cyber-Strategy.pdf[2019-09-28].

[29] Summary Department of Defense Cyber Strategy 2018. https://media.defense.gov/2018/Sep/18/2002041658/-1/-1/1/CYBER_STRATEGY_SUMMARY_FINAL.PDF[2019-09-28].

[30] Ministry of Finance. Danish Cyber and Information Security Strategy. https://uk.fm.dk/publications/2018/danish-cyber-and-information-security-strategy[2018-05-15].

Information Technology

Tang Chuan, Xu Jing, Tian Qianfei, Wang Li'na, Sun Zhenan

The development of information technology (IT) has a profound impact on international politics, economy, culture, society, military and other areas. The trade war initiated by the US has seriously hindered the development of global technology and exposed fatal flaws in China's semiconductor industry. Instead of satisfying the existing ascendancy, the leading countries in semiconductor, such as the US and the EU, launched a series of strategic plans to stay ahead. Such competitions in other IT fields are heating up in 2018. This paper analyzed the leading edges of four key areas in IT, i. e. semiconductor, quantum information, artificial intelligence and cyberspace, and summarized the latest advances.

4.10 能源科技领域发展观察

陈 伟[1] 郭楷模[1] 蔡国田[2] 岳 芳[1]

(1. 中国科学院武汉文献情报中心; 2. 中国科学院广州能源研究所)

当前全球能源系统正在从化石能源绝对主导向低碳多能融合方向转变。全球能源生产与消费革命不断深化，新产业新业态日益壮大。2018 年各国在能源转型过程中以科技创新为先导，以体制改革为抓手，致力于解决主体能源绿色低碳过渡、多能互补耦合利用、终端用能深度电气化、智慧能源网络建设等重大战略问题，构建清洁低碳、安全高效的现代能源体系，抢占能源竞争战略制高点。

一、重要研究进展

1. 燃气轮机增材制造工艺取得突破

3D 打印技术在燃气轮机制造中的应用已从原型试制逐渐走向实际生产，它将给制造过程带来更灵活的设计、更快速的制造过程、更低的污染排放等诸多优势。德国西门子公司利用 3D 打印技术，成功制造和测试了镍基超级合金材料的航改燃气轮机干式低排放（DLE）预混合器，可以显著降低 CO 排放[1]。英国罗-罗公司在新一代大涵道比涡扇发动机核心机上使用 3D 打印部件和陶瓷基复合材料，成功完成了 100 多个小时的测试，燃油效率较第一代遄达发动机提高 25%，同时排放降低[2]。

2. 受控核聚变研究持续取得进展

核聚变研究强国在核聚变理论方法、材料开发和实验装置上取得了突破性进展，稳步推进受控核聚变商业化应用进程。中国科学院合肥等离子体物理研究所全超导托卡马克装置等离子体中心电子温度首次达到 1 亿摄氏度，实验参数接近未来聚变堆稳态运行模式所需要的物理条件[3]。美国普林斯顿等离子体物理实验室研发出一种涟漪扰动法［共振磁扰动（RMPs）］，能够扭曲等离子体的方向、减轻等离子体对装置的破坏、减少聚变反应中等离子体的不稳定性并大幅提高可控核聚变的持续时长[4]。麻省理工学院与英国联邦聚变能系统公司（CFS）合作开发了新型高温（−223℃）超导材料，能够以体积更小的磁体产生能量更强的磁场，有助于减少聚变反应启动所需的能量[5]。

3. 高密度储能电池成果斐然

储能技术在充放电循环反应机理研究、中间产物认知、界面优化、新材料开发等方面成果斐然。美国斯坦福直线加速器中心等机构合作利用X射线技术成功揭示了充放电过程中锂离子在磷酸铁锂正极材料中的运动机制，为设计开发高效的锂离子电池积累了关键的理论基础[6]。美国伊利诺伊大学芝加哥分校等机构合作开发新型锂-空气电池，创造在自然空气环境中稳定运行超700次的循环寿命纪录[7]。斯坦福大学制备全球首个可伸缩锂金属电池，展现出优异的机械柔韧性和化学稳定性，推动柔性电子器件发展[8]。澳大利亚皇家墨尔本理工学院开发了全球首个基于活性炭电极的可充电质子电池[9]。哈佛大学研发出基于低成本醌类有机电解液的新型液流电池，创造工作寿命最长纪录，而且较全钒液流电池成本大幅下降[10]。

4. 钙钛矿太阳电池商业化前景渐明

钙钛矿太阳电池器件结构日趋完善，效率已超多晶硅，逼近单晶硅，但实现商业化仍需攻克规模化制造工艺、稳定性等关键挑战。瑞士洛桑联邦理工学院首次实验揭示了连续沉积钙钛矿生长机理，为制备高性能的钙钛矿薄膜及其光电器件提供了重要的理论参考[11]。中国科学院半导体研究所创造单结钙钛矿太阳电池转换效率世界纪录(23.7%)，并通过美国国家可再生能源实验室的权威认证[12]。英国牛津光伏公司成功开发出效率高达28%的钙钛矿/晶硅叠层电池[13]。日本东芝公司采用新型弯月面涂布技术制造全球最大面积（703cm^2）的钙钛矿电池单元，突破大面积工艺瓶颈，为钙钛矿电池走出实验室迈向商业化奠定了坚实的技术基础[14]。

5. 氢能与燃料电池取得新进展

氢能作为清洁能源，引起了世界广泛关注。美国、欧盟、日本等发达国家/地区投入重金开展氢能开发利用技术的研究活动，取得了一系列突破和进展。德国亥姆霍兹柏林材料与能源中心设计开发了双光阳极串联光电催化系统，创造了太阳能到氢能19%的转化效率纪录[15]。剑桥大学等机构合作将染料敏化的无机半导体二氧化钛光阳极与光系统Ⅱ结合，并与氢化酶组成半人工光合系统，实现了在无外偏压辅助（即零偏压）的情况下高效光解水产氢[16]。日本国立产业技术综合研究所开发了陶瓷电解质低温致密烧结工艺，制备出全球首个商用规格的质子陶瓷燃料电池[17]。

6. 航空动力新概念获成功验证

麻省理工学院成功研发并在大气环境中试飞全球首个基于固态储能和无机械活动部件的新概念飞行装置，凭借离子推进系统的精巧设计以及三级升压电路实现轻质高压电源等关键技术突破，成功验证这一航空动力新概念，未来有望应用到无人机等小/微型城市飞行器等领域[18]。

二、重要战略规划

1. 发达国家加强顶层设计战略主导

2018 年，美国特朗普政府以贸易战为由发动了对华全面科技战，以遏制中国科技创新快速崛起及战略性新兴产业发展，为此首先制定 301 关税清单，定向精确打击中国在航空航天设备、新能源等领域的关键能源技术[19]；其次发布《美国对中国民用核能合作框架》[20]，明令禁止小型模块化轻水堆、非轻水先进反应堆技术、2018 年及之后的新兴核技术对华出口。欧盟公布总额 1000 亿欧元的“地平线欧洲”计划[21]，提出 2021～2027 年将为气候、能源与交通领域研究与创新资助 150 亿欧元，旨在以系统观视角来整合跨学科、跨部门的力量共同解决能源转型面临的重大社会和环境挑战。德国第七期能源研究计划未来五年总预算达 64 亿欧元[22]，重点支持能效、可再生能源电力、系统集成、核能和交叉技术五大主题研究工作，资助重点从单项技术转向解决能源转型面临的跨部门和跨系统问题，同时利用“应用创新实验室”机制建立用户驱动创新生态系统，加快成果转移转化。日本发布《第五期能源基本计划》[23]，提出了面向 2030 年及 2050 年的能源中长期发展战略，强调降低对化石能源的依赖，大力发展可再生能源和氢能，在安全前提下推进核电重启，同时充分融合数字技术构建多维、多元、柔性能源供需体系，实现 2050 年能源全面脱碳化目标。

2. 能源数字化进程稳步推进

随着数字技术的深度融合，能源系统和运营模式呈现出智能化、去中心化、物联化等颠覆性趋势。欧盟《能源价值链数字化》[24]报告指出，如何克服互操作性与标准化和保障网络安全是能源价值链数字化转型面临的两大难题，欧盟应该积极采用物联网、5G 网络与大数据、能源互联网等关键使能技术，并建立可再生能源可用性预测信息交换服务平台、部署优化能源互联网的数字基础设施等措施以解决上述两大挑战。国际能源署《世界能源投资报告 2018》[25]显示，传统企业能源创新路径正在被数字化浪潮颠覆，能源科技初创企业主要的企业风险投资来源是信息技术（IT）行业而非传统能源行业，互联网公司的跨界竞争对传统能源企业构成威胁。英国石油公司《技术展望报告 2018》[26]指出，随着数字技术（包括传感器、超级计算、数据分析、自动化、人工智能等）依托云网络应用的发展，到 2050 年一次能源需求和成本将降低 20%～30%。彭博社新能源财经研究表明[27]，到 2025 年数字技术将为全球能源行业带来 380 亿美元的年收益。

3. 油气行业数字化智能化竞争激烈

油气行业正在向技术密集型、技术精细型产业转型，为抢占未来竞争制高点，各行业参与方正在加快数字化技术的应用速度，并深化其应用水平。一方面油气企业纷纷实施数字化创新举措，另一方面 IT 企业也加强跨界与传统油气企业开展合作：壳牌宣布将和微软扩大合作，在石油行业大规模开发和部署人工智能应用[28]；俄罗斯天然气公司实施 2030 年数字化转型战略，在运营流程管理中引入“工业 4.0”的物联网技术和新方法，使用创新数字技术提升石油业务操作流程效率[29]；巴西国家石油公司在 2018～2022 年商业计划中提出未来三年投资 66.3 亿美元用于基础设施和研发，并成立数字化转型部门推动在油气业务、创新合作、决策过程等公司运营活动中提高效率和生产力[30]；中国石油发布国内油气行业首个智能云平台，支撑勘探开发业务的数字化、自动化、可视化、智能化转型发展[31]；华为提供的油气物联网、数字管道、高性能计算（HPC）与经营管理及智能配送等信息与通信技术（ICT）解决方案，已服务 70% 的全球 TOP20 油气企业[32]；IBM 公司牵手阿布扎比国家石油公司，首次将区块链技术应用于油气生产核算[33]；通用电气和诺布尔钻井公司联合开发世界第一艘数字钻井船，旨在实现减少目标设备上 20% 的运营成本同时提高钻井效率[34]；谷歌和道达尔计划联合攻坚人工智能在油气勘探领域的应用[35]。

4. 煤炭清洁高效梯级利用

先进高效率低排放燃烧发电和深加工分级转化是煤炭清洁高效利用的未来发展方向，碳基能源高效催化转化、新型富氧燃烧、先进联合循环等高效低排放技术正处于研发阶段。美国煤碳利用研究协会（CURC）和电力科学研究院（EPRI）在 2018 年 7 月更新的《先进化石能源技术路线图》[36]中，规划了增压富氧燃烧、化学链燃烧、超临界 CO_2 动力循环发电、先进超超临界（A-USC）、煤气化联合循环等高效低碳发电技术到 2035 年的研发与大规模示范路径，提出了相应的性能与成本目标：到 2035 年未配备碳捕集与封存（CCS）的燃煤电站效率达到 46.5%（高位热值，HHV），配备碳捕集与封存的燃煤电站效率达到 40.5%（HHV）、碳捕集率 90%、电力成本相比于2015年降低40%。

5. 核能发展重视安全高效

如何在保障安全的前提下，实现核能高效利用是国际社会共同关注的问题，为此美国、日本等核能强国积极制定核能安全发展政策，并开展了核能安全利用技术研究活动。美国能源部在2018～2022年将资助4亿美元[37]，重点开展新型反应堆示范工程、核电技术监管认证、先进反应堆设计开发等工作，包括核部件和完整装置的先进制造和建造技术研究、反应堆系统结构优化、多技术类型的小型模块化反应堆设计开发、先进传感器和控制系统开发、核电站辅助设施和支持系统开发等，以加速核能技术创新突破。日本原子能委员会发布《原子能技术研究开发基本原则》[38]，提出建立电力自由化市场、发展多种反应堆技术以及强化国际合作，明确政府、国立科研机构、产业界三大创新主体任务，旨在指导未来原子能技术的研究开发工作。美国国家科学院发布《美国燃烧等离子体研究战略计划最终报告》[39]，评估了美国聚变研究的进展，建议美国继续参与国际热核聚变实验堆（ITER）计划，并启动国家研究计划迈向紧凑型聚变发电中试阶段。

6. 新能源与可再生能源加快应用

（1）氢能发展成为新一轮热点。日本公布新修订的《氢能与燃料电池开发路线图》[40]，提出面向2040年的车用、家用和商用燃料电池技术发展目标。澳大利亚发布《国家氢能路线图》[41]，描绘了澳大利亚氢能产业的未来发展蓝图，打造氢能从制备到应用全产业链，实现到2025年与其他能源成本竞争力相当的目标。

（2）欧盟前瞻谋划风能和海洋能未来发展。欧盟《风能战略研究和创新议程2018》[42]提出风电并网集成、系统运营和维护、下一代风电技术、海上风电配套设施、浮动式海上风电五大优先发展领域，明确了至2030年的愿景目标。欧盟联合研究中心发布《海洋能源未来新兴技术》报告[43]，提出了十大发展方向，力图弥合研发与产业化的鸿沟，开发潜力巨大的海洋能源。

（3）人工智能（AI）推动地热产业智慧化转型升级。美国能源部资助机器学习在地热领域的应用研究项目[44]，聚焦机器学习用于地热资源勘查和开发先进数据分析工具，从而提升地热资源的勘查开发水平。日本新能源产业技术综合开发机构部署研究课题[45]，旨在利用物联网（IoT）、人工智能等技术改善地热发电站的管理运营效率，将地热发电站的故障发生率降低20%，同时将利用率提高10%，提升地热经济性。

7. 美国、欧盟、日本大力推动高性能电池研发

国际能源署发布的《全球电动汽车展望2018》报告[46]指出，动力电池技术将是

决定未来电动汽车发展高度的关键因素。为了抢占发展制高点，美国、欧盟、日本等发达国家/地区积极制定政策措施并投入重金推动储能技术研发。欧盟组建“欧洲电池联盟”实施战略行动计划[47]，从保障原材料供应、构建完整生态系统、强化产业领导力、培训高技能劳动力、打造可持续产业链、强化政策和监管等六个方面开展行动，要在欧洲建立具有全球竞争力的电池产业链。美国能源部将在未来五年为储能联合研究中心继续投入 1.2 亿美元[48]，开展液体溶剂化科学、固体溶剂化科学、流动性氧化还原科学、动态界面电荷转移和材料复杂性科学五大方向研究，以设计开发超出当前锂离子电池容量的新型高能多价化学电池，并研究用于电网规模储能的液流电池新概念。日本新能源产业技术综合开发机构将在未来五年（2018～2022 年）资助 100 亿日元[49]，旨在通过整合全日本相关的国立研究机构、企业界和政府力量，共同推进全固态电池关键基础技术开发和固态电池应用的社会环境分析研究工作，攻克全固态电池商业化应用的技术瓶颈，为到 2030 年左右实现规模化量产奠定技术基础。

8. 交通能源动力向绿色低碳转型

发展绿色交通是应对全球气候能源危机、实施经济社会转型与可持续发展战略的重要路径，欧美发达国家已开始重视制定航空业低碳转型的战略规划。日本宇宙航空研究开发机构公布《第四期中长期发展规划》[50]，提出开发低排放发动机燃烧器和高效涡轮相关技术等重点方向，并联合多家企业和政府机构组建“飞行器电气化挑战联盟”[51]，推动日本航空工业低碳转型。英国政府计划投入 2.25 亿英镑（加上企业投入共 3.43 亿英镑）强化航空动力技术研发，通过政企合作开展电气化、发动机、材料与制造工艺等主题研究，打造绿色航空抢占未来航空发展制高点[52]。

三、发展启示建议

1. 攻克卡脖子技术难题，推进能源革命高质量发展

当今世界面临百年未有之大变局，我国发展处于重要战略机遇期。迫切需要充分认识到能源科技创新在能源革命中的极端重要性，深化开展高质量的能源科技供给侧改革，突破核心技术卡脖子问题，包括推动化石资源清洁高效利用与耦合替代，解决高能耗、高水耗、高排放等瓶颈问题。重点研究油煤气资源融合转化定向高效制备清洁燃料和化学品技术，突破煤炭清洁高效燃烧关键技术，实现大幅提高化石资源总体利用效率与产品质量、降低过程能耗与排放目标。加快清洁能源多能互补与规模应用，满足高比例替代煤炭消费需求。亟须攻克可再生能源交直流混合高效稳定供电技

术、可再生能源供热系统技术、多能互补分布式发电与智慧微网关键技术，着重推动大规模低成本储能单元、系统并网与控制和系统集成关键技术开发与示范。扎实做好高端特种材料与制造工艺，泵、阀门、轴承、仪器仪表、催化剂等关键部件的基础共性技术研发，提升国产化自主可控水平。

2. 加强现代能源系统架构整体设计与关键核心技术研究

目前美国、德国等发达国家已开始探索一体化、智能化多能融合体系的架构设计。为破解我国现有能源体系结构性缺陷，实现化石能源/可再生能源/核能低碳化多元融合，需要尽快开展多能融合的未来能源系统研究，从能源全系统层面着手优化，突破多能互补、耦合利用技术。重点突破氢/甲醇等重要能源载体的低成本合成技术，如可再生能源电解制氢、核能高温制氢、二氧化碳低成本捕集、加氢制甲醇/液体燃料，以及燃料电池大规模应用等关键核心技术。这是新一轮能源革命中我国能源科技有可能走在世界前列的领域，有助于我国抢占先机，早日建成能源科技强国。

3. 尽快建立国家能源实验室，形成跨学科融合创新平台

能源与信息、生物、纳米、先进制造等前沿学科的交叉融合将是未来能源科技创新的最佳路径，也最有可能催生颠覆性技术。美国、欧盟等发达国家和地区洞察到这一趋势，均提前部署了跨学科、跨部门的重大课题。我国应尽快建立能源领域国家实验室，牵头组织优势力量开展重大关键技术集成化创新和联合攻关，高度关注能源与关联领域（生态、环境、化工、交通等）产生的相互影响，试点布局跨学科、跨系统重大研究项目，带动液态阳光、规模化高性能储能、氢能与燃料电池、智慧综合能源网络等潜在颠覆技术的发展应用，实现我国能源科技水平从跟跑向并跑、领跑的战略性转变。

致谢：中国科学院广州能源研究所赵黛青研究员、中国科学院山西煤炭化学研究所韩怡卓研究员、中国科学院青岛生物能源与过程研究所郑永红研究员等审阅了本文并提出了宝贵的修改意见，特致谢忱。

参考文献

[1] Siemens. Siemens achieves breakthrough with 3D-printed combustion component for SGT-A05. https://www.siemens.com/press/en/feature/2018/powergenerationservices/2018-08-sgt-a05.php [2018-08-08].

[2] Rolls-Royce. 3-D printed parts and new materials help Rolls-Royce to engine test success. https://

www. rolls-royce. com/media/press-releases/2018/11-10-2018-3-d-printed-parts-and-new-materials-help-rolls-royce-to-engine-test-success. aspx[2018-10-11].

[3] 中国科学院. EAST 装置取得 1 亿度等离子体运行等成果. http://www. cas. cn/syky/201811/t20181112_4670007. shtml[2018-11-13].

[4] Greenwald J. Discovered: optimal magnetic fields for suppressing instabilities in tokamaks. https://www. pppl. gov/news/press-releases/2018/09/discovered-optimal-magnetic-fields-suppressing-instabilities-tokamaks[2018-09-10].

[5] Chandler D. MIT and newly formed company launch novel approach to fusion power. http://news. mit. edu/2018/mit-newly-formed-company-launch-novel-approach-fusion-power-0309[2018-03-09].

[6] Li Y Y, Chen H, Lim K, et al. Fluid-enhanced surface diffusion controls intraparticle phase transformations. Nature Materials, 2018, 17: 915-922.

[7] Asadi M, Sayahpour B, Abbasi P, et al. A lithium-oxygen battery with a long cycle life in an air-like atmosphere. Nature, 2018, 555(7697): 502-506.

[8] Liu K, Kong B, Liu W, et al. Stretchable lithium metal anode with improved mechanical and electrochemical cycling stability. Joule, 2018, 2: 1857-1865.

[9] Heidari S, Mohammadi S S, Oberoi A S, et al. Technical feasibility of a proton battery with an activated carbon electrode. International Journal of Hydrogen Energy, 2018, 43(12): 6197-6209.

[10] Kwabi D G, Lin K X, Ji Y L, et al. Alkaline quinone flow battery with long lifetime at pH 12. Joule, 2018, 2: 1894-1906.

[11] Ummadisingu A, Grätzel M. Revealing the detailed path of sequential deposition for metal halide perovskite formation. Science Advances, 2018, 4(2): e1701402.

[12] National Renewable Energy Laboratory. Best research-cell efficiencies. https://www. nrel. gov/pv/assets/images/efficiency-chart. png[2019-01-03].

[13] Oxford PV. Oxford PV perovskite solar cell achieves 28% efficiency. https://www. oxfordpv. com/news/oxford-pv-perovskite-solar-cell-achieves-28-efficiency[2018-12-20].

[14] 国立研究開発法人新ェネルギー・産業技術総合開発機構. 面積世界最大のフィルム型ペロブスカィト太陽電池モジュールを開発. http://www. nedo. go. jp/news/press/AA5_100976. html[2018-06-18].

[15] Cheng W H, Richter M H, May M M, et al. Monolithic photoelectrochemical device for direct water splitting with 19% efficiency. ACS Energy Letters, 2018, 3: 1795-1800.

[16] Sokol K P, Robinson W E, Warnan J, et al. Bias-free photoelectrochemical water splitting with photosystem II on a dye-sensitized photoanode wired to hydrogenase. Nature Energy, 2018, 3: 944-951.

[17] 国立研究開発法人新ェネルギー・産業技術総合開発機構. 世界初、実用サィズのプロトン導電性セラミック燃料電池セル(PCFC)の作製に成功. http://www. nedo. go. jp/news/press/AA5_100987. html[2018-07-04].

[18] Xu H F, He Y O, Strobel K L, et al. Flight of an aeroplane with solid-state propulsion. Nature, 2018, 563(7732): 532-535.

[19] Office of the United States Trade Representative Executive Office of the President. Findings of the investigation into China's acts, policies, and practices related to technology transfer, intellectual property, and innovation under Section 301 of the Trade Act of 1974. https://ustr.gov/sites/default/files/Section%20301%20FINAL.PDF[2018-03-22].

[20] Department of Energy. DOE announces measures to prevent China's illegal diversion of U.S. civil nuclear technology for military or other unauthorized purposes. https://www.energy.gov/articles/doe-announces-measures-prevent-china-s-illegal-diversion-us-civil-nuclear-technology[2018-10-11].

[21] European Commission. Proposal for a decision of the European parliament and of the council on establishing the specific programme implementing Horizon Europe—the Framework Programme for Research and Innovation. https://eur-lex.europa.eu/legal-content/EN/TXT/?qid=1540387739796&uri=CELEX%3A52018PC0436[2018-06-07].

[22] Federal Ministry for Economic Affairs and Energy. Innovations for the energy transition: 7th energy research programme of the federal government. https://www.bmwi.de/Redaktion/EN/Publikationen/Energie/7th-energy-research-programme-of-the-federal-government.pdf?__blob=publicationFile&v=3[2018-09-19].

[23] 経済産業省. 第5次エネルギ基本計画. http://www.meti.go.jp/press/2018/07/20180703001/20180703001-1.pdf[2018-07-03].

[24] European Commission. Digitalization of the energy sector. https://setis.ec.europa.eu/system/files/setis_magazine_17_digitalisation.pdf[2018-05-30].

[25] International Energy Agency. World energy investment 2018. https://webstore.iea.org/world-energy-investment-2018[2018-07-17].

[26] BP. Technology Outlook 2018. https://www.bp.com/content/dam/bp/en/corporate/pdf/technology/bp-technology-outlook-2018.pdf[2018-03-15].

[27] Bloomberg New Energy Finance. Digitalization could provide $38 billion in benefits to energy. https://about.bnef.com/blog/digitalization-provide-38b-benefits-energy/[2018-01-29].

[28] Steven N. Shell announces plans to deploy AI applications at scale. https://blogs.wsj.com/cio/2018/09/20/shell-announces-plans-to-deploy-ai-applications-at-scale/[2018-09-20].

[29] World Oil. Gazprom Neft implements 2030 digital transformation strategy. https://www.worldoil.com/news/2018/11/26/gazprom-neft-implements-2030-digital-transformation-strategy[2018-11-26].

[30] Polito R, Ramalho A. Petrobras turns to digital transformation. https://www.valor.com.br/international/news/5994721/petrobras-turns-digital-transformation[2018-11-23].

[31] 中国石油新闻中心. 中石油发布勘探开发梦想云平台. http://news.cnpc.com.cn/system/2018/

11/29/001712270. shtml[2018-11-29].

[32] 华为技术有限公司. 华为在 2017 全球油气峰会展示安全高效产油气 ICT 解决方案. https://www. huawei. com/cn/press-events/news/2017/11/Huawei-Safe-Efficient-Oil-Gas-ICT-Solutions[2017-11-13].

[33] 人民网. IBM 与阿布扎比国家石油公司合作开发区块链供应链系统. http://blockchain. people. com. cn/n1/2018/1210/c417685-30453893. html[2018-12-10].

[34] Offshore Energy Today. GE, noble corp. in "world's first" digital drilling rig push. https://www. offshoreenergytoday. com/ge-noble-corp-in-worlds-first-digital-drilling-rig-push/[2018-02-23].

[35] Total. Total to develop artificial intelligence solutions with Google Cloud. https://www. total. com/en/media/news/press-releases/total-develop-artificial-intelligence-solutions-google-cloud[2018-04-24].

[36] Carbon Utilization Research Council, Electric Power Research Institute. 2018 CURC-EPRI advanced fossil energy technology roadmap. http://www. curc. net/webfiles/Roadmap/FINAL%202018%20CURC-EPRI%20Roadmap. pdf[2019-03-10].

[37] Department of Energy. U. S. industry opportunities for advanced nuclear technology development. https://www. grants. gov/web/grants/search-grants. html?keywords=DE-FOA-0001817[2018-12-07].

[38] 原子力委員会. 技術開発・研究開発に対する考え方. http://www. meti. go. jp/committee/kenkyukai/energy/fr/senryaku_wg/pdf/009_01_00. pdf[2018-04-24].

[39] The National Academies of Sciences, Engineering, and Medicine. Final report of the committee on a strategic plan for U. S. burning plasma research. https://www. nap. edu/catalog/25331/final-report-of-the-committee-on-a-strategic-plan-for-us-burning-plasma-research[2018-12-13].

[40] 国立研究開発法人新ェネルギー・産業技術総合開発機構. NEDO 燃料電池・水素技術開発ロードマップの燃料電池分野を改訂、先行公開. https://www. nedo. go. jp/news/press/AA5_100889. html[2017-12-20].

[41] Commonwealth Scientific and Industrial Research Organisation. National hydrogen roadmap. https://www. csiro. au/en/News/News-releases/2018/Roadmap-finds-Hydrogen-Industry-set-for-scale-up[2018-08-23].

[42] European Technology & Innovation Platform on Wind Energy. Strategic research and innovation agenda 2018. https://windeurope. org/wp-content/uploads/files/about-wind/reports/ETIPWind-strategic-research-and-innovation-agenda-2018. pdf[2018-10-24].

[43] European Commission Joint Research Centre. New technologies in the ocean energy sector. https://ec. europa. eu/jrc/en/news/new-technologies-ocean-energy-sector[2018-10-29].

[44] Office of Energy Efficiency & Renewable Energy. Energy Department announces $3. 6 million in machine learning for geothermal energy. https://www. energy. gov/eere/articles/energy-department-announces-36-million-machine-learning-geothermal-energy[2018-07-19].

[45] 国立研究開発法人新ェネルギー・産業技術総合開発機構. 地熱ェネルギ†のさらなる高度利用を目指す技術開発 8テーマを採択. http://www.nedo.go.jp/news/press/AA5_100988.html [2018-07-04].

[46] International Energy Agency. Global EV outlook 2018. https://webstore.iea.org/download/direct/1045?fileName=Global_EV_Outlook_2018.pdf[2018-05-30].

[47] European Commission. Strategic action plan on batteries. https://eur-lex.europa.eu/resource.html?uri=cellar:0e8b694e-59b5-11e8-ab41-01aa75ed71a1.0003.02/DOC_3&format=PDF[2018-05-17].

[48] Department of Energy. Department of Energy announces $120 million for battery innovation hub. https://www.energy.gov/articles/department-energy-announces-120-million-battery-innovation-hub[2018-09-18].

[49] 国立研究開発法人新ェネルギー・産業技術総合開発機構. 全固体リチゥムィォン電池の研究開発プロジェクトの第 2 期が始動. http://www.nedo.go.jp/news/press/AA5_100968.html [2018-06-15].

[50] 国立研究開発法人宇宙航空研究開発機構. 国立研究開発法人宇宙航空研究開発機構の中長期目標を達成するための計画. http://www.jaxa.jp/about/plan/pdf/plan04.pdf[2018-03-30].

[51] Japan Aerospace Exploration Agency. Electrification challenge for aircraft (ECLAIR) consortium. http://global.jaxa.jp/press/2018/07/20180702_eclair.html[2018-07-02].

[52] Department for Transport; Department for Business, Energy & Industrial Strategy; the Rt Hon Greg Clark, et al. Lift off for electric planes—new funding for green revolution in UK civil aerospace. https://www.gov.uk/government/news/lift-off-for-electric-planes-new-funding-for-green-revolution-in-uk-civil-aerospace[2018-07-16].

Energy Science and Technology

Chen Wei, Guo Kaimo, Cai Guotian, Yue Fang

The global energy production and consumption revolution is constantly deepening, and emerging industries and new formats continue to grow and develop. At the same time, energy technology innovation is in a highly active period, and emerging energy technologies are accelerating at an unprecedented rate, with a number of disruptive technologies spawning. The major strategic plans for energy science and technology developed by major developed countries and regions, as well as the progress and important achievements of energy technology in 2018 are systematically sorted out and analyzed in this paper, which can help to accurately grasp the evolving technology directions. Finally, several constructive recommendations for the development of energy science and technology in China are proposed.

4.11 材料制造领域发展观察

万 勇 黄 健 冯瑞华 姜 山

（中国科学院武汉文献情报中心）

2018年，材料领域取得了一系列原创性成果和先进适用技术，以增材制造为代表的先进制造技术也实现了诸多令人振奋的突破。美国等西方国家重视制造业实力建设，制定路线图及标准促进相关技术创新与商业化发展，超材料、高熵合金等高性能结构材料受到关注。

一、重要研究进展

1. 机器学习助力材料设计开发

材料科学中积累了大量数据，通过基于大数据的高通量计算可以大大加快材料设计的进程。利用人工智能和机器学习技术以辅助新材料的研究与发现也愈发受到重视。美国能源部利用拥有的超快科学装置，资助材料、化学等的研究，加速新材料和化学过程的发现[1]；还通过资助相关软件开发，推动基于计算建模的化学过程设计[2]。英国法拉第研究所（Faraday Institution）引入超级计算机，无须制造大量原型来测试每种新材料或者电池组件，提升了电池研究项目的研发速度[3]。哈佛大学开发了一种基于量子力学方程的算法，根据晶体化学元素预测材料的电子传输特性，无须实验辅助，即可在几个月内发现并优化热电材料[4]。美国休斯敦大学设计出新的算法，加速寻找用于LED照明的高效荧光材料，使LED更高效、色彩质量更佳[5]。

2. 材料领域新成员不断涌现

常见的钙钛矿材料主要有无机和有机无机杂化两类，均含有金属元素，增加了加工、制备的困难。东南大学等机构利用带电分子基团取代无机离子，首次制备得到全有机的无金属钙钛矿型铁电体，性能可与传统无机钙钛矿材料相媲美，为钙钛矿家族增添了新的成员[6]。美国桑迪亚国家实验室开发出一种由90%铂金和10%黄金组成的耐磨新材料，堪称目前最耐磨的金属合金，比高强度钢耐用100倍，与自然界钻石及蓝宝石等的耐磨度处于同一级别[7]。中国科学院金属研究所与东京大学、重庆大学等合作，将扫描透射电子显微术与第一性原理理论计算相结合，在薄膜陶瓷材料中发现了区别于晶体、准晶体和非晶体的新结构——一维有序结构（一维有序晶体），更新并深化了人们对固态物质结构的认识[8]。美国马里兰大学通过去除原生木材的木质素并在100℃进行热压处理，制得的超级木头拉伸强度达587MPa，可与钢材媲美；其比拉伸强度高达451MPa・cm^3/g，超过几乎全部的金属及合金，展现出未来结构材料之星的巨大潜力[9]。

3. 材料性质研究取得众多突破

在各种材料中，很多属性往往由于相互冲突，犹如“鱼和熊掌不可兼得”。2018年，研究人员在金刚石、碳纤维、合金等领域取得了突破，实现了从“不可兼得”到“可兼得”的转变。香港城市大学与美国麻省理工学院、新加坡南洋理工大学等合作研制出一种单晶纳米金刚石，兼具高弹性与高强度：弹性形变可达9%，强度接近理论极限的89～98GPa，而一般的体相金刚石拉伸强度不足10GPa[10]。市场对碳纤维的需求是能同时具有更高的拉伸强度和拉伸模量。中国科学院宁波材料技术与工程研究所研制出拉伸强度5.24GPa、拉伸模量593GPa的高强高模碳纤维，实现了国产M60J超高强度高模量碳纤维关键制备技术的全新突破[11]。北京科技大学以等原子比TiZrHfNb高熵合金为模型合金，通过添加适量的氧，发现间隙原子在合金中还有一种尚未被发现的新的存在状态，不仅能提高合金强度，还可以大幅提高合金塑性，打破了对间隙固溶强化的传统认知[12]。中国科学院金属研究所利用直流电解沉积技术，获得了结构梯度定量可控的纳米孪晶铜材料，增加结构梯度可实现梯度纳米孪晶结构材料强度-加工硬化的协同提高，为新一代高强度/延性金属材料的开发提供了新的启发[13]。

材料性质研究还有一些典型进展。实现自旋构型与材料结构的原子尺度协同定量表征，是理解、预测与调控磁性材料物理性质的关键。清华大学与德国、日本机构合作，应用色差校正透射电子显微学技术，在国际上首次通过实验手段获得了材料内部原子面分辨的磁圆二色谱，并基于实验结果定量计算出每一层原子面的轨道自旋磁矩比[14]。美国麻省理工学院、哈佛大学和日本国立材料科学研究所组成的联合团队的研究表明，当两层石墨烯以特定的1.1°角度旋转扭曲在一起时，在电场作用下会展现出非常规超导性质。这意味着可通过简单方式实现绝缘体与超导体的转变[15]。该研究论文的第一作者被《自然》列为“2018年度十大科学人物”之首[16]。中国科学院物理研究所与合作者利用极低温-强磁场-扫描探针显微镜联合系统，首次于相对高的温度下，在铁基超导体$FeTe_{0.55}Se_{0.45}$中观察到纯的马约拉纳束缚态，这预示着其他多能带高温超导体也可能存在马约拉纳任意子，为马约拉纳物理研究开辟了新的方向[17]。

4. 新型材料助推器件发展

减少功耗是当前集成电路发展的主要趋势，其中最有效的途径即为降低工作电压。北京大学将具有特定掺杂的石墨烯作为冷电子源，将碳纳米管作为有源沟道，研制出新型狄拉克源场效应晶体管，达到了国际半导体发展路线图对相关器件实用化的标准要求，有望将集成电路工作电压降到0.5V甚至更低，为3nm技术节点提供解决方案[18]。调制器是光电子行业的重要组成部分，铌酸锂是调制器制备的最佳材料之一，哈佛大学、香港城市大学等利用电子束刻蚀和Ar^{+}基反应离子刻蚀等先进纳米制造方法，克服了传统化学刻蚀不能形成光滑表面的弊端，并改善了铌酸锂化学惰性限制，研制出的微型片上铌酸锂调制器体积更小、运行效率更高、数据传输速度更快，与当前互补金属氧化物半导体（complementary metal oxide semiconductor，CMOS）电路兼容集成，且无须用到电子放大器[19]。加拿大阿尔伯塔大学利用原子级电路制造技术，快速去除或替换单个氢原子，使得存储器可被重写，研制出迄今为止储存密度最高、可在室温工作的固态存储器，存储能力比当前计算机存储设备提高了1000倍，可在25美分硬币大小的表面存储4500万首歌曲[20]。

5. 增材制造技术发展日新月异

借助新材料、人工智能等技术的发展，以增材制造（3D打印）为代表的先进制造技术取得大量新的进展，多材料、多工艺成为重要方向。美国南加州大学利用3D打印构建出能阻挡声波和机械振动的特殊超材料，可通过磁场远程控制开关，有望用于噪声消除、振动控制和声波隐形[21]。美国卡内基梅隆大学研制出一种由导电材料和纸张制成的纸质机器人，当施加电流时可以折叠或展开[22]。美国加州大学圣克鲁兹分校、劳伦斯利弗莫尔国家实验室利用可印刷石墨烯气凝胶构建装有赝电容材料的多孔三维支架，研制出的超级电容器具有最高的面积电容（每单位电极表面积存储的电荷），质量负载提升到超过100mg MnO_2/cm^2的记录水平而不影响性能，而商用设备的常规水平约为10mg MnO_2/cm^2[23]。

二、重要战略规划

1. 发布重点战略，统领领域发展

2018年，以美国、德国等为代表的世界主要发达国家继续加强在材料与制造领域的战略布局，围绕本国科技及经济发展需求，出台了相应的战略规划。10 月，美国白宫发布《美国先进制造业领导力战略》，首次公开了特朗普政府确保未来美国占据先进制造业领导地位的战略规划，更新了 2012 年奥巴马政府的《先进制造业国家战略计划》。该报告提出了涉及技术、劳动力、供应链的三大战略目标，明确了未来 4 年三大目标的具体行动，并在多个相关联邦部门做了分解[24]。9 月，德国联邦政府出台的《高科技战略 2025》涵盖七大重点领域和 12 项任务，为德国未来七年高科技创新制定了目标。战略在涉及材料的部分指出，将通过增材制造或有效利用资源，智能地设计和使用材料[25]。2019 年 2 月，德国联邦经济事务与能源部发布的《国家工业战略 2030》草案，旨在有针对性地扶持重点工业领域，提高工业产值，保证德国工业在欧洲乃至全球的竞争力。包括与材料相关的钢铁铜铝、化工、增材制造等在内的十个工业领域被列为“关键工业领域”[26]。

2. 重视材料与制造的基础及应用研究

对于那些具有应用前景，然而前期需要大量研究以攻克基础性前沿问题与挑战，并且难以在短期内形成较强市场竞争力的科技活动而言，政府层面的支持就显得尤为重要和必要。2018 年，世界各国针对材料与制造领域，部署了一系列大型研究规划。2 月，加拿大创新、科学与经济发展部宣布启动包括先进制造在内的五大超级集群项目，以此作为“创新和技能计划”的核心并资助 9.5 亿加元，旨在促进企业主导的产学研合作。落户在安大略省的先进制造集群关注机器人、增材制造等前沿方向[27]。

6 月，欧盟委员会发布了 2021～2027 年科研资助框架“地平线欧洲”的实施方案提案。作为“地平线 2020”的接续，该计划的临时预算约 1000 亿欧元，再创新高。制造技术、先进材料位列“数字与工业”涉及的九大领域第一和第三位，关注增材制造、工业机器人、人机融合制造系统、生物制造以及具有新特性和功能的材料等[28]。7 月，美国白宫针对 2020 财年研发预算编制重点研发领域的备忘录强调，下一代制造技术将确保美国本土生产并扩大就业机会，强化国家制造业的基础。各联邦机构加大投资的优先技术领域包括智能与数字制造、先进工业机器人、先进材料与相关加工技术开发、低成本分布式制造和连续制造方法、半导体设计与制造等[29]。

3. 开展路线图研究及标准制定，高性能结构材料受到关注

通过创建协调一致的路线图、最大限度地参与标准制定等，可以共同应对尖端领域快速发展带来的挑战。美国材料与试验协会在《标准制定：实现制造业创新并加速商业化》白皮书中呼吁，各相关方尽早并积极参与，以加强研发与标准化活动的关联，这将有助于提升制造业竞争力。“制造业美国”框架下的增材制造研究所与美国

国家标准协会联合发布增材制造标准化路线图 2.0 版，确定了现有和开发中的标准、评估问题，并为需要进行额外标准化和/或预标准化研究与开发的优先领域提出了建议[30]。欧盟石墨烯旗舰计划研究发现，人们对石墨烯工业化应用存在较大怀疑，石墨烯应用普遍缺乏质量标准。9 月，该计划为新版石墨烯技术与创新路线图初步确立了四个优先领域方向，即：超级电容器、抗腐蚀、锂离子电池和神经接口[31]。

美国制造业前瞻联盟（Alliance for Manufacturing Foresight，MForesight）是美国国家标准与技术研究院会同国家科学基金会牵头组建的制造领域高端智库。4 月和 9 月，该智库先后发布主题为超材料和高熵合金的"通向工业竞争之路"系列报告。针对超材料，报告建议设立全国性相关制造研究计划，加强对关键原料的支持，建设超材料制造卓越中心[32]。针对高熵合金，报告建议通过投资推动高熵合金制造关键技术转化研究，建立国家测试中心及中央数据库[33]。

4. 白皮书及发展战略重新审视制造业发展

自 21 世纪初期开始，日本通常在每年的 6 月前后发布《制造业白皮书》，其内容非常丰富，是深入了解日本制造业的参考资料。2018 年 5 月，日本经济产业省发布的《制造业白皮书 2018》认为，当前是一个"非连续创新"的阶段，期望自动化与数字化融合的解决方案，以获取更高的附加值。新版白皮书还强调了"互联工业"（connected industries）的概念，突出"工业"的核心地位，并作为日本制造的追求目标[34]。9 月，世界制造业论坛发布的《2018 世界制造业论坛报告：针对制造业未来的建议》报告通过对重大趋势和挑战分析指出，无性别歧视的包容性制造、超链接与人工智能相结合的认知制造、通过战略决策与商业模式创新来积极应对全球风险的弹性制造、超个性化制造、循环制造和快速响应制造是制造业未来的六项颠覆性趋势，并提出了行动建议[35]。

三、发展启示与建议

1. 未来入手，强化基础性研究工作

美国、欧盟等历来重视包括材料在内的基础研究工作，并注重与应用相结合。材料作为新一代高新技术的基础和先导，是新工业革命的物质保障，需要根据发展现状和国家战略需求，遴选出需要重点支持的材料门类，如基于高通量计算和人工智能的新材料设计，加强新材料方面的基础研究和应用基础研究，对比分析国内外的发展状况，部署研究计划和项目，促进我国重点材料及技术的快速发展。

2. 路径着眼，绘制领域发展方向路线图

高质量的发展路线图是获取长期商业成功的基础，也是加快部署先进材料与制造技术的重要手段。注重需求导向和问题导向，梳理材料与制造领域的科技布局重点、发展路径和技术演进等，开展前瞻性战略研究，发挥引领作用。材料领域广而杂，更需要以需求为导向，补短板、建优势，分阶段凝练关键科学问题与核心技术问题，谋划我国材料与制造领域的科技发展。

3. 共性切入，合围关键技术创新

依托科技进步使关键共性技术取得突破，打破高性能结构材料、信息材料、生物医用材料、能源环境材料、海洋工程材料等重点领域制约行业发展的瓶颈，推动材料与制造技术水平跻身世界先进行列。同时，集聚科研院所、大中小企业等多方力量，发展具有技术优势的产业集群。“制造业美国”网络和英国高价值制造中心是发展产业集群的典型案例，其工作组织模式等经验可供借鉴。

致谢：中国科学院沈阳自动化研究所王天然院士、中国科学院宁波材料技术与工程研究所何天白研究员、中国科学院金属研究所谭若兵研究员、中国科学院宁波材料技术与工程研究所张驰研究员、中国科学院长春应用化学研究所王鑫岩处长对本报告初稿进行了审阅并提出了宝贵的修改意见，在此表示感谢！

参考文献

[1] Department of Energy. Department of Energy announces ＄30 million for“Ultrafast”science. https://www. energy. gov/articles/department-energy-announces-30-million-ultrafast-science[2018-07-25].

[2] Department of Energy. Department of Energy announces ＄21. 6 million for computational chemical sciences research. https://www. energy. gov/articles/department-energy-announces-216-million-computational-chemical-sciences-research[2018-09-19].

[3] UK Research and Innovation. Michael the supercomputer joins battery research team. https://www. ukri. org/news/michael-the-supercomputer-joins-team-to-battery-research/[2018-11-08].

[4] Harvard University. Speeding up material discovery. https://www. seas. harvard. edu/news/2018/04/speeding-up-material-discovery[2018-05-10].

[5] University of Houston. New algorithm can more quickly predict LED materials. http://www. uh. edu/news-events/stories/2018/october-2018/10222018-brgoch-led. php[2018-10-22].

[6] 东南大学. 东南大学团队研制出世界首例无金属钙钛矿型铁电体. http://news. seu. edu. cn/2018/

0713/c5486a232872/page. htm[2018-07-13].
[7] Sandia National Laboratories. Most wear-resistant metal alloy in the world engineered at Sandia National Laboratories. https://share-ng. sandia. gov/news/resources/news_releases/resistant_alloy/[2018-08-16].
[8] Yin D Q, Chen C L, Mitsuhiro S, et al. Ceramic phases with one-dimensional long-range order. Nature Materials, 2019, 18(1): 19-23.
[9] Song J W, Chen C J, Zhu S Z, et al. Processing bulk natural wood into a high-performance structural material. Nature, 2018, 55(7691): 224-228.
[10] Banerjee A, Bernoulli D, Zhang H T, et al. Ultralarge elastic deformation of nanoscale diamond. Science, 2018, 360(6386): 300-302.
[11] 中国科学院宁波材料技术与工程研究所. 宁波材料所在国产高强高模碳纤维领域取得重要进展. http://www. nimte. cas. cn/news/progress/201803/t20180313_4972677. html[2018-03-13].
[12] Lei Z F, Liu X J, Wu Y, et al. Enhanced strength and ductility in a high-entropy alloy via ordered oxygen complexes. Nature, 2018, 563(7732): 546-550.
[13] Cheng Z, Zhou H F, Lu Q H, et al. Extra strengthening and work hardening in gradient nanotwinned metals. Science, 2018, 362(6414): eaau1925.
[14] Wang Z C, Tavabi A H, Jin L, et al. Atomic scale imaging of magnetic circular dichroism by achromatic electron microscopy. Nature Materials, 2018, 17(3): 221-225.
[15] Cao Y, Valla F, Fang S, et al. Unconventional superconductivity in magic-angle graphene superlattices. Nature, 2018, 556(7699): 43-50.
[16] Nature. *Nature's* 10 ten people who mattered this year. https://www. nature. com/immersive/d41586-018-07683-5/index. html[2018-12-18].
[17] Wang D F, Kong L Y, Fan P, et al. Evidence for Majorana bound states in an iron-based superconductor. Science, 2018, 362(6412): 333-335.
[18] Qiu C G, Liu F, Xu L, et al. Dirac-source field-effect transistors as energy-efficient, high-performance electronic switches. Science, 2018, 361(6400): 387-392.
[19] Wang C, Zhang M, Chen X, et al. Integrated lithium niobate electro-optic modulators operating at CMOS-compatible voltages. Nature, 2018, 562(7725): 101-104.
[20] University of Alberta. Scientists perfect technique to boost capacity of computer storage a thousandfold. https://www. folio. ca/scientists-perfect-technique-to-boost-capacity-of-computer-storage-a-thousandfold/[2018-07-23].
[21] University of Southern California. 3-D printed active metamaterials for sound and vibration control. https://viterbischool. usc. edu/news/2018/04/3-d-printed-active-metamaterials-for-sound-and-vibration-control/[2018-04-26].
[22] Carnegie Mellon University. Actuation gives new dimensions to an old material. https://www. cmu. edu/news/stories/archives/2018/august/paper-actuation. html[2018-08-22].

[23] University of California, Santa Cruz. 3D-printed supercapacitor electrode breaks records in lab tests. https://news.ucsc.edu/2018/10/supercapacitors.html[2018-10-18].
[24] Whitehouse. Strategy for American Leadership in Advanced Manufacturing. https://www.whitehouse.gov/wp-content/uploads/2018/10/Advanced-Manufacturing-Strategic-Plan-2018.pdf [2018-10-05].
[25] Federal Government. Deutschlands Zukunftskompetenzen stärken. https://www.bundesregierung.de/Content/DE/Artikel/2018/09/2018-09-05-hightech-strategie-2025.html[2018-09-05].
[26] 新华网. 德国推出《国家工业战略 2030》. http://www.xinhuanet.com/world/2019-02/05/c_1124088361.htm[2019-02-05].
[27] Government of Canada. Government of Canada's new innovation program expected to create tens of thousands of middle-class jobs. https://www.canada.ca/en/innovation-science-economic-development/news/2018/02/government_of_canadasnewinnovationprogramexpectedtocreatetensoft.html[2018-02-15].
[28] Europe Commission. ANNEXES to the proposal for a Decision of the European Parliament and of the Council on establishing the specific programme implementing Horizon Europe—the Framework Programme for Research and Innovation. https://eur-lex.europa.eu/resource.html?uri=cellar:7cc790e8-6a33-11e8-9483-01aa75ed71a1.0002.03/DOC_2&format=PDF[2018-06-07].
[29] Whitehouse. Memorandum for the heads of executive departments and agencies. https://www.whitehouse.gov/wp-content/uploads/2018/07/M-18-22.pdf[2018-07-31].
[30] America Makes. America Makes and ANSI Publish version 2.0 of standardization roadmap for additive manufacturing. https://www.americamakes.us/america-makes-ansi-publish-version-2-0-standardization-roadmap-additive-manufacturing/[2018-06-28].
[31] Graphene Flagship. Mapping graphene's industry potential. https://graphene-flagship.eu/news/Pages/Mapping-Graphenes-Industry-Potential.aspx[2018-06-28].
[32] MForesight. Metamaterials manufacturing: pathway to industrial competitiveness. http://mforesight.org/download/7729/[2018-04-17].
[33] MForesight. Manufacturing HEAs: pathway to industrial competitiveness. http://mforesight.org/download/8228/[2018-09-01].
[34] METI. FY 2017 Measures to Promote Manufacturing Technology(White Paper on Manufacturing Industries) released. http://www.meti.go.jp/english/press/2018/0529_001.html[2018-05-29].
[35] World Manufacturing Forum. 2018 World Manufacturing Forum Report: Recommendations for the Future of Manufacturing. https://www.worldmanufacturingforum.org/report[2010-10-26].

Advanced Materials and Manufacturing

Wan Yong, Huang Jian, Feng Ruihua, Jiang Shan

The innovative progress of materials has greatly promoted major technological breakthroughs in various sectors, underlying the development of modern science and technology. Last year, from the chain of material design, preparation, characterization and application, many novel materials were initial prepared; a large number of achievements were made in the explorer of properties and structures, and application results were fruitful. Advanced manufacturing technologies, represented by additive manufacturing, have also achieved many exciting breakthroughs. The United States and other developed countries attach importance to the construction of manufacturing industry, formulate roadmaps and standards to promote related technological innovation and commercial development, and high-performance structural materials such as metamaterials and high entropy alloys are receiving attention.

4.12　重大科技基础设施领域发展观察

李泽霞　魏　韧　郭世杰　董　璐　李宜展

（中国科学院文献情报中心）

2018年，世界各主要国家持续推进重大科技基础设施建设，基于重大研究基础设施的科学研究在各领域获得大量突破性的进展；世界各主要国家探索创新管理模式，推动建设基于重大科技基础设施的联盟，提升重大设施的管理和应用效率；世界各主要国家规划重大科技基础设施的发展，以及在应用方面的研发和布局，并谨慎地对待更高性能超级设施的规划。近年来我国重大科技基础设施的建设、规划和应用得到长足发展，相关成果受到国际关注。

一、领域重要进展

1. 重大科技基础设施建设取得重要进展

2018年4月，我国迄今为止投入最大的重大科技基础设施项目“硬X射线自由电子激光装置”启动建设[1]。5月，美国巨型麦哲伦望远镜（GMT）项目和30米望远镜（TMT）项目宣布开展联合行动，共同努力争取美国国家科学基金会的资助[2]。6月，平方公里阵列射电望远镜（SKA）的先导项目MeerKAT射电望远镜在南非建成，也是南半球最大的射电望远镜[3]。7月，欧洲X射线自由电子激光（XFEL）装置首次将电子能量加速到17.5GeV，达到其设计能量，是目前世界上X射线自由电子激光器的最高能量[4]。8月，总投资23亿的中国散裂中子源顺利通过验收，投入正式运行，填补国内脉冲中子源及应用领域的空白，综合性能进入国际同类装置先进行列[5]。10月，美国夏威夷最高法院最终裁定，支持在莫纳克亚山山顶建造TMT，解除了在夏威夷州大岛上修建TMT的14亿美元项目的最后一道法律障碍[6]。12月，欧洲同步辐射光源（ESRF）正式开始为期20个月的设施升级，建设世界第一个第四代高能存储环，光源亮度将提升100倍[7]。11月，美国稀有同位素束流装置（FRIB）的高分辨伽马射线探测系统GRETA的CD-3a决策点（进入土建和相关设备采购阶段）通过了美国能源部科学办公室的审批[8]。

2. 欧美积极推动建设基于重大科技基础设施的合作联盟

近年来，世界科技强国竞相将重大科技基础设施建设作为提升国家科技创新能力的重要举措，如何更科学合理地利用资源满足本国乃至世界科技发展需求，扩大影响力，确立或巩固设施的国际地位，实现设施长期可持续发展，成为政府、设施运营管理机构、投资机构和用户共同关心的问题。在欧盟科技一体化发展和合作模式下，欧洲在2017年11月[9]和2018年6月[10]先后成立基于加速器的光源联盟（LEAPS）和先进中子源联盟（LENS），分别统筹和协调光源与中子源设施、相关技术以及用户服务的发展路线与规划，以加强在欧洲层面的科技合作和共享，并于2018年12月批准成立跨区域合作的生命科学研究网络项目汉萨科学同盟（HALOS）[11]。2018年2月，美国国家科学委员会决定（NSB-2018-10）[12]建设美国国家光学红外天文学中心（NCOA），对美国国家光学天文台（NOAO）进行变更改组，把NOAO、双子座天文台（Gemini Observatory）和未来2022年将建成的大口径全景巡天望远镜（LSST）整合到一个统一的管理框架中。2018年8月，在美国能源部的推动下，美国运行强激光的能源部实验室和大学，联合启动“美国激光网络”（LaserNetUS）[13]。该设施网络涵盖了美国大多数的强激光器，其中有些激光器的功率达到或超过1PW，旨在促进全国各实验室和高校的高强度激光设施的协作，为美国科学家提供使用更好的高强度激光器的机会。

3. 依托重大科技基础设施的科技成果不断涌现，应用领域拓展延伸

1）支撑天文和粒子物理的探索

2018年4月，欧洲空间局（ESA）“盖亚”探测器（GAIA）绘制出最丰富的银河系及更远星系的星图，包括银河系17亿颗恒星，揭示了银河系前所未见的细节[14]。7月，位于南极的世界最大中微子探测器“冰立方中微子天文台”（IceCube Neutrino Observatory）首次发现高能宇宙中微子源存在的证据[15]，为认识宇宙提供一种新方法，推动多信使天文学进入一个新的时代。8月，欧洲核子研究中心（CERN）利用大型强子对撞机（LHC）第一次观测到“上帝粒子”希格斯玻色子衰变为一对底夸克的过程，被认为是希格斯玻色子探索的里程碑[16]。10月，位于意大利亚平宁（Apennine）山脉地下的国际“硼太阳中微子实验”首次对太阳中微子完整光谱进行了测量，帮助解决“太阳金属含量”这一重要的争议性问题[17]。

2）推动新材料的开发与应用

2018年5月，瑞典皇家理工学院研究人员利用德国电子同步加速器研究所（DESY）的X射线光源PETRA Ⅲ生产出了迄今为止最强的人造可降解纤维素纤维，

强度超过钢，可被用作飞机、汽车、家具和其他产品中塑料的环保替代品[18]。7月，美国钢铁公司（USS）的研究人员使用橡树岭国家实验室的散裂中子源来探测液压成形轻质高强度钢的性能，以及如何应对在制作过程中的残余应力[19]。11月，研究团队利用ESRF首次证实在高温超导体中存在声学等离子体，其在调节高温超导性方面发挥重要作用[20]。

3）促进对生物过程的认知和新型药物的研发

2018年3月，美国斯坦福大学研究人员利用斯坦福直线加速器中心（SLAC）国家加速器实验室的直线加速器相干光源（LCLS）全息成像技术首次获得纳米级病毒的3D影像[21]。5月，美国布鲁克海文国家实验室（BNL）科学家和工程师团队开发出一种新的科学仪器，可以在美国国家同步辐射源Ⅱ（NSLS-Ⅱ）上对蛋白质晶体进行超精确和超高速测量，将实验运行时间从几小时缩短到几分钟，可显著提高蛋白质晶体学测量效率[22]。10月，英国约克大学研究人员利用英国科技设施理事会（STFC）的超级成像设施（ULTRA）开发出一种直接观察化学催化中间产物的方法，可大幅提高化工与药物制造业效率[23]。

4）支持新能源的探索和发展

2018年6月，法国原子能和替代能源委员会（CEA）与法国国家科学研究中心（CNRS）的研究团队利用ESRF研究钙钛矿型光伏电池的微观结构，识别离子的局部积累[24]。9月，美国斯坦福大学研究人员利用SLAC的同步辐射光源（SSRL）揭示了导致锂离子电池材料失效的一个隐藏特性，纠正了20多年来人们对这种材料的假设，并将有助于改进电池设计，开发出新一代锂离子电池[25]。

5）拓展在气候变化、降低温室气体排放等领域的研究应用

2018年2月，美国研究人员利用NSLS-Ⅱ上的扫描透射电子显微镜（STEM）确定了一种新的电催化剂，能高效地将二氧化碳转化为一氧化碳这种含能量很高的分子[26]。3月，多伦多大学研究人员利用加拿大国家光源使二氧化碳这种温室气体在催化剂的作用下转化为乙烯塑料，该技术与碳捕捉技术相结合能大大带动日常塑料的绿色生产，同时降低有害温室气体的排放[27]。4月，英国斯旺西大学的科学家们利用ESRF研制了一种能够利用二氧化碳、水和绿色电能生成乙烯这种关键化学前体的催化剂[28]。

二、重要战略计划与部署

1. 各国积极规划未来重大科技基础设施的发展

2018年8月，欧洲研究基础设施战略论坛（ESFRI）发布最新版本的《欧洲研究

基础设施战略论坛路线图 2018》[29]，内容包括 18 个未来十年重点支持建设的基础设施项目和 37 个未来十年重点支持运行/升级的基础设施项目。2018 年 7 月，英国 STFC 发布《战略背景和未来机遇》报告[30]，阐述了 STFC 如何支持全科学领域的科研人员和产业技术研发人员利用重大科技基础设施拓展科学前沿，为英国研究和创新工作做出重要贡献，也为国际合作活动提供途径，以提升英国科技的全球影响力。2019 年 3 月，英国研究创新机构发布《英国研究基础设施路线图进展报告》[31]，报告从能力和前沿发现驱动的基础设施、应用驱动的基础设施、挑战驱动的基础设施三个方面，研究了英国基础设施发展的新兴主题和潜在能力领域，为后续英国制定其重大设施路线图进行基础性研究工作。

2018 年 5 月，法国高等教育、研究与创新部发布《2018—2020 年法国大型研究基础设施国家战略暨发展路线图》[32]，将生物-健康和环境定为其后续 3 年优先发展的学科领域。此次路线图共涉及 10 个领域 99 个大型研究基础设施。2018 年 11 月，瑞典发布《2018 研究基础设施指南》报告[33]，识别了瑞典基础设施的需求、挑战和机会，指出了 2019～2022 年瑞典基础设施发展重点和资助情况。2018 年 10 月，CERN 理事会正式启动欧洲粒子物理战略研究工作，历时 2 年，规划工作将于 2020 年 5 月完成[34]。

2018 年 6 月，匈牙利发布《国家研究基础设施路线图 2018》[35]，其路线图的制定主要基于欧洲研究基础设施路线图的框架，布局未来 10～20 年的发展，涉及 6 个领域的 26 个设施项目。2017 年 6 月，保加利亚教育与科学部发布《保加利亚国家 2017～2023 年研究基础设施路线图》（NRRI）[36]。该路线图以支持国家研究战略《更好的科学，更好的保加利亚 2017—2030》，规划了物理学、材料科学与工程，医疗与农业生物科学，社会和人文科学，多学科电子基础设施 4 个研究领域的基础设施发展。

2. 欧美重视重大科技基础设施应用的研发和布局

2018 年 1 月，欧洲天文粒子物理学联盟（APPEC）发布《天体粒子物理 2017—2026 十年规划》[37]。提出重点支持立方公里中微子望远镜（KM3NeT）、切伦科夫望远镜阵列以及爱因斯坦望远镜（ET），将分别对中微子、γ 射线和引力波进行观测。4 月，美国能源部科学办公室发布《XFEL 超快科学前沿的基础研究机遇》报告[38]，研讨了 LCLS-Ⅱ未来发展和部署的重点方向，总结了可利用新兴 XFEL 能力的新的重大科学前沿，遴选出三个优先研究机遇。6 月，欧洲散裂中子源发布《欧洲中子源用户：基于设施的科研态势》[39]报告，对欧洲使用中子源的用户群体进行全面调研，调研结果将作为未来仪器技术研发布局的重要参考，从而满足学术界的特殊科研需求，提高设施的整体服务水平。

3. 各国态度谨慎地规划更高性能超级设施

2018 年 7 月，美国国家科学院发布了《美国电子-离子对撞机科学评估报告》[40]。这一报告是在能源部前期大量战略研究的基础上对相关研究成果的汇总，充分阐释了建设电子-离子对撞机（EIC）对美国发展的积极意义，学界就美国建设 EIC 达成共识，希望能源部能重点资助 EIC 设计问题方面的研发。7 月，文部科学省研究振兴局长委托日本学术会议对“国际直线对撞机的修改计划”进行审议，12 月公布审议结果，以成本太高为由没有支持该项目[41]，日本是否支持设施建设仍悬而未决。

11 月，我国科学家正式发布《环形正负电子对撞机概念设计报告》。报告公布了未来加速器建设非常详细的设计选项，总结了过去六年来国内外数千科学家和工程师的工作进展[42]。2019 年 1 月，CERN 发布了《未来环形对撞机的概念设计报告》[43]，计划建设一个周长为 100km 的环形加速器。环形正负电子对撞机（CEPC）或未来环形对撞机（FCC）一旦建成，将成为有史以来功能最强大的粒子对撞机。

4. 重视特定重大科技基础设施的升级和应用的规划

美国能源部 4 个 SSRL 在 2018 年均发布了未来 5 年的战略计划。2018 年 1 月，SLAC 发布了《SSRL 战略规划：2018—2022》[44]，指出 SSRL 的战略重点是利用原位和现场的方法实时表征材料、化学和生物功能。4 月，BNL 发布《NSLS-Ⅱ战略规划》[45]，指出未来 5 年的重点发展计划是提升光束线的使用能力和满足战略科学需求的能力，增加更多的光束线和新的科学能力，并部署了 6 条新束线的建设。4 月，劳伦斯·伯克利国家实验室（LBNL）发布了《ALS 战略计划：2018—2022》[46]，指出先进光源（ALS）将重点发展功能材料和结构研究方面的探测能力，同时还规划将 ALS 升级为衍射极限存储环光源。10 月，阿贡国家实验室（ANL）发布《先进光子源战略——为国家利益驱动前沿科学》的报告，指出未来 5 年仍要保持美国在硬 X 射线同步辐射光源的领先地位，同时也为 APS 的升级做准备。

5. 中国重大科技基础设施相关应用受到国际关注

《科学》[47]和《自然》[48]期刊分别在 2017 年 11 月 29 日和 2018 年 1 月，刊登了关于中国暗物质粒子探测卫星“悟空号”团队的科学发现报道。美国科学家评述说：“中国将成为空间科学的一支力量；中国现在为天体物理学和空间科学做出了重大贡献。”2018 年 1 月，《科学》[49]期刊再发评论，称中国的上海超强超短激光（SULF）能量强大到可以撕裂真空。文中，美国原子物理学家 Philip Bucksbaum 教授认为，中国在 100PW 激光的研制方面已经处于“绝对领先”的位置。2018 年 12 月，《自然》[50]期刊刊发《中国的恒星探测地位》一文，评价500米口径球面射电望远镜（FAST）将把中国射电天文学家推向全球领先地位。

三、启示与建议

1. 重视战略规划，持续进行设施发展规划的研究

重大科技基础设施的建设和应用涉及大量复杂的科学问题，需要大量公共财政投入，因此特别需要审慎进行设施可行性及科学目标方面的前瞻性研究和发展规划研究。各国都很重视重大科技基础设施的规划，发展规划研究是长期持续的工作，随着科学技术的发展，对建设目标、设施水平和涉及领域需要作相应调整，规划也需要定期更新，以保持对设施科学和技术的战略研究始终与科学技术发展的最新态势同步。

2. 从国家层面制定特定重大科技基础设施的发展和应用规划

重大科研设施的投入大、建设周期长、应用范围广、科研支撑能力强，往往代表着一个国家最先进的技术能力和科研支撑能力。美国每一个同步辐射设施都有其单独的发展规划，在每一个阶段都前瞻规划设施未来的发展和技术升级，确保美国的同步辐射设施及其对科研的支撑能力处于国际优势地位。建议我国对重大科技基础设施的战略规划更加系统化和细致化，支持一些关键设施（例如同步辐射装置、天文望远镜和托卡马克等）发展规划的研究和制定。

3. 加强对已有设施性能优化和研究应用的支持

设施能力的高效利用和设施潜力的充分挖掘，有赖于科研设施性能的不断优化和实验技术的合理布局。建设新设施的同时，更应充分释放我国已建设施的能力。建议我国加强对已有设施的技术应用布局，持续提升设施性能和实验技术的研发，并加强对基于重大设施的科学研究的支持，同时支持重大设施与地方、产业部门进行深入的合作，积极引导科技成果的转化。

4. 统筹协调，建设基于重大科技基础设施的科技联盟

欧美国家近期筹划建设了多个基于重大科技基础设施的联盟，从设施技术研发和管理以及学科发展等角度相互补充、彼此促进。我国应当重视国际上重大科技基础设施组织管理新业态的出现，系统研究我国重大科技基础设施可能的联盟形式、组织方式和功能定位，建设适合我国重大设施发展和运行管理的联盟形态，从而优化重大设

施的管理机制、提高重大设施的使用效率，促进更多更好的成果产出。

5. 前瞻布局，加强对新设施的预研和规划

要保持目前我国重大设施的国际地位，并逐步缩小与发达国家的差距，需要国家层面有足够的重视，并对我国重大科研基础设施建设进行长期的预研和周密的论证。美国、欧洲、日本和我国目前都规划了更高性能新的对撞机，美国的 EIC 和日本的 ILC 经过多方长期反复论证，仍对设施的建设始终保持谨慎态度。因此，我国也应加强在设施前瞻布局方面的工作，加强概念预研、技术预研等相关工作，促进我国重大科技基础设施整体水平不断提升。

致谢：中国科学院物理研究所金铎研究员和中国科学院高能物理研究所张闯研究员审阅了全文并提出宝贵的修改意见和建议，谨致谢忱！

参考文献

[1] 上观. 国内投资最大科技基础设施项目开工！“硬 X 射线自由电子激光装置”在上海启动建设. https://www.jfdaily.com/news/detail?id=87465[2018-04-27].

[2] ESO. ELT foundation work started on Cerro Armazones. http://www.eso.org/public/announcements/ann18031/[2018-05-07].

[3] Science. New radio telescope in South Africa will study galaxy formation. http://www.sciencemag.org/news/2018/06/new-radio-telescope-south-africa-will-study-galaxy-formation[2018-06-19].

[4] XFEL. European XFEL accelerator reaches its design energy. https://www.xfel.eu/news_and_events/news/index_eng.html?openDirectAnchor=1564&two_columns=0[2018-07-17].

[5] 国家发展和改革委员会创新和高技术发展司. 中国散裂中子源通过国家验收. http://gjss.ndrc.gov.cn/zttp/gjzdkjjcss/201808/t20180831_897385.html[2018-08-31].

[6] Nature. Embattled Thirty Meter Telescope scores big win in Hawaii's highest court. https://www.nature.com/articles/d41586-018-04444-2[2018-10-31].

[7] ESRF. No beam for a while. http://www.esrf.eu/home/news/general/content-news/general/nobeam-for-a-while-seeuin2020.html[2018-12-10].

[8] Michigan State University. GRETA detector system being built for FRIB achieves CD-3a approval, https://frib.msu.edu/news/2018/greta-approval-nov2018.html[2018-12-10].

[9] LEAPS. LEAPS Launch Event. https://www.leaps-initiative.eu/news/leaps_launch_event/[2017-11-13].

[10] ESS. Highlighting Neutron Science as Fundamental to Addressing Society's Grand Challenges, a New Consortium Takes Shape in Europe. https://europeanspallationsource.se/article/2018/06/25/highlighting-neutron-science-fundamental-addressing-societys-grand-challenges[2018-06-25].

[11] NORDIC, Life Science News. https://nordiclifescience.org/a-new-german-scandinavian-life-science-network-project/[2018-12-19].

[12] NSF. National Science Board. https://www.nsf.gov/nsb/meetings/2018/0221/major-actions.pdf[2018-02-22].

[13] LaserNetUS. https://lasernet-us.unl.edu/welcome[2018-08-16].

[14] ESA. Gaia creates richest star map of our Galaxy and beyond. http://www.esa.int/Our_Activities/Space_Science/Gaia/Gaia_creates_richest_star_map_of_our_Galaxy_and_beyond[2018-4-25]

[15] NSF. Neutrino observation points to one source of high-energy cosmic rays. https://www.nsf.gov/news/news_summ.jsp?cntn_id=295955&org=NSF&from=news[2018-07-26].

[16] CERN. ATLAS observes elusive Higgs boson decay to a pair of bottom quarks. https://atlas.cern/updates/press-statement/observation-higgs-boson-decay-pair-bottom-quarks[2018-08-28].

[17] Borexino Collaboration. Comprehensive measurement of pp-chain solar neutrinos. Nature, 2018, 562(7728):505.

[18] ACS. Multiscale Control of Nanocellulose Assembly: Transferring Remarkable Nanoscale Fibril Mechanics to Macroscale Fibers. https://pubs.acs.org/doi/10.1021/acsnano.8b01084[2018-05-09].

[19] PHYS. Neutrons analyze advanced high-strength steels to improve vehicle safety and efficiency. https://phys.org/news/2018-07-neutrons-advanced-high-strength-steels-vehicle.html[2018-07-16].

[20] ESRF. New insight into high-temperature superconductors. http://www.esrf.eu/home/news/general/content-news/general/new-insight-into-high-temperature-superconductors.html[2018-11-18].

[21] SLAC. With Laser Light, Scientists Create First X-Ray Holographic Images of Viruses. https://www6.slac.stanford.edu/news/2018-03-07-laser-light-scientists-create-first-x-ray-holographic-images-viruses.aspx[2018-03-07].

[22] BNL. New High-Precision Instrument Enables Rapid Measurements of Protein Crystals. https://www.bnl.gov/newsroom/news.php?a=212912[2018-05-29].

[23] NATURE. Mapping out the key carbon-carbon bond-forming steps in Mn-catalysed C-H functionalization. https://www.nature.com/articles/s41929-018-0145-y[2018-10-08].

[24] ESRF. Worldenvironmentday Perovskites, the rising star for energy harvesting. http://www.esrf.eu/home/news/general/content-news/general/perovskites-the-rising-star-for-energy-harvesting-worldenvironmentday.html[2018-06-28].

[25] SLAC. X-rays uncover a hidden property that leads to failure in a lithium-ion battery material. https://www6.slac.stanford.edu/news/2018-09-17-x-rays-uncover-hidden-property-leads-failure-lithium-ion-battery-material.aspx[2018-09-17].

[26] BNL. Converting CO_2 into Usable Energy. https://www.bnl.gov/newsroom/news.php?a=112756[2018-02-15].

[27] Canadian Light Source Inc. New catalyst for recycling carbon dioxide discovered. http://www.lightsource.ca/news/details/from_greenhouse_gases_to_plastics.html[2018-03-01].

[28] Diamond. Solution to plastic pollution on the horizon. http://www.diamond.ac.uk/Home/News/

LatestNews/2018/16-04-2018. html[2018-04-20].
[29] ESFRI. ESFRI Toadmap 2018—strategy report on research infrastructures. http://roadmap2018. esfri. eu/[2018-08-19].
[30] STFC. STFC Strategic Context and Future Opportunities Published. https://stfc. ukri. org/news/stfc-strategic-context-and-future-opportunities/[2018-08-20].
[31] UKRI. UKRI Infrastructure Roadmap Progress Report. https://www. ukri. org/files/infrastructure/progress-report-final-march-2019-low-res-pdf/[2019-04-17].
[32] Ministry of Higher Education, Research and Innovation France. Research Infrastructures Roadmap 2018. http://www. enseignementsup-recherche. gouv. fr/cid70554/la-feuille-route-nationale-desinfrastructures-recherche. html[2018-05-18].
[33] Swedish Research Council. Results of Needs Inventory. https://www. vr. se/english/analysis-and-assignments/we-analyse-and-evaluate/all-publications/publications/2018-10-18-results-of-needs-inventory. html[2018-10-18].
[34] CERN. The European particle physics community gears up for a new shared vision for the future. https://home. cern/news/press-release/cern/european-particle-physics-community-gears-new-shared-vision-future[2018-10-11].
[35] NKFIH. National Research Infrastructure Roadmap. http://nkfih. gov. hu/english-2017/strategy-making-by-the/hungarian-research/[2018-06-13].
[36] Ministry of Education and Science Republic of Bulgaria. Bulgaria National Roadmap for Research Infrastructure. https://ec. europa. eu/research/infrastructures/pdf/roadmaps/bulgaria_national_roadmap_2017_en. pdf[2017-06-16].
[37] APPEC. European Astroparticle Physics Strategy 2017-2026. https://www. appec. org/roadmap [2018-01-30].
[38] DOE, Opportunities for Basic Research at the Frontiers of XFEL Ultrafast Science. https://science. energy. gov/~/media/bes/pdf/reports/2018/Ultrafast_x-ray_science_rpt. pdf[2018-04-20].
[39] ESS. Neutron Users in Europe: Facility-Based Insights and Scientific Trends. https://europeanspallationsource. se/article/2018/06/25/highlighting-neutron-science-fundamental-addressing-societys-grand-challenges[2018-07-04].
[40] National Academies of Sciences, Engineering, and Medicine. An Assessment of U. S. -Based Electron-Ion Collider Science. https://www. nap. edu/catalog/25171/an-assessment-of-us-based-electron-ion-collider-science/[2018-07-24].
[41] 日本学术会议，国際リニアコライダー計画の見直し案に関する所見. http://www. scj. go. jp/ja/info/kohyo/pdf/kohyo-24-k273. pdf[2018-12-19].
[42] Interactions. org, CEPC Design Report Released. https://www. interactions. org/press-release/cepc-design-report-released[2018-11-14].
[43] CERN, Conceptual Design Report for the FCC. https://fcc. web. cern. ch[2019-01-15].

[44] SLAC,Stanford Synchrotron Radiation Lightsource Strategic Plan:2018-2022. https://www-ssrl.slac.stanford.edu/content/sites/default/files/documents/ssrlstrategicplan_2018-2022.pdf[2018-01-03].
[45] BNL,National Synchrotron Light Source Ⅱ Strategic Plan. https://www.bnl.gov/ps/docs/pdf/NSLS2-Strategic-Plan.pdf[2018-10-30].
[46] Lawrence Berkeley National Laboratory. Advanced Light Source Strategic Plan 2018-2022. https://als.lbl.gov/wp-content/uploads/2018/04/ALS-Strategic-Plan-2018-2022.pdf[2018-04-26].
[47] Science,China's dark matter space probe detects tantalizing signal,https://www.sciencemag.org/news/2017/11/china-s-dark-matter-space-probe-detects-tantalizing-signal[2018-01-20].
[48] Nature,Heart beats from the dark side. https://www.nature.com/articles/s41550-017-0357-0[2018-01-20].
[49] Cartlidge E. Physicists are planning to build lasers so powerful they could rip apart empty space. http://www.sciencemag.org/news/2018/01/physicists-are-planning-build-lasers-so-powerful-they-could-rip-apart-empty-space[2018-01-24].
[50] Nature,China's place among the stars. https://www.nature.com/articles/d41586-018-07690-6[2019-01-20].

Major Research Infrastructure Science and Technology

Li Zexia, Wei Ren, Guo Shijie, Dong Lu, Li Yizhan

In 2018,all countries continued to attach importance to the construction and planning of major scientific and technological infrastructures. The construction of major scientific and technological infrastructures was steadily promoted. Scientific research based on major scientific and technological infrastructures has made a lot of breakthroughs in various fields. All countries made use of innovation management. Alliances based on major scientific and technological infrastructures were constructed to improve the management and application efficiency of major scientific and technological infrastructures. Countries planned the development of major scientific and technological infrastructures,and carefully considered the construction of higher performance super facilities. The application research based on major scientific and technological infrastructures is also active. Due to the rapid development of China's major research infrastructure in recent years, relevant achievements have received international attention.

第五章

中国科学发展概览

A Brief of Science Development in China

5.1　2018年科学技术部基础研究管理工作概述

李　哲　崔春宇　陈志辉　任家荣

（科学技术部基础研究司）

2018年，科学技术部基础研究司深入学习贯彻习近平新时代中国特色社会主义思想和党的十九大精神，深入贯彻习近平总书记重要批示指示精神和党中央国务院重大决策部署，以落实《国务院关于全面加强基础科学研究的若干意见》（以下简称《意见》）作为工作主线，按照全国科技工作会议精神，扎实工作，创新管理，推动各项重大任务落实落地。

一、加强统筹协调，贯彻落实《意见》

1. 加强基础研究工作的顶层设计和整体布局

国务院2018年1月发布《国务院关于全面加强基础科学研究的若干意见》后，立即组织制定《落实〈国务院关于全面加强基础科学研究的若干意见〉任务分工方案》和《落实〈国务院关于全面加强基础科学研究的若干意见〉加强基础研究项目部署行动方案》。加强与相关部门协调配合，明确任务要求，稳步推进相关工作，形成全面加强基础研究合力，切实推动各项措施落地落实。

2. 加强地方基础研究工作

组织召开全国基础研究工作会议，与国务院相关部门科技主管单位和地方科技主管部门共同研究落实《意见》，强化部门协同、中央与地方联动，鼓励和支持地方制定出台加强地方基础研究和应用基础研究的政策措施，与地方共同研究制定地方基础研究统计指标体系，推动各地加大基础研究投入。

3. 强化与全国政协的沟通协调

配合全国政协开展“强化基础研究，促进重大原始创新”双周协商座谈会系列工作，就加强基础研究工作与全国政协委员深入交流，凝聚共识。

4. 推动基础研究国际合作

深入调研科技大国、关键小国和重点周边国家的基础研究政策、重点布局领域和发展现状，推动国家重点实验室开放合作，组织开展国际合作重点方向基础研究，支持我国科学家积极参与国际学术合作，依据国家重大科技基础设施和优势特色领域组织合作研究，不断提升基础研究国际化水平。

二、强化基础研究项目系统部署

1. 推动“脑科学与类脑研究”“量子通信与量子计算机”等科技创新2030—重大项目启动实施

根据中央部署，推动“脑科学与类脑研究”“量子通信与量子计算机”等科技创新2030—重大项目启动实施，根据刘鹤副总理聚焦目标和任务、突出基础研究和目标导向、创新组织实施机制等方面的要求，修改完善实施方案，做好提请国家科技体制改革和创新体系建设领导小组（简称科改领导小组）会议审议准备。

2. 加强新形势下“从0到1”基础研究

落实习近平总书记在中央财经委员会第二次会议上的讲话精神，按照刘鹤副总理在科改领导小组第一次会议上的要求，形成加强新形势下“从0到1”基础研究工作方案，瞄准重大原创性基础前沿科学问题和关键核心技术“卡脖子”问题，在基础前沿领域和应用基础领域组织实施一批长期支持项目，稳定支持一批青年科学家开展原创性、突破性研究工作，努力取得更多重大原创性成果。

3. 在国家重点研发计划中全面部署基础研究任务

做好国家重点研发计划组织实施工作，完成干细胞及转化研究、纳米科技、量子调控与量子信息、蛋白质机器与生命过程调控、大科学装置前沿研究、全球变化及应对等6个重点专项2018年立项审核工作，发布变革性技术关键科学问题、合成生物学、发育编程及其代谢调节等3个重点专项2018年指南，编制完成9个重点专项2019年指南。落实习近平总书记的重要批示，编制了引力波研究发展规划，推动相关重点专项启动。提出若干战略性前瞻性重大科学问题领域新的重点专项建议。

按照《关于鼓励香港特别行政区、澳门特别行政区高等院校和科研机构参与中央财政科技计划（专项、基金等）组织实施的若干规定（试行）》，推动变革性技术关键科学问题、合成生物学、发育编程及其代谢调节等 3 个重点专项率先向香港和澳门高校和科研机构开放。探索与地方联合资助基础研究的新模式，与深圳市签订框架协议，在合成生物学重点专项中部署部市联动项目。

组织实施磁约束核聚变能发展研究专项，将国家磁约束核聚变能发展研究专项与国际热核聚变实验堆（ITER）计划专项国际计划项目合并管理，完成 2018 年度指南编制、发布、立项等工作。

4. 加强数学科学研究

组织数学研究系列调研座谈，召开加强数学科学研究座谈会，形成加强数学研究的工作方案。

5. 做好 973 计划管理工作

组织完成 973 计划（含重大科学研究计划）169 个项目的验收。加强总结，组织专家编制 973 计划实施成果汇编。

三、建设以国家实验室为引领的科技创新基地

1. 推进组建国家实验室

组建国家实验室是党中央、国务院作出的重大战略决策部署。根据中央要求，扎实推进国家实验室建设工作，研究形成重大创新领域国家实验室组建方案，抓紧推进相关组建工作。

2. 推动国家重点实验室优化布局

充分发挥国家重点实验室作为国家战略科技力量的作用，加强顶层设计和规划布局，对现有实验室进行系统梳理，初步形成国家重点实验室优化布局工作方案。方案聚焦关键核心技术突破和原始创新能力提升，突出跨学科跨领域的交叉融合，提出学科领域重点布局方向；围绕改革完善管理机制、坚持定期评估和分类考核等研究提出了相关政策措施。与财政部联合印发《关于加强国家重点实验室建设发展的若干意见》。

3. 加强国家科技创新基地的管理与建设

推动学科交叉国家研究中心建设，完成北京分子科学等 6 个国家研究中心建设运行实施方案的论证，明确各中心发展目标和重点任务，完成 2018 年度专项经费预算

的编制和拨付，加强支持力度。

完成对材料、工程领域国家重点实验室的评估。开展军民共建和企业国家重点实验室的建设情况调查。根据部省工作会商议定事项，与陕西、江西等8个省份共同建设了10个省部共建国家重点实验室。加强香港和澳门国家重点实验室建设，实现中央财政科研经费过境香港、澳门使用，完成香港和澳门国家重点实验室更名工作，新建2家澳门国家重点实验室。积极推动国家重点实验室联盟组建。

组织制定国家科技资源共享服务平台组建与运行管理方案，启动优化调整工作。发布《国家野外科学观测研究站管理办法》，梳理总结国家野外站建设运行情况，建设东北虎豹生物多样性国家野外科学观测研究站。

四、推动科技资源开放共享

1. 持续推动科研设施仪器开放共享

推动各地方制定科研仪器开放共享实施方案，总结本年度开放共享实施情况。与财政部、教育部联合组织中央级单位的开放共享评价考核工作。会同财政部等相关部门制定政策，对利用财政资金购置的大型科研仪器设备均进行查重评议。会同海关总署发布《纳入国家网络管理平台的免税进口科研仪器设备开放共享管理办法（试行）》，为免税进口科研仪器设备开放共享提供政策依据。发布《促进国家重点实验室与国防科技重点实验室、军工和军队重大试验设施与国家重大科技基础设施的资源共享管理办法》，促进军民实验室资源的双向共享。

2. 加强科学数据管理

发布和推动落实《科学数据管理办法》，组织开展解读、宣贯，针对外方关于该办法对在华开展双边科技合作的影响等问题研究形成答复口径。研究形成该办法落实工作方案，明确工作思路、具体任务和工作方式。

Annual Review of the Department of Basic Research of the Ministry of Science and Technology in 2018

Li Zhe, Cui Chunyu, Chen Zhihui, Ren Jiarong

In 2018, the Department of Basic Research of the Ministry of Science and Technology fully implemented the spirit of the important address and instructions given by President Xi Jinping and important decisions and deployments of the Chinese Party Central Committee and the State Council. Taking implementation of *Several Opinions of the State Council on Comprehensively Strengthening Basic Research* as the key point of their work, the Department of Basic Research has strengthened top-down design and overall planning and coordination of basic research, and enhanced the systematic deployment of basic research projects and the basic research of "from 0 to 1" in the new situation, while pushing forward the construction of state key laboratories and optimizing their deployment, fully advancing the opening and sharing of scientific and technological resources and promoting the high-quality development of basic research.

5.2　2018年度国家自然科学基金项目申请和资助综述①

郑知敏　高阵雨　李志兰　谢焕瑛　车成卫　王长锐

（国家自然科学基金委员会计划局）

2018年，国家自然科学基金委员会（以下简称“自然科学基金委”）坚持以习近平新时代中国特色社会主义思想为指导，认真贯彻落实习近平总书记关于科技创新的重要论述，按照《国务院关于全面加强基础科学研究的若干意见》和《国务院关于优化科研管理提升科研绩效若干措施的通知》等重要部署，提出新时代科学基金深化改革的总体目标和改革思路，不断提升科学基金资助效益，更好地发挥基础研究在科技强国建设过程中的战略引擎作用。自然科学基金委坚持“资助基础研究和科学前沿探索、支持人才和团队建设、增强源头创新能力”的战略定位，坚守“依靠专家、发扬民主、择优支持、公正合理”的评审原则，按计划完成各类项目的申请、受理、评审和资助工作。

一、项目申请与受理情况

2018年，从项目申请阶段，自然科学基金委切实减轻科研人员负担。一是以优秀青年科学基金和重点项目两种类型为试点，推行无纸化申请工作；二是取消国家杰出青年科学基金项目和创新研究群体项目申请时提供依托单位推荐意见要求；三是简化申请书中论文相关填写要求。

2018年，科学基金项目申请量继续大幅增加，全年共接收各类项目申请225 344项，比2017年的202 317项增加11.38%；其中，在3月1日至3月20日的项目申请集中接收期间，共接收2384个依托单位提交的项目申请214 867项[1]。

经初步审查，自然科学基金委共受理项目申请221 673项，不予受理3671项（占接收项目申请总数的1.63%）。在不予受理的项目申请中，“研究期限不符合填写要

① 本文已经发表于《中国科学基金》2019年第33期第1卷，5-7，略有修改。

求”、“不属于本学科项目指南资助范畴”和“依托单位或合作研究单位未盖公章、非原件或名称与公章不一致”是3个最主要的原因。

在规定期限内，自然科学基金委共接收不予受理项目的复审申请617项，占全部不予受理项目的16.81%。经审核，共受理复审申请464项。经审查，维持原不予受理决定440项；认为原不予受理决定有误、重新送审的24项，占全部不予受理项目的0.65%，其中3项通过评审获得资助。

二、项目评审情况

2018年，自然科学基金委在评审工作中进一步加强廉洁风险防控，全面规范评审流程，不断改进项目评审工作。一是实行公正性承诺制度，营造风清气正的评审环境。首次实施申请人、依托单位、评审专家、科学基金工作人员四方承诺制度，明确相关行为规范并划定负面行为底线。二是引导评审专家更加科学地履行学术评价职责。进一步强调重视学术贡献与质量、不唯数量的一贯要求，要求评审专家根据项目定位和评审要点进行评审，不盲目追逐热点，遴选出真正具有创新性的项目，保证科学基金事业健康发展。自然科学基金委强调，评审专家要以学术贡献与质量为重，不唯论文，不盲目追逐研究热点，激励原始创新。三是继续推进通讯专家辅助指派系统全面使用。2018年，使用计算机辅助指派系统的项目占比达到98.36%，比2017年提高了12.3个百分点。

三、项目资助情况

经过规范的评审和审批程序，2018年自然科学基金共批准资助项目44 653项，直接费用2 667 822.152 5万元。

1. 坚持稳定支持自由探索

针对面上项目、青年科学基金项目和地区科学基金项目申请量大幅增长的情况，在总资助体量提高的背景下，继续保持这三类自由探索项目的经费占比，保障科研人员自主选题大胆探索，推动学科均衡协调可持续发展。资助面上项目18 947项，直接费用1 115 289万元；资助项目数比2017年增加811项，增幅4.47%；平均资助强度58.86万元/项。资助青年科学基金项目17 671项，直接费用417 644万元。资助地区科学基金项目2937项，直接费用110 333万元。

2. 加强前瞻部署，力争形成重点突破

继续提高重点项目资助规模，保持资助强度，推动若干重要领域和科学前沿取得突破。资助重点项目 701 项，直接费用 205 442 万元，比 2017 年增加 34 项，增幅 5.10%；直接费用 205 442 万元，平均资助强度 293.07 万元/项。

鼓励和培育具有原创性思想的科研仪器研制，为科学研究提供更新颖的手段和工具，强化对原始创新研究的条件支撑。资助国家重大科研仪器研制项目（自由申请）86 项，直接费用 60 726.94 万元；资助国家重大科研仪器研制项目（部门推荐）3 项，直接费用 22 863.62 万元。

稳步深化开放合作，不断提升国际影响力。继续实施开放合作战略，鼓励中外科学家开展实质性合作研究，资助重点国际（地区）合作研究项目 106 项，直接费用 25 700 万元。资助组织间国际（地区）合作研究项目 324 项，直接费用 57 735.66 万元。

3. 优化人才成长环境和人才项目资助结构

针对科学基金人才项目有被异化为“头衔”和“荣誉”并与各种待遇直接挂钩等问题，2018 年自然科学基金委发布《关于避免人才项目异化使用的公开信》，强调科学基金人才项目不是荣誉称号，也不是“永久”的标签；要求科学界坚持品德、能力、业绩并重的评价导向，坚持凭能力、实绩、贡献评价科研人才，呼吁有关部门和依托单位为人才评价设置科学合理的标准。

2018 年继续加大对青年科研人员的支持力度，稳定和培育科研后备力量，青年科学基金项目的平均资助强度为 23.63 万元/项，比 2017 年提高 3.46%。对于优秀青年科学基金项目、国家杰出青年科学基金项目和创新研究群体项目，继续保持遴选高水准，确保资助拔尖人才质量。资助优秀青年科学基金项目 400 项，直接费用 52 000 万元；资助国家杰出青年科学基金项目 199 项，直接费用 68 285 万元。资助创新研究群体项目 38 项，直接费用 38 955 万元；对已实施 6 年的 10 个创新研究群体项目进行延续资助，直接费用 5092.5 万元。

吸引海外及港澳优秀华人为国（内地）服务，资助海外及港澳学者合作研究基金两年期资助项目 80 项，直接费用 1440 万元；四年期延续资助项目 22 项，直接费用 3960 万元。

积极吸引外国人才来华，助力我国科技发展。资助外国青年学者研究基金项目 140 项，直接费用 4500 万元。

加强对科研人员结合数学学科特点和需求开展的科学研究，提升中国数学创新能

力。资助数学天元基金项目 62 项，直接费用 3500 万元。

4. 积极对接国家战略需求

2018 年，自然科学基金委加强国家重大战略需求领域布局，重点支持前沿领域重大科学问题研究，优先支持与战略性关键核心技术突破相关的基础科学研究，加强源头部署。

2018 年资助重大项目 36 项（课题 149 项），平均资助强度由 1700 万元/项提高至 2000 万元/项，共资助直接费用 68 722.48 万元。同时，按计划新启动了 4 个重大研究计划，分别为“多层次手性物质的精准构筑”“糖脂代谢的时空网络调控”“西太平洋地球系统多圈层相互作用”“肿瘤演进与诊疗的分子功能可视化研究”；在此基础上，2018 年度专门增加 1 个重大研究计划立项指标，紧密围绕航空发动机和燃气轮机重大专项中的基础科学问题，组织实施“航空发动机高温材料/先进制造及故障诊断科学研究”重大研究计划。2018 年资助重大研究计划项目 513 项，直接费用88 320.7 万元。

加强重点领域资助部署，服务三大攻坚战重大战略。在金融风险防范领域，2018 年专项部署“防范和化解金融风险”重点项目群，计划资助 2000 万元；加强对金融工程、金融管理等有关科学问题自由探索的资助力度。在脱贫攻坚领域，设立“新时期扶贫开发理论与政策研究”重点项目优先资助研究领域，部署“实施乡村振兴战略的理论、机制、制度与政策支撑研究”应急管理项目，支持科研人员围绕脱贫攻坚相关的关键科学问题开展系统性研究。在污染防治领域，部署“水污染控制过程中的新化学机理和方法”等 19 个重点项目优先资助研究领域，继续实施“大气细颗粒物的毒理与健康效益”“中国大气复合污染的成因与应对机制的基础研究”重大研究计划。

5. 积极促进协同创新

继续发挥国家自然科学基金的导向作用，以问题为导向，需求为牵引，促进协同创新和区域创新体系建设，持续完善实施联合资助机制。2018 年共有 27 个联合基金正在实施，共资助联合基金项目 822 项，直接费用 140 587 万元。2018 年自然科学基金委提出了加强顶层设计、统筹规划实施等新时期联合基金工作的新思路，围绕区域、行业、企业的紧迫需求，聚焦关键领域中的核心科学问题、新兴前沿交叉领域中的重大科学问题开展前瞻性基础研究，已与联合资助方共同出资设立“国家自然科学基金区域创新发展联合基金”和“国家自然科学基金企业创新发展联合基金”，逐步建立新时期联合基金资助体系。

着眼于凝聚高水平研究队伍，继续试点实施基础科学中心项目，通过长周期的稳定支持，促进学科交叉融合，形成若干具有重要国际影响的学术高地。2018年共资助4项基础科学中心项目，直接费用75 000万元。

四、2019年科学基金资助工作展望

2018年，自然科学基金委已经明确科学基金深化改革的方向、任务以及推进方案等。2019年是科学基金深入推进改革的攻坚之年。自然科学基金委将在新时代科学基金资助导向指引下，探索试点分类申请与评审机制，根据申请项目的科学问题属性，采取与之相匹配、相适应的分类评审方法，提升资助精准度，统筹推进面向科学前沿的基础研究和面向国家重大需求的基础研究；探索建立交叉融合推进机制，为构建交叉融合的学科布局奠定基础；坚持人才是第一资源的理念，完善人才资助体系，构建分阶段、全谱系、资助强度与规模合理的人才项目布局；探索成果运用贯通机制，扩大源头创新供给；与科学基金多元投入机制联动，进一步放大科学基金服务国家需求的效能；加强科研诚信和环境文化建设，引导和支持科研人员潜心致学、安心钻研。

面向建设世界科技强国的宏伟目标，自然科学基金委将继续以习近平新时代中国特色社会主义思想为指导，坚定"四个自信"，增强"四个意识"，不忘初心、牢记使命，把握机遇、乘势而上，以时不我待的紧迫感和严谨的科学精神，凝心聚力推进改革，加快构建和完善新时代科学基金体系，为建设世界科技强国作出基础性、根本性贡献。

Projects Granted by National Natural Science Fund in 2018

Zheng Zhimin, Gao Zhenyu, Li Zhilan, Xie Huanying,
Che Chengwei, Wang Changrui

This article gives a summary of National Natural Science Fund in 2018. In 2018, the total amount of direct cost was about 26.68 billion yuan, and funding statistics for various kinds of projects are listed.

第六章

中国科学发展建议

Suggestions on Science Development in China

6.1　关于加强科技界建制化参与立法的建议

中国科学院学部咨询课题组[①]

党的十九大报告提出，全面依法治国是国家治理的一场深刻革命，必须坚持厉行法治，推进科学立法、严格执法、公正司法、全民守法[②]。十八届四中全会通过的《中共中央关于全面推进依法治国若干重大问题的决定》指出，“法律是治国之重器，良法是善治之前提”。现代法理学认为，立法应当具有民主性、程序性、合宪性和科学性四个基本属性[③]。立法的科学性，就是能够使立法具有客观性与合理性的所有事实和要素[④]。随着科学技术的快速发展，法律中包含的科技元素或相关专业知识越来越多，新科技应用给法治建设带来的挑战越来越多，科技及创新的发展需要的法律规制与保障越来越多。从各国立法经验看，为保证立法的科学性，科技界的建制化参与已经成为趋势。从我国立法实践看，虽然在法律的起草、论证、审议等环节已建立了相对健全的制度安排，但相对于立法机关、国家部委、法律界的参与来说，科技界在其中发挥的作用明显不足。针对此问题，本文在调研我国当前立法实践的基础上，研究借鉴相关国际经验，提出加强科技界建制化参与立法、推进科学立法的政策建议。

一、当前保障立法科学性方面存在的主要问题

（一）一些法律立法过程的科技论证与支撑不足

科学技术的发展使得技术规则在现代法律构成中所占的比重越来越大，约束性法律的数字化、指标化和标准化也日渐增多。法律中涉及的监管标准、客观指标及数据的合理性、客观性和可靠性都需要科学技术知识给予基本的支撑。科学技术的发展还直接拓展了立法的新领域，导致了涉及大量科技专业知识的立法日渐增多，如《中华

---

① 咨询课题组组长为第十三届全国人大常委会常委、副秘书长，中国科学院院士郭雷；第十二届全国人大常委会委员，中国科学院大学教授方新。

② 习近平：决胜全面建成小康社会 夺取新时代中国特色社会主义伟大胜利——在中国共产党第十九次全国代表大会上的报告．http://news.cnr.cn/native/gd/20171027/t20171027_524003098.shtml [2017-10-27].

③ 关保英．科学立法科学性之解读．社会科学，2007，(3)：75-91.

④ 方新．加强科技与法治融合，推动社会的公平正义．中国人大，2017，(19)：34-36.

人民共和国食品安全法》《中华人民共和国大气污染防治法》《中华人民共和国种子法》《中华人民共和国网络安全法》《中华人民共和国国防交通法》《中华人民共和国测绘法》《中华人民共和国中医药法》《中华人民共和国电力法》等。这些法律的制定都需要科学技术专业知识的充分支撑。

相对于法律中越来越多的科技要素，我国的立法过程中还存在着科技论证不足、科学争议较多、科技支撑不够的现象。例如，在修订《中华人民共和国食品安全法》时，对于要禁用高毒农药是有共识的，但对于为保证农业生产和食品供应，在现阶段能否禁用、何时能够禁用存在争议而无法列入法中。又如，《中华人民共和国大气污染防治法》出台后，出现了很多科学相关的争议，其中之一是关于"大气污染"和"大气污染物"的概念，主要的争议点在于二氧化碳是否属于温室气体以及大气温度改变算不算大气污染等。由于科技界各种声音颇多，难以达成共识，法律难以明确规定。再如，关于环境损害赔偿及生态补偿的相关标准和计量缺乏科学支撑，以致《中华人民共和国海洋环境保护法》《中华人民共和国固体废物污染环境防治法》等多部环境保护法律曾简单采用了罚款上限的规定，现虽有些法律采用了损失倍数的罚款方式，却因无法提供科学且可操作的计算规则，使得这种制度形同虚设。

科技对立法的有效支撑是实现科技与法治高效融合的必要前提。美国的《清洁水法》就是科技与法治有效融合制定良法的范例之一。该法实施近 50 年，美国的水污染防治取得了显著效果。该法的核心内容是采用污染控制技术为基础的排放限值（技术标准）和水质标准相结合的排污许可证制度，并随着科技的发展不断调整相关技术标准、治理工具和执法监测指标，最终实现通过科技支撑立法以规范排污行为。

（二）立法对科技迅速发展带来的挑战应对不足

科学技术是一柄"双刃剑"，在带来人类社会财富增长和文明程度提高的同时，也可能因为滥用、误用而带来惨痛的灾难和损失，给社会安全和伦理带来严峻的挑战。例如，利用遗传工程等技术可以研制独特的、无法预知的病原体，类似的生物技术有可能被别有用心的犯罪分子用来操纵生命过程，甚至用来影响人类行为。再如，当代信息技术发展和应用使信息安全成为突出的问题，包括暴力、色情、反动信息以及垃圾信息，特别是危害个人信息隐私、利用信息技术违法犯罪等都需要规制。因此，整个社会对科技成果如何被使用，以及科技发展可能引起的风险和危害日益关注。这些都对科技治理和社会治理提出了全新的挑战，科技发展尤其需要法律予以规制和保障。

立法活动固有的程序要求使得其周期和效率远远低于科技发展的速度。及时、有效地应对新科技的法律挑战，迫切需要立法机关与科技界开展及时、深入的建制化合作，只有这样才既能促进科技发展，又可以防范科技风险。一般而言，当代科学技术发展具有高度专业性、复杂性、不确定性和对社会生活的广泛渗透性，而立法者专业背景相对单一，使得立法机关难以准确理解科技对法律的影响，故迫切需要科学家和科技界的参与。与美国、欧盟等发达国家和地区在生物技术、信息技术等新兴科技领域的立法实践相比，我国在这方面的工作还有很大的改进空间。

在生物技术领域，美国、欧盟、日本已经分别制定了多部重要法律，涵盖食品药品安全、生物恐怖防范、再生医疗规范、农业安全、植物资源保护等重要方面。相比而言，我国的相关立法则比较滞后。以干细胞和基因资源为例，至少有以下重要问题急需立法解决：一是对体外制造器官、利用单倍体干细胞实现同性生殖、跨越物种获取全新人造细胞、定制婴儿等基因编辑技术应用的法律规制；二是对干细胞再生医学中存在的临床应用细胞来源和特性不一致、生产和制备方法缺乏统一标准、严重违规治疗等乱象的法律规制；三是我国人类遗传资源保护面临着潜在经济价值巨大的基因资源流失问题，缺乏相关法律保护与规制。

在信息技术领域，美国、欧盟、日本也分别制定了多部保障网络安全、保护数据权利的法律。其中，欧盟制定了数据保护条例；美国将信息安全上升到国家安全的高度，对网络泄密、网络恐怖活动、网络色情、网络欺诈等进行规制。我国迟至2016年才制定《中华人民共和国网络安全法》，事关个人信息和数据保护的立法至今仍付诸阙如。当前的法律还无法应对物联网、人工智能、大数据等前沿科技领域的深层次挑战。这些挑战包括但不限于：物联网技术对信息安全带来的“实体化”威胁，射频识别（RFID）标签技术带来的侵犯“位置隐私权”等新问题的法律规制；人工智能和大数据产业化应用的法律挑战，如人工智能判案的合法性、歧视性算法、对隐私和数据安全的威胁、人工智能生成物的知识产权保护、智能机器人法律地位、传统法律责任规则难以适用等。

（三）科技界建制化参与立法的制度保障不足

我国某些立法活动虽有科学家参加，但从总体来看，立法机关缺乏高效获取科技支撑的常态化机制，而科技界参与立法主要呈现出个体性、零散性和依附性等特征。

首先是参与身份呈现个体性和非组织化特征。专家参与立法多以个人身份参与，以一己之力投入。个人参与和组织化参与的根本区别在于整合科学共识的程度不同，能够承担的相应责任也不同。专家个人由于学识、眼界及立场所限，虽能提出专业建议却可能存在很大个体差异和分歧，以致立法机关难以判断整合；而组织化参与更有利于对个体科学家的建议做出综合集成，形成共识性意见。专家对其个人建议一般不承担相应责任；而组织化的专业建议则是以共同体的声誉为代价承担相应的责任。所以相比而言，组织化参与提出的建议更有价值，而专家个人意见得到采纳和重视的可能性较低。况且，对专家个人来说，如无组织的激励和制度、资源保障，个人参与就会缺乏持久性和连续性。近年来，一些地方成立的立法研究机构或基地，初步呈现出地方人大与法学院校组织型合作的趋势，为科技界有组织地参与立法做了有益的尝试。

其次是参与形式呈现零散性和有限性特征。受限于专家个人的专业覆盖面和知识积累，专家参与立法活动往往仅限于某个阶段而非全过程，参与提供专业意见的内容也仅基于某个方面而非整体。专家参与的零散性和碎片化难以实现为立法的客观性、合理性提供必要科学证据之目的。此外，与法学家相比，科学家参与立法的比例非常低，形式也十分有限，主要是参加立法论证会、座谈会、立法调研等。参与形式的有限性决定了科学家参与的机会更少，建制化参与的途径更匮乏。

最后是参与者地位呈现被动性和依附性特征。在专家遴选和议程设置环节，科技界参与立法仍受制于立法或决策机关的意志。专家仅在受邀请的情况下才有机会参与立法机关召开的座谈会、论证会等立法活动，未受邀请则无法参与其中；讨论、论证的范围一般仅限于立法机关事先确定的议题。这样的论证极有可能异化为对立法机关已然设定的立法内容进行“合法合理”性或背书性论证①。

二、发达国家科技界建制化参与立法的经验

考察发达国家的实践，可见其议会与科技界的互动关系深刻而又广泛②，科技界建制化参与立法包括议会理解科学、科学服务立法、立法响应科学的三个渐进式阶段，每个阶段又有多种形式和机制。

（一）立法机构与科技界有建制化的沟通平台

为增加议会对新技术影响的认知，不少发达国家的议会通过各种形式，搭建议会与科技界沟通交流的常规化平台，主要包括非正式组织、制度化论坛两种方式。

1. 非正式组织

为促进议员和科学家的互动，有些国家的议会通过俱乐部或协会的形式将具有共

① 李小红．法学专家参与立法论证的审视与改进．四川理工学院学报（社会科学版），2016，（2）：53-62.

② UNESCO. Science，Technology & Innovation Policy：The Role of Parliaments. http://www.unesco.org/new/fileadmin/MULTIMEDIA/HQ/SC/pdf/pub_role_parliaments_en.pdf [2019-10-12].

同兴趣的议员和科研人员联络在一起，定期举行交流活动。例如，英国 1939 年就成立了议会和科学委员会（P&SC），瑞典则有议员和研究者协会（RIFO）。这些非正式组织有效促进了议员和科学家的互相了解。欧洲议会近年发起了五轮议员-科学家伙伴计划，旨在加强议会与科技界的联系，发挥科学在立法决策中的支撑作用。计划内容是征集对立法感兴趣的科学家，与相关委员会的议员结成对子，加强沟通，增进了解。

2. 制度化论坛

议会和科技界的建制化交流也深受重视。一方面，有些国家的议会定期举办有关新科技对法律和政策影响的论坛，例如欧洲议会每年都举办年度讲座，就新技术的影响进行研讨，近三年的主题分别聚焦于量子技术、太空技术、人工智能对法律和政策的影响。欧洲议会更多的是组织不定期的研讨会，邀请知名科学家做主旨报告，并辅以小组讨论和公开辩论。另一方面，很多国家的科学院、工程院、学会、医学研究组织、环保组织、技术联盟、商会甚至大型科技企业等都认识到与议会对话的重要性，纷纷成立“议会联络办公室”。

（二）通过制度化的科技评估参与立法进程

经过与科技界广泛而深入的交流，需要立法的问题就会凸显出来。如果议会认识到有必要通过立法促进某些领域的科技发展或防范其风险，就会考虑对相关科技的影响实施进一步评估。根据评估者身份的不同，可分为相对自给和依赖智库两种方式。

1. 相对自给：通过内设机构开展科技评估

之所以将议会内设评估机构界定为相对自给，是因为它也可能于必要时请外部机构或专家提供一定的协助。议会内设评估机构又有两种不同的模式：

第一种是以芬兰和意大利为代表的内设专门委员会评估形式。议会通过设立专门委员会，配备专业人员，自己开展研究、准备评估报告。其职责包括向其他委员会提供咨询，还包括对涉及科技问题的政府长期政策进行审查。

第二种是以美国为代表的内设独立机构评估形式。美国国会曾设立技术评估办公室（OTA），配备技术专家，专门为议会提供技术评估服务。与总统科学顾问委员会不同，OTA 不参与决策，它只提供政策选项供决策者自行判断。1995 年，美国国会以削减预算为由撤销 OTA 之后，主要是通过国会图书馆国会研究服务部以及美国国家研究理事会（NRC）从美国国家科学、工程与医学院获得科技咨询意见。

2. 依赖智库：通过外部机构获取科技评估服务

按照议会与外部智库关系的紧密程度，又可分为三种模式：第一种是紧密型，以德国为代表。德国议会与德国技术评估办公室（TAB）存在长期的紧密合作关系。议会设立教育、研究和技术评估委员会，负责决定TAB的工作规划。TAB设于卡尔斯鲁厄理工学院，由该学院的技术评估与系统分析研究所运营。该委员会与TAB达成长期固定合同，委托后者承担科技评估项目。TAB的报告则通过该委员会提交给议会。

第二种是半紧密型，以丹麦、挪威和荷兰为代表。这三个国家的议会都是从外部机构获取立法科技评估服务。评估机构的主要经费来源于议会的评估项目资助，但它们也可为政府开展研究活动，或开展其他研究活动。这与德国TAB专门服务于议会的特点明显不同。美国国会与美国国家研究理事会的关系也可归为半紧密型。美国国会经常就其关切的科技问题请求国家研究理事会提供咨询报告。

第三种是松散型，以欧洲议会为代表。欧洲议会设立科技决策评估委员会（STOA），由议会各专门委员会指派的代表组成，下设科技决策评估局，作为委员会的执行机构，对科技评估项目进行管理。欧洲议会并未与任何研究机构形成类似于德国议会与TAB那样的紧密关系，而是通过公开招标方式选择研究机构、大学、实验室、咨询公司甚至个人研究者承担评估项目。

（三）通过听证程序为立法提供科学论证

经过立法科技评估之后，如果议会认为立法修法的条件确已成熟，则会进入法案审议阶段。各国议会审议科技议题的模式大致有三种类型：一是由议会科技委员会审议科技议题。该委员会的地位等同于其他常设委员会，负责审理所有的科技议题。但这并不意味着其他委员会就一律不审议科技议题了，例如国防技术事项就必然要受到国防委员会的审查。二是由贸易和工业委员会或教育相关委员会负责审议科技议题。这是比较传统的做法。三是设立特别委员会或小组负责审议特定科技议题。这种临时性机构具有固定存续期限，负责就特定科技议题提出调研报告。审议过程中，议会通常会根据实际需求启动听证程序，邀请科学家或科技组织参加立法听证，就相关问题提供科学证据。

概括而言，从发达国家议会与科技界的互动来看，存在着以信息沟通为目的的伙伴式关系、以立法评估为目的的合同式关系和基于社会分工的社会契约式关系。在互动过程中，议会对社会利益最大化的追求与科技界对真理的追求较好地结合在一起，从而保证了立法的科学性和公正性。

三、相关建议

在继续完善相关制度，充分发挥科学家作为专家参与立法工作的同时，为推进科学立法，必须对科技界建制化参与立法给予高度重视。所谓科技界建制化参与立法，是指要为科技界参与立法制定规则、机制和实操细则，即要有制度和组织保障。参考发达国家的经验，结合我国的实际情况，我们提出加强科技界建制化参与立法的如下建议。

（一）完善立法程序，为科技界建制化参与提供制度保障

为推进科学立法，提高立法质量，对涉及重要科技问题法律案的审议，应通过完善立法程序，建立相关制度吸引相关领域科研机构、科技社团组织的科学家群体，包括持不同观点的科学家参加立法全过程，以帮助立法者全面认识科技的影响，从而做出合理的立法决策，制定良法。完善立法程序的具体建议如下。

1. 加强科研机构对有关立法准备阶段的参与

立法准备包括两个层次：一是制定立法规划和年度立法计划、确定立法项目；二是起草法律案。对于立法规划和年度立法计划的制订，应平衡好计划性和灵活性的关系，使得虽未纳入立法规划，但涉及科技因素且有一定紧迫性的法律提案能够及时列入年度立法计划。对于涉及科技问题的立法，应在起草阶段就有针对性地征求科技界的意见。

2. 加强科技界对有关立法论证阶段的参与

吸纳科技界深入参与涉及科技因素的立法论证活动。具体措施建议包括以下两个方面。

（1）邀请科技界参与有关立法的论证咨询

《中华人民共和国立法法》第 36 条规定，列入常务委员会会议议程的法律案，法律委员会、有关的专门委员会和常务委员会工作机构应当采取座谈会、论证会、听证会等多种形式，听取各方面的意见。十九届中央全面深化改革领导小组第一次会议审议通过的《关于立法中涉及的重大利益调整论证咨询的工作规范》规定，法律草案起草和审议修改过程中涉及重大利益调整事项的，可以邀请相关人员参与论证会、听证会、委托研究、咨询等论证咨询活动。我们建议对涉及科技因素的重大利益调整事项，应邀请科技界特别是相关科研机构或科技团体参与论证咨询。

与论证会、座谈会相比，听证会是立法审议阶段较少采用的论证咨询方式。而科技问题固有的新颖性、复杂性特点，导致涉及科技因素的重大利益调整事项往往存在一定争议，更加需要通过立法听证程序辨别、采信科学证据，从而保证立法的科学性、客观性。因此，我们建议对涉及科技因素的重大利益调整事项，应在专门委员会审议阶段加强立法听证的运用，邀请科学家参与听证。

（2）委托科研机构承担重要立法事项的评估

十九届中央全面深化改革领导小组第一次会议审议通过的《关于立法中涉及的重大利益调整论证咨询的工作规范》规定，对于争议较大的重要立法事项，全国人大常委会法制工作委员会可以采用定向委托、招标等方式委托第三方开展评估。我们建议，基于这一工作规范，建立立法的科技评估制度，即对于涉及科技因素的重要立法事项，应通过定向委托、招标等方式，选择相关科研机构、科技社团或智库开展科技评估，为立法机关提供高质量的、独立公正的立法科技评估和科技论证服务，从而推动科学立法、民主立法。

《关于立法中涉及的重大利益调整论证咨询的工作规范》所规定的评估对象限于审议阶段的法律案涉及的争议较大的重要立法事项。我们建议，全国人大常委会法制工作委员会除了设立服务于当前立法计划的科技评估项目以外，还应就前沿科技发展对法律、政策的影响，设立前瞻性评估项目，从而发现立法需求，为未来的立法规划做准备。

（二）建立立法机关与科技界的交流制度，克服信息不对称

立法机关与科技界的深入交流是认识科技影响的重要途径，二者之间应建立制度化的交流平台和机制。具体建议包括以下三方面。

（1）应加强全国人大与科技界的交流，具体方式包括与中国科学院、中国工程院等国立科研机构建立战略伙伴关系，共同设立立法研究基地，定期共同举办论坛或研讨会，邀请知名科学家报告影响法律与政策的最新科技进展，人大常委会委员与著名科学家结对子等。

（2）充分发挥全国政协科技界别、科协界别委员在立法中的作用，促进其与立法机关的交流。

（3）鼓励科技界主动开展科技与法律相互关系研究，提出立法建议。

希望通过上述制度化、常规化的双向交流，既可提高立法机关对科技进步对经济社会发展影响的认知，也可促使科技界了解立法对科学技术的需求，以便为科学立法提供有力的支撑。

Suggestions on Enhancing Chinese Scientists' Institutionalized Participation in Law Making

Consultative Group of CAS Academic Division

Scientificity is one of the natures of modern legislation. After investigating the legislative practices of some developed countries, the Consultative Group finds scientists' institutionalized participation in law making is very popular in order to achieve legislative scientificity. However, China still has many inadequacies and shortages in this regard. Drawing lessons from legislative experiences of developed countries and based upon national conditions, we suggest to provide systematic supports for scientists' institutionalized participation in law making, and build regular exchange platforms between sci-tech circle and legislatures.

6.2 关于改善我国基础研究活动结构性问题的建议

中国科学院学部咨询课题组[①]

基础研究的重大突破往往会催生一系列新技术、新发明，带动新兴产业崛起，促进经济社会发生重大变革。近年来，我国基础研究取得长足进步，但还远远不能满足产业创新发展和引领发展的需求。一方面，我国基础研究实力和整体水平有了实质性提升，研究产出持续增长，成为全球第一大研发人力资源国，并连续多年保持为世界第二大 SCI 论文产出国家；另一方面，我国高新技术产业的核心部分仍依靠进口，大多数企业仍处于国际产业价值链的低端，还没有中国企业因为科研创新而闻名于世。例如，尽管我国合成生物学领域论文数已居世界第二，但相比美国近千家相关企业迅速成立、英国从国家层面布局产业化，我国的合成生物学还主要停留在基础研究阶段。我国基础研究活动的结构性问题，极大地影响着基础研究的方向选择和产出效果，亟待关注。

一、基础研究活动结构性问题的突出表现

有什么样的结构，就会有什么样的产出。从结构层面看，我国基础研究活动存在结构性失衡问题，主要表现为如下几方面。

（一）企业在基础研究活动中严重缺位

中国基础研究支出主要是政府科研机构与高等教育机构，特别是高校。自 2007 年后，中国高校基础研究支出占总基础研究支出的 50% 以上，在这段时间内企业基础研究支出比例逐步降低，到 2014 年企业基础研究支出仅占总基础研究支出的 1.6%[②]。相比之下，美国企业基础研究支出占基础研究总支出比例较高，2013 年达到了 24.2%，是美国基础研究支出第二大组成部分。1981 年，日本高等教育机构是基础研

---

① 咨询课题组组长为中国科学院院士、中国科学院上海应用物理研究所研究员沈文庆。

② 赵兰香，周城雄，万劲波．调整资源配置结构 完善科技评价制度．学习时报，2017-09-06.

究主要支出部门，而后其支出比例逐年降低，企业基础研究支出占比缓慢上升。到2014年，日本企业基础研究支出占总基础研究支出比例达到42.7%；而高校的基础研究支出已低于企业基础研究支出。同为东北亚国家的韩国，与日本相似，自1996年以来，韩国企业基础研究支出占总基础研究支出的比例基本上在40%以上，2004～2006年甚至接近60%[①]。

（二）支持基础研究的经费渠道过于单一

近年来，我国基础研究投入不断增加，项目来源渠道主要是各级自然科学基金、博士后基金、教育部（委）、科技部（委）。其中，国家自然科学基金已成为我国支持基础研究的一个重要渠道，国家对基础研究的重视，主要体现在国家自然科学基金的快速增长，经费总额从1986年的8000万元，到2016年达到248亿元，30年增长了约300倍[②]，近几年的增长率近乎我国GDP增长率的2～3倍。基金项目的主要特点是自由申请和同行评议，由于基金资助领域多为基础学科，其成果形式主要是公开发表的学术论文。例如，截至2017年8月，国家自然科学基金委员会批准资助40 860项，资助直接费用1 997 346.66万元，占全年资助计划的78.29%[③]。2015年，我国发表的SCI论文中，标注“得到国家自然科学基金资助”的论文占62.1%[④]。

不过，我国自然科学基金资助项目也覆盖了许多与应用联系紧密的学科，而且由于基础研究与应用研究不能截然分开，有些学科十几年来的飞速发展，在很大程度上正是得益于基础研究与应用研究的紧密结合和相互促进。

目前，我国基础研究主要由公共财政支持，其科研成果注重公益性和公共产品属性，经费渠道过于单一也成为科研评价指标单一的重要原因之一。近年来愈演愈烈的“论文导向”评价导致越来越多的科研人员参与到“论文竞赛”中，科研成果越来越偏向产出论文。特别是，这种“唯论文”的绩效导向，造成忽视基础研究的系统支撑，忽视技术储备和技术累积，忽视技术创新的体系差距，忽视新学科方向和前沿技术的原创。

---

① OECD. Gross domestic expenditure on R&D by sector of performance and type of R&D. https://stats.oecd.org/Index.aspx?DataSetCode=GERD_COST［2016-09-22］.

② 国务院新闻办公室网．国新办举行国家自然科学基金“十三五”发展规划新闻发布会图文实录. http://www.scio.gov.cn/xwfbh/xwbfbh/wqfbh/33978/34634/wz34636/Document/1479899/1479899.htm［2016-06-14］.

③ 操秀英．今年科学基金项目申请量创新高．科技日报01版．2017年08月25日．http：//digitalpaper.stdaily.com/http_www.kjrb.com/kjrb/html/2017-08/25/content_376780.htm？div=-1［2017-08-25］.

④ 国务院新闻办公室网站．国家自然科学基金委解读中国基础研究状况．http：//www.scio.gov.cn/xwfbh/xwbfbh/wqfbh/35861/37047/xgfbh37052/Document/1561532/1561532.htm［2017-03-10］.

（三）全社会研究开发总经费结构配置失衡

自2012年创新驱动发展战略实施以来，一方面，我国研发投入持续增加，成为世界第二大研发支出国；另一方面，基础研究支出占R&D经费支出的比例则一直徘徊在5%左右。而美国、日本、韩国等国家的这一比例长期保持在12%～20%，远高于我国基础研究投入比重。经合组织成员国2013年的这一指标平均为17%。而且从历史数据看，美国、日本、韩国等国的基础研究经费支出所占比重呈逐年上升的趋势。例如，美国由1980年的13.4%上升至2017年的17.0%，韩国由1995年的12.5%上升至2017年的14.5%①。相比之下，我国基础研究投入所占比重与美国、日本、韩国等发达经济体的差距仍在不断加大。

总之，由于基础研究活动中存在着较为突出的结构性问题，导致一些财政资源和人力资源偏向投入低效率的科研活动，优质稀缺资源发生错配。我们认为，从基础研究活动的结构优化入手，有利于提升目前基础研究活动的质量。

二、改善我国基础研究活动结构性问题的可能性

（一）我国企业增加基础研究投入的可行性

作为后发国家，经济追赶阶段日本和韩国的企业在基础研究投入方面的情况，可以提供可行性参考。同时，从中国产业发展的现状和趋势看，企业投入基础研究活动存在潜力。

1. 日本和韩国经济追赶阶段企业增加基础研究投入的经验

日本和韩国在经济追赶过程中，研发支出占国家GDP比重呈上升趋势，而基础研究投入比例都经历了由居高趋向平稳的过程，这也是由政府主导科技投入和基础研究，到企业增加研发投入并增加基础研究投入的过程，最终基础研究占R&D支出的比例稳定在15%左右。

日本和韩国企业基础研究投入的特征表现为：由少数产业部门中的若干家大企业主导，并受经济发展周期影响较大。例如，两次世界性的石油危机和20世纪90年代日本泡沫经济的破灭都使日本企业基础研究的步伐减慢下来。韩国基础研究的显著特征是，其基础研究的核心力量为企业，其次为高校和国家研究机构。在追赶阶段后

① OECD. Gross domestic expenditure on R&D by sector of performance and type of R&D. https://stats.oecd.org/Index.aspx?DataSetCode=GERD_COST [2019-12-23].

期，韩国企业的基础研究经费已经达到基础研究总经费的 50% 左右。日本基础研究发展是企业和大学并行，企业在基础研究活动中举足轻重的作用与其战后经济高速增长紧密相关。

日本和韩国企业加强基础研究投入的主要动因在于以下两方面。

（1）企业的竞争力达到或接近国际前沿水平，需要投入基础研究为自己带来自主的技术实力，维持或者增强企业的竞争优势。

（2）充分利用本国优势产业的发展基础，结合高校和科研机构的资源优势，通过基础研究联合打造企业自身的技术优势，对基础研究做出长期的战略性布局。

日本和韩国的经验表明，企业投入基础研究的动因主要来自自身发展的战略考量与市场竞争的压力。其重要特征之一是企业的发展达到或接近世界前沿水平，而相关产业也在全球竞争中处于优势地位，市场机制在研发活动中发挥决定性作用。

2. 中国企业具备增加基础研究投入的潜力

目前，中国的经济发展进入新阶段，一些产业的竞争态势进入“敏感期”，不创新、不进行基础研究，就难以保持竞争优势，因此，企业在增加基础研究投入方面存在较大潜力。

（1）中国企业目前正深度参与国际竞争，出口商品的附加值有所提高，处于产业链上移的关键时期。2009 年以来中国企业的出口额连续位居全球第一。2015 年中国出口占国际市场份额升至 13.8%[①]。从 2014 年开始，中国对外直接投资（OFDI）超过对内直接投资（FDI）。2015 年中国成为仅次于美国的全球第二大对外直接投资国，而且中国的民营企业成为对外投资的生力军。在 2017 年《财富》世界 500 强企业榜中，中国上榜公司数量连续第 14 年增长，达到 115 家。中国电信、阿里巴巴、腾讯控股等多家科技企业榜上有名。

（2）中国企业在国际技术竞争中的实力逐渐增强。中国在美国专利局授予的专利数量增加显著，从 2000 年的 274 件增加到 2016 年的 12 224 件，专利授予量占美国以外国家专利授予量的比例从 0.16% 上升至 83.3% 。2016 年中国的欧洲专利申请数量首次超过韩国。

（3）中国企业基础研究投入存在结构性缺陷。一方面中国企业已经成为研发投入主体，2015 年企业 R&D 经费占 R&D 总经费的 77.1%；另一方面企业投入基础研究的比例非常低，只有 1% 左右，远低于美国、日本和韩国等国家的水平。中国基础研

① 刘志强．三年来出口占全球份额从 11.2% 升至 13.8%（在国务院政策吹风会上）. http://qh.people.com.cn/n2/2016/0820/c346768-28865551.html [2016-08-20].

究投入总量不断增加，但是占 R&D 经费的比例一直保持在 5% 左右。中央财政基础研究投入占基础研究总投入的 80% 以上，远高于美国 63% 的比例。与美国、日本、韩国、俄罗斯相比，中国企业尤其重视试验发展，自 2007 年以来占研发总投入比例甚至超过了 95%。中国企业 2014 年基础研究支出总额远不及日本或美国企业 1981 年的基础研究支出量（以当时的购买平价计算）①。

随着企业科技经济实力的持续提升和科学前沿的不断拓展，技术发展对科学研究的依存度不断提高，过度依靠试验发展活动已经不能满足企业创新发展的需求。例如，华为公司在全球布局基础研究项目，显示了我国企业逐步走向全球竞争前沿后对基础研究的需求；多家中国互联网企业的竞争力迅速提升，阿里巴巴、腾讯、百度、京东等企业也对基础研究日益重视。企业投入研发活动也存在明显的产业差别。2013 年，我国在计算机、通信和其他电子设备制造业的研发投入金额最多，为 1252 亿（按当年价计算），约占全国 R&D 支出的 15%，其次为电子机械和器材制造业（815 亿）和汽车制造业（680 亿）②。中国在高铁、通信、电子机械与器材制造业和汽车等领域研发活动较为活跃，市场优势明显，完全有可能进一步加大基础研究投入力度，为增强产业国际竞争力做好科学和技术准备。

综上所述，中国企业基础研究投入的规模和强度与美国、日本和韩国等国家相比存在显著差距，具有较大的提升空间。当前，全球在关键性核心技术领域的竞争更加激烈，我国要向经济强国和科技强国迈进，必须做出前瞻性和战略性科研布局。

（二）国外基础研究分类管理体系的借鉴

解决基础研究的结构性问题，分类管理是一个重要切入点。在此方面，美国、日本、德国等基础研究发达国家的基础研究管理体系有许多值得我们借鉴和学习的经验。以美国为例，美国的基础研究管理体系结构清晰，责任明确，不同类型基础研究的研究重点不同，经费来源不同，管理机构也不同。美国基础研究经费主要来源于联邦政府和产业界，其中联邦政府资助的基础研究经费占全国基础研究经费的比例约为 60%。在联邦政府机构中，基础研究的最大资助者为国立卫生研究院（NIH），其后依次为国家科学基金会（NSF）、能源部（DOE）、国家航空航天局（NASA）和国防部（DOD），这些机构支持的项目类别和重点各不相同。NIH 主要资助医学生物学领域的基础研究，包括各类与人类健康相关的研究项目和培训计划。NSF 以拓展知识前

---

① OECD. Gross domestic expenditure on R&D by sector of performance and type of R&D. https://stats.oecd.org/Index.aspx?DataSetCode=GERD_COST [2016-09-22].

② 科学技术部创新发展司. 2013 年规模以上工业企业 R&D 活动分析. http://www.most.gov.cn/kjtj/201508/P020150817343595781483.pdf [2015-03-04].

沿，以通过构建创新型经济、培养具有全球竞争力的劳动力为国家长期经济增长奠定基础为目标，支持生物科学、计算机和信息科学与工程、工程、地质、数学和物理科学、社会、行为和经济科学以及综合活动的研究项目。DOE 则致力于发展新型能源，重点关注清洁能源技术和新技术转化，支持包括基础能源科学、高能物理、核物理、计算与网络能力、聚变能科学等领域的基础研究。

三、主要建议

解决目前我国基础研究活动的结构性问题，首先需要大幅提高企业在基础研究活动方面的投入，这不仅是企业自身发展的需要，更重要的是，通过投入的结构性变革，使基础研究活动的产出内涵更加富有意义，而不是简单的论文排名；同时，推动企业走向更有根基的创新，提高产业国际竞争力，真正落实“创新是引领发展的第一动力”。

（一）建立产学研“研究组合”

（1）引导建立大学、研究机构与企业“研究组合”这一新的产学研深度合作的模式。通过新型制度安排，引导企业同大学和研究机构人员共同组成“研究组合”，面向共性、基础性、关键性科学难题联合攻关，让“有知识”的人和“用知识”的人相互协作，相互支持，以解决难题为目标，同时培养大批懂得融通创新的人才。

（2）建立“企业家走进实验室”制度。让科学家和企业家建立常态化的沟通交流机制。一方面，促使科研工作与企业需求的联系更加紧密；另一方面，促进新知识成果以最快的速度运用到生产实践中。

（3）探索建立公私合作的“专业基金会”。如生物医学研究基金、食品农业研究基金、产业技术创新基金、资源能源与生态环境基金等协同管理的新资助机制，提升资源配置的综合化与专业化水平。以强化产业及应用导向的基础研究为突破口，形成知识、技术、产业创新体系相互衔接和配套，产学研用协同创新的新格局。

（二）设立支持“颠覆性”创新的专门科技计划

目前，国家自然科学基金通常会优先资助已有相当研究基础的项目，虽然也针对看似“天马行空”的研究申请提供为期一年的小额资助，并推出一个特别计划以资助重要的注重对“非共识项目”的支持，但是实际得到资助的此类项目非常有限。一些挑战现有研究传统范式的高风险“颠覆性”项目申请，往往受限于评审者的研究背景，以及资助计划对学科领域的要求；况且最具创新性的想法往往一开始尚不清晰，不一定写得出“成熟、漂亮”的申请书。国家自然科学基金委员会意识到现行“非共识项目”的遴选机制难以做出“好”的选题。

建议调整现有对高风险项目的资助模式，建立专门支持“颠覆性”创新活动的科研计划。这类计划的管理模式应不同于现有管理模式，要侧重风险管理：一方面支持风险高的项目选题；另一方面，要对“失败”的研究进行认真分析，发现其中可能存在的科学价值。国家对具有高风险特征的科研活动的支持，能够有利于避免产业创新的风险，有利于推进原创性探索。

（三）建议将基础研究管理与重大任务（专项计划）管理相衔接

在重大科技专项、重点计划及重要科技资源布局的领域，增设与任务直接关联的基础研究经费配置，并将这类基础研究管理纳入任务主管部门的职能范围。虽然国家每年对重大科技专项都有较大投入，影响也大，但这些专项对基础研究的匹配性布局却明显不足，造成各部门部署的研究缺乏以基础研究作为强有力的“内核”，表现为其“大而不强”。例如，中国火星探测计划要完成火星探测任务，其中有许多基础性研究工作，而负责此项工作的中国国家航天局又没有相关的基础研究支持和管理职责，导致与任务关联度很高并急需的基础研究工作无法布局和开展；如果再去申请国家自然科学基金项目，还将导致保密问题、产出导向问题、时效性问题，等等。如果在该计划中规定部分用于相关的基础研究，并纳入中国国家航天局管理权限，则对完成计划任务更加有效。很多军民融合重大计划，都可以匹配基础研究任务。

（四）扩大源于企业投入的基础研究经费使用的灵活性

按照科研经费来源的不同，对经费进行操作性较强的分类管理模式。目前，部分基础研究项目得到政府和企业两方面经费的资助，但在项目实施过程中，企业投入的研究经费在大学和科研机构的使用受到中央财政科研项目资金管理相关规定的限制，制约了经费使用的自主性，影响了企业投入基础研究的积极性。建议对政府企业合作的项目设立企业专项科研经费账户，给予企业对自身投入经费的管理支配权、专款专用，确保项目负责人在经费预算和规章制度许可的范围内合理使用经费，在保证中央财政投入高效性的同时确保企业投入的自主权和灵活性。对于地方财政投入项目，应授权地方灵活管理。基础研究活动是一种探索性活动，具有很大的不确定性。为解决项目管理和经费管理相对脱节的问题，应允许在一定范围内根据研究进展的具体情况和合理需要，对经费使用进行调整，提高企业投入基础研究的积极性。

（五）调整现有基础研究的统计口径

我国基础研究概念的模糊界定、交叉使用和认知差异的现状，导致基础研究统计口径在国防军工投入、科研人力成本、基础设施建设投入和企业投入四方面存在一定的统计误差，使中国基础研究的投入同时存在低估和高估的成分。特别是统计数据在收集中，以是否有特定的或具体的实际应用目的来区分基础研究与应用研究，导致相当部分的应用导向的基础研究无法归入基础研究范畴之内，在实际操作中将低估企业对基础研究的投入。

建议探索从预期应用的时间角度（短中长期）来区分应用基础研究与应用研究，将企业的中长期研究项目和应用导向的基础研究纳入基础研究的统计范围，尽量减少统计误差。同时加大对企业统计人员的培训，提高统计的科学性、规范性和精准性。

Suggestions on Improving the Structural Problems of Basic Research Activities in China

Consultative Group of CAS Academic Division

In recent years, a substantial growth has been achieved in China's basic research strength and overall level, but structural problems still exist in basic research activities. This article holds that significantly increasing enterprises' investment in basic research activities is one important way out. It puts forward detailed suggestions including constructing industry-university-research institute "research portfolio", setting up "destructive" scientific and technological plans, joining basic research management with key tasks (special plans) management, expanding flexibility in using basic research funds invested by enterprises, and adjusting statistic specifications of current basic research.

6.3 关于智慧城市建设的思考和建议

中国科学院学部咨询课题组[①]

在全球经济高速发展，资本和劳动力流动性增加的作用下，城市化发展势头越来越强劲。经过改革开放40多年的发展，中国城市化步伐不断加快，每年约有1500万人口进入城市。到2025年，中国将会有近2/3的人口居住在城市，中国也将进入城市社会。但是在城市化运动中，人口拥挤、工业污染、交通拥堵、资源短缺等“城市病”层出不穷，这些社会管理和社会服务等各方面的相对滞后，已经成为影响城市未来发展的重要阻碍。当城市面临这些实质性的挑战时，已有的城市治理模式必须创新、发展。

智慧城市是继数字城市后信息化的高级形态，是信息化、工业化和城镇化的深度融合。城市智慧化使管理更加科学，服务更加以人为本，城市发展更加具有可持续性，是提升城市竞争力及解决部分城市发展问题的重要途径。智慧城市亦被视为振兴经济的重要领域，在实现城市“智慧化”的过程中，实现产业升级和战略性新兴产业发展，并进一步推进经济发展模式的转型。

然而，如何有效建设真正含义上的智慧城市，需要思考智慧城市建设的经验和问题，进一步明确智慧城市建设的内涵和总体框架，使得智慧城市建设纳入更加有效、科学的轨道，从而实现人们对于智慧城市建设的美好愿景。

一、国外智慧城市建设现状及其经验与启示

2008年11月，在纽约召开的外国关系理事会上，IBM公司首先提出了“智慧的地球”这一理念，进而引发了智慧城市建设的热潮。

（1）由于欧美国家的城市建设比较完善，城市发展处于后工业化阶段，因此在智慧城市的探索与实践方面，各国都比较注重城市的服务功能，从市民实际需求出发，利用新一代信息技术，以各种基础网络为支撑建设感知设施，并通过信息的融合分析

① 咨询课题组组长为中国科学院院士、中国科学院上海技术物理研究所研究员褚君浩。

提供智能服务。[①]

（2）在知识经济时代下，欧美国家的智慧城市建设还特别注重以市民为中心，强调构建用户参与的开放创新空间，体现了以人为本、强化服务、强化价值创造的智慧城市建设创新 2.0 理念。

（3）重视创新的应用推广。主要从两个方面入手，一方面是大城市的社区，另一方面是中小城市。欧美国家创新推广方面最重要的经验是从“小”开始，把一个点或者一个领域的成功经验逐步推广和复制到整个城市的不同社区，最后形成一个完整的智慧城市体系。

（4）以项目试点带动技术应用的模式是当今欧美国家在智慧城市建设领域的通用做法。不同的城市的目标各有侧重，关注方向前两位分别是环境类别中的节能减排和社会类别中的民生保障。

二、我国智慧城市建设现状及存在的问题

在智慧城市建设和产业发展上，我国从中央到各地方政府高度重视，相关政策密集出台，标准体系初步形成，智慧城市示范工程建设如火如荼，城市信息基础设施全面升级、管理服务向精细化发展，“互联网＋”和大数据催生智慧产业发展，电子商务发展全球领先，新技术、新模式和新业态不断涌现。我国智慧城市建设在取得快速发展的同时，也在不同程度上存在下列问题，需要认真研究，在今后智慧城市建设中加以解决。

1. 将智慧城市建设简单理解为信息化，没有明确智慧城市建设的核心意义和内涵

智慧城市是运用物联网、云计算、大数据、空间地理信息集成等新一代信息技术，促进城市规划、建设、管理和服务智慧化的新理念和新模式。[②] 目前进展主要集中在信息化方面，建设诸多设施和软硬件系统，然而在信息的实时获取、信息的智慧分析方面缺少研究和布局。完整意义上的智慧城市，其核心在于智慧，也就是能够实时获取信息加以分析判断，就像人的“感官”和“大脑”。所以需要高性能传感器，

---

① 宋刚．从数字城管到智慧城管：创新 2.0 视野下的城市管理创新．城市管理与科技，2012，14（6）：11-14.

② 发改委等八部委．关于促进智慧城市健康发展的指导意见．http：//www.gov.cn/gongbao/content/2015/content_2806019.htm [2018-12-20]

需要针对不同物理过程的模型分析或大数据分析。智慧城市是城市中无数智能化复杂系统的集合，每个智能化复杂系统包括实时信息获取、智慧分析和及时反应等三个方面，同时以通信网络、大数据、云计算、过程的物理模型为基础。

2. 在信息化层面，没有形成开放统一的城市网络信息空间

智慧城市建设是建立在数据化的基础之上的，如果没有数据的采集、传输、储存、深度加工和再加工利用，就没有智慧化的管理和决策。由于我国在国家层面尚未形成统一的智慧城市架构体系，缺乏整体性的顶层设计指导，在实施过程中必然会出现各自为政、重复建设，形成大量的信息化孤岛。

3. 智慧城市建设偏重基础设施建设，没有形成创新应用环境

我国目前正处于大规模的城市化建设阶段，城市基础设施的建设还不完善，智慧城市偏重于信息化基础设施建设层面。另外，我国智慧城市发展中，往往强调政府信息化，企业和公众部分没有得到充分重视，政府主导、企业投资和公众参与的智慧城市发展模式尚未真正形成，还没有形成以人为本的服务和开放创新的城市生态环境。

4. 投资主体单一，国家财政负担沉重，发展PPP合作成为智慧城市建设的主流投融资模式

目前，国家是智慧城市投资和建设的主体，但是智慧城市往往会涉及对城市管理体系重新进行技术性改造，这些改造需要耗费较大的资金以及风险成本。此外，例如智慧医疗、智慧养老等大量智慧城市项目，更加适合由企业承担，利用市场的机制发展。2015年，国家发展和改革委员会、财政部和地方政府政企合作共建相关政策出台，公私合营制（public private partnership，PPP）逐渐成为智慧城市建设的重要投融资模式之一。

5. 缺乏与本地信息化基础相匹配的差异化的智慧城市规划

我国地域广阔，不同地区的生产力水平和信息化基础不同，城市的智慧化发展阶段和定位目标也要有不同，按照智慧城市的三个阶段（城市信息数字化、城市信息资源共享、城市智慧化）逐步实施。因此，明确与城市地位相匹配的定位和分阶段目标，选准近期突破重点，是推进智慧城市建设的基本前提。

6. 关键技术有待突破，还没有形成具有国际竞争力的产业群

智慧城市建设的关键技术如物联网、云计算、三网融合、无线宽带等技术有待发

展，传感器和智慧分析模型与大数据的规律研究和核心技术研发以及它们的应用研究和产业化发展程度有待加强。国内人工智能技术虽然已取得许多骄人成就，但与国家发展战略要求相差甚远，与国际先进水平差距较大。新一代信息技术的突破和智能应用成为制约智慧城市发展的瓶颈。

三、关于智慧城市建设的若干思考

1. 需要加强对智慧城市建设核心意义的认识

目前，智慧城市尚未有统一的定义。实际上智慧地球、智慧城市，是由一个个区域、区域中一个个过程的智慧化逐步集成而成的。智慧城市是城市中无数智能化复杂系统的集合，每个智能化复杂系统包括实时信息获取、智慧分析和及时反应等三个方面，同时以通信网络、大数据、云计算、物理模型为基础。区域的扩展、过程的累加、智慧程度的加深，逐步形成智慧区域、智慧城市乃至智慧地球。这是一个渐进的过程，智慧化程度也是逐步加深的。我们认为智慧城市建设的核心意义是：智慧城市＝互联网＋物联网＋智能分析与控制。

2. 需要加强对智慧城市的总体架构的认识

“智慧城市”的内涵非常广泛，可以概括为“一、二、三、四、五”。

一个目标：实现智慧化，走向智能时代。当前正在掀起一个信息融合的大浪潮。所谓“信息融合”，是指把人类的智慧融入具体的物理系统，使得一个物理系统中的传感器实时获得信息以后，能够根据事先输入的物理模型来自动分析信息的含义，使实体物理系统能够具有“智慧”功能。这里，事先输入的物理模型是人的科学实践建立的，就是人的智慧。这就是物理实体系统的智慧化，引导人类走向智能时代。

两个核心技术：实时感知技术，智慧分析技术。利用先进传感器技术才可以实现对信息的实时获取。在信息获取之后，核心技术就是如何解读分析出信息的含义。智慧分析都要依靠事先建立的经验模型、理论模型或者大数据分析来加以分析判断。要对不同的物质过程进行建模分析，才可以做出准确的分析判断。

三大基础信息技术：互联网、物联网、大数据和云计算。互联网是人与人之间的信息网络平台，也是最基础最重要的信息网络平台。物联网技术是通过信息传感设备，按约定的协议，把物品信息与互联网连接起来，以实现智能化识别、定位、跟踪、监控和管理的一种网络。大数据和云计算技术是从各类海量数据中，通过网络云完成处理分析，快速获得有价值信息的技术能力。关键技术包括数据收集、数据预处理、数据存储、数据处理、数据分析、数据可视化技术等。其他技术，例如遥感、卫星定位和地理信息系统，可实现对各种空间信息和环境信息的收集、处理与更新。室内定位技术、网络通信技术、建模仿真技术、元数据技术、人工智能技术和安全问题等也都是必要的应用技术。

四个技术层面：感知层、互联层、分析层、反应层。在技术层面，智慧城市至少应该有这四层架构。智慧城市同时需要建设安全保障体系、标准规范体系作为支撑。全面透彻的实时感知：将传感器嵌入和装备到各种各样的物体中，将互联网、通信网与装有传感器的各种设备物件普遍链接起来，利用任何可以随时随地感知、测量、捕获和传递信息的设备形成史无前例的物联网，实现人类社会与物理系统的深度融合，快速获取城市任何信息并进行分析，便于立即采取应对措施和进行长期规划。宽带泛在的互联互通：通过各种形式的网络工具，将多信息系统中收集和储存的分散信息及数据进行连接、交互、多方共享和协调，从而对环境和业务状况进行实时监控，从全局角度分析城市发展动态并实时解决问题，改变整个城市运作方式。智慧融合的分析判断：采用事先建立的对不同过程的物理模型或者大数据的分析判断，使用高性能计算机和云计算等先进技术整合巨量的数据和信息，进行深入分析和复杂计算，深入分析收集到的数据，最终实现智慧的分析判断。及时快速的反应行动：在智慧分析判断的基础上，能够及时采取行动实现有效地解决特定问题，更好地支持城市各区域各过程的正常运行，也能够促进城市发展决策、行动和创造新价值。

五大应用：城市综合管理、交通物流贸易、能源环境安全、医疗文化教育、城市社区安居。智慧城市是以一种更智慧的方法通过利用新一代信息技术来改变城市政府管理、企业运营、市民工作和生活的相互交互方式，以便提高交互的明确性、效率、灵活性和响应速度。对现有互联网、传感器、智能信息处理等信息技术的高度集成和大规模应用将成为未来新的经济增长点之一。因此，智慧城市主要可在以下五大方面获得广泛应用：①智慧的城市综合管理。建立智慧城市综合管理运营平台，统一数据、统一网络，建设数据中心、共享平台，从根本上有效地将政府各个部门的数据信息互联互通，为领导的科学指挥与决策提供技术支撑。②智慧的交通物流贸易。建设智能交通系统，实现交通信息的充分共享、公路交通状况的实时监控及动态管理。在物流行业中，加快基于物联网的物流信息平台及第四方物流信息平台建设，推动信息化、标准化、智能化的物流企业和物流产业发展。积极推进网上电子商务平台建设，鼓励发展以电子商务平台为聚合点的行业性公共信息服务平台。③智慧的能源环境安全。建设智能化分布式能源系统，智能化测试和调配能量流的最佳高效利用。实时获取河流水文、环境空气信息，并经过智慧分析，给出报告，采取措施。④智慧的医疗文化教育。建设智慧的医疗卫生文化教育系统，实现医疗服务的最优化解决。积极推进智慧文化教育体系建设，建设学习型社会。加强信息资源整合，完善公共文化信息服务体系。⑤智慧的城市社区安居。在部分居民小区开展智慧社区安居试点，充分考虑公共区、商务区、居住区的不同需求，融合应用物联网、互联网、移动通信等各种信息技术，发展社区政务、智慧家居系统、智慧楼宇管理、智慧社区服务、社区远程监控、安全管理、智慧商务办公等智慧应用系统，使居民生活“智能化发展”。

四、关于智慧城市建设的几点建议

1. 大力发展传感器、物联网和智慧识别技术

基于传感器的实时信息获取和基于具体物理过程模型和大数据分析的智慧信息识别是智慧城市建设的核心技术，也是物联网能够发挥作用的基础。传感器是物联网产生信息的源头。物联网将实物通过信息传感设备与互联网连接起来。多种类传感技术、多频谱及其多维度信息融合和集成传感技术是物联网有效应用的“感官”，是眼睛、鼻子、耳朵、舌头、皮肤等。智慧分析和控制是物联网发挥作用的头脑。智慧分析识别特别要重视根据不同的物理过程建立分析模型以及发挥大数据分析的作用。建议在国家和省市条块范围建立关键技术研发和创新应用的项目布局安排。

2. 构建智慧城市网络信息空间，解决城市信息碎片化和为物联网的应用提供数据流通道

以互联网、物联网、电信网、广电网、无线宽带网等网络组合为基础构建智慧城市网络信息空间。城市网络信息空间是不同于人类现实空间的一个崭新维度，是人类的第二空间、虚拟空间。智慧城市能利用新一代信息技术来促进城市中信息空间、物理空间（各种建筑、硬的东西）、社会空间（人所构成的社会网）的深度融合，并通过丰富的运用系统加速经济发展与转型，提高政府和公共服务效率，方便市民的工作和生活，有效地保护和利用环境，实现经济社会环境的和谐发展。

3. 构建智慧城市新产业

智慧城市作为信息技术的深度拓展和集成应用，是新一代信息技术孕育突破的重要方向之一，是全球战略性新兴产业发展的重要组成部分。智慧城市建设能够催生大规模的传感器产业、物联网产业、智能化系统产业、分布式新能源互联网产业、智能制造产业、智能化城市管理产业等相关战略性新兴产业发展，引导产业转型升级。

4. 以“互联网+”智慧社区为抓手开启智慧城市发展新模式

社区智慧化是城市智慧化的集中体现。智慧社区的实施是建设智慧城市的重要内容，包括基础环境、基础数据库群、云交换平台、应用及其服务体系、保障体系五个方面，同时通过培育智慧养老、智慧医疗、智慧教育等各项全新业务及商业模式，为智慧城市的建设提供可持续增长的动力。

5. 以“互联网+”促进循环经济和新能源的利用

实施循环发展引领行动，开展基于“互联网+”的废弃物回收利用体系示范。发展能源互联网，推广新能源利用示范工程，实现新能源技术的智能化利用。

6. 建立和完善智慧城市评价体系

现阶段城市智慧化评价指标体系的研究，重点是抓住城市智慧化的框架体系的基本内容，体现智慧城市必须达到的基本标准，各城市、各具体职能部门可根据自身的功能定位和发展特点，增加辅助性指标。

7. 加强智慧城市法制建设

智慧城市建设不仅是技术问题，更重要的是体制机制的革新和相应的法制建设的保障。数据是智慧城市建设的关键要素，整合资源是智慧城市建设的核心内容。只有加强行政体制改革，以法律、标准为依据，确立强有力的推进协调机构，加大执法力度，才有可能破除行业藩篱，打破信息垄断。

Thoughts and Suggestions on China's Smart City Construction

Consultative Group of CAS Academic Division

This article reviews the current construction situation of smart cities overseas and their experiences and insights and analyzes major problems in China in this respect. It holds that smart city=the Internet+the Internet of Things+intelligent analysis and control, and elaborates on the overall architecture of smart cities. Specific countermeasures and suggestions are put forward on striving to develop sensors and the Internet of things and smart identification technologies, construction of smart city networked infosphere and new industries, construction of smart communities, promotion of circular economy and use of new energy, construction and improvement of smart city evaluation system, and enhancement of legal construction of smart cities.

附　　录

Appendix

附录一　2018 年中国与世界十大科技进展

一、2018 年中国十大科技进展

1. 港珠澳大桥正式通车运营

全球最长跨海大桥——港珠澳大桥于 2018 年 10 月 24 日正式通车运营。港珠澳大桥跨越伶仃洋，东接香港特别行政区，西接广东省珠海市和澳门特别行政区，全长 55 千米，使用寿命 120 年，能够抵御 16 级台风、8 级地震，是在“一国两制”框架下粤港澳三地首次合作建设的超大型跨海交通工程，2009 年 12 月正式开工。港珠澳大桥正式通车运营，让珠江口天堑变通途，改变了珠江三角洲地区的地理格局，香港将获得更广阔的珠江西岸腹地。

2. 我国新一代“E 级超算”“天河三号”原型机首次亮相

国家超级计算天津中心于 2018 年 5 月 17 日对外展示了我国新一代百亿亿次超级计算机“天河三号”原型机，这也是该原型机首次正式对外亮相。据了解，百亿亿次超级计算机也称“E 级超算”，被全世界公认为“超级计算机界的下一顶皇冠”，它将在解决人类共同面临的能源危机、污染和气候变化等重大问题上发挥巨大作用。

3. 我国水稻分子设计育种取得新进展

2018 年 9 月 18 日，国审稻新品种“中科 804”示范现场会在黑龙江省五常市举行。“中科 804”从 3000 亩示范片中脱颖而出，其在产量、抗稻瘟病、抗倒伏等农艺性状方面均表现突出。“中科 804”和“中科发”系列水稻新品种是中国科学院遗传与发育生物

学研究所李家洋院士团队成功利用“水稻高产优质性状形成的分子机理及品种设计”理论基础与品种设计理念所育成的标志性品种，实现了高产优质多抗水稻的高效培育。“水稻高产优质性状形成的分子机理及品种设计”研究成果于2017年获国家自然科学奖一等奖。

4. 两只克隆猴在我国诞生

2018年1月25日，克隆猴“中中”和“华华”登上《细胞》期刊封面，这意味着我国科学家成功突破了现有技术无法克隆灵长类动物的世界难题。自1996年第一只克隆羊“多莉”诞生以来，20多年间，各国科学家利用体细胞先后克隆了牛、鼠、猫、狗等动物，但一直没有攻克与人类最相近的非人灵长类动物克隆的难题。中国科学院神经科学研究所孙强团队经过5年努力，成功突破了世界生物学前沿的这个难题。利用该技术，科研团队未来可在一年时间内，培育出大批基因编辑和遗传背景相同的模型猴。

5. 科学家测出国际最精准万有引力常数

华中科技大学引力中心罗俊院士团队历经30年艰辛工作，测出目前国际上最精准的万有引力常数G值，2018年8月30日《自然》期刊刊发了罗俊团队这一最新的G值测量成果。以往G值测量的相对精度虽然接近10^{-5}，但相互之间的吻合程度仅达到10^{-4}水平。因为精度问题，很多与之相关的基础科学难题至今无法解决。此次罗俊团队采用两种不同方法，用扭秤周期法和扭秤角加速度反馈法测量G值，精度均达到国际最好水平，吻合程度接近10^{-5}水平。

6. 科学家首次在超导块体中发现马约拉纳任意子

在一项最新的研究中，中国科学院物理研究所高鸿钧院士与丁洪研究员领导的一个联合研究团队首次在铁基超导体中观察到了马约拉纳零能模，即马约拉纳任意子。这种马约拉纳任意子纯净度较高，能够在相比以往更高的温度下得以实现，且材料体系简单。该发现或对稳定的高容错量子计算机研发有极大帮助，研究结果于2018年8月16日发表于《科学》期刊。

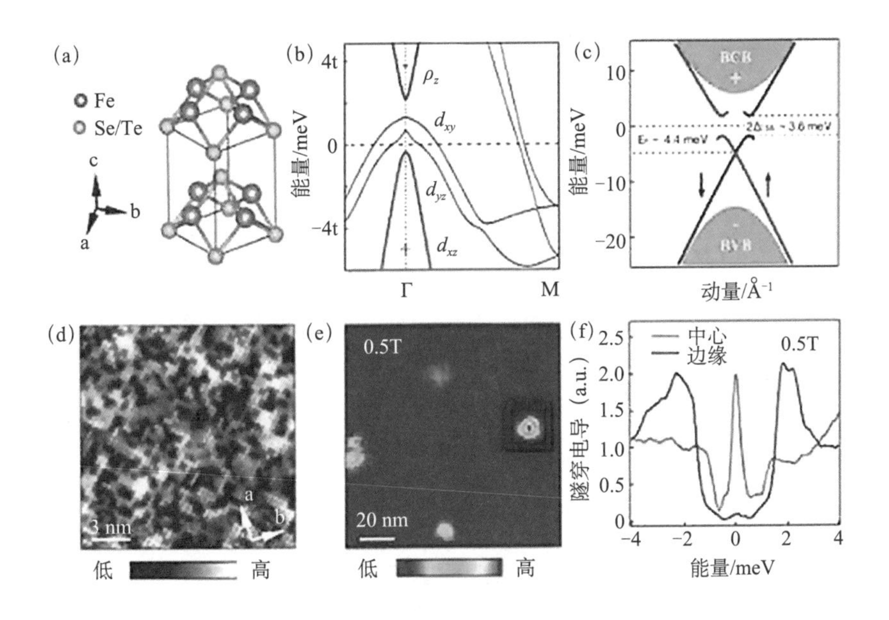

7. 科学家“创造”世界首例单条染色体真核细胞

中国科学院研究团队在国际上首次人工创建了单条染色体的真核细胞，这是继原核细菌“人造生命”之后的一个重大突破。2018 年 8 月 2 日，该成果由《自然》期刊在线发表。历经 4 年，通过 15 轮染色体融合，中国科学院分子植物科学卓越创新中心/中国科学院上海植物生理生态研究所覃重军研究团队与合作者采用工程化精准设计方法，成功将天然酿酒酵母单倍体细胞的 16 条染色体融合为 1 条，染色体“16 合 1”后的酿酒酵母菌株被命名为 SY14。经鉴定，染色体三维结构发生巨大变化的 SY14 酵母具有正常的细胞功能，除通过减数分裂有性繁殖后代减少外，SY14 酵母表现出与野生型几乎相同的转录组和表型谱。

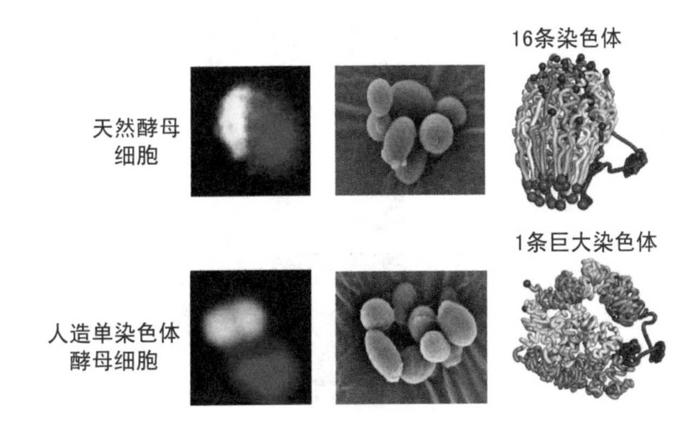

8. 国产大型水陆两栖飞机AG600成功水上首飞

2018年10月20日，国产大型水陆两栖飞机“鲲龙”AG600在湖北荆门漳河机场成功实现水上首飞起降。AG600飞机是我国首次按照中国民航适航规章的要求自主研制的大型特种用途飞机，也是目前世界上在研的最大的水陆两栖飞机。AG600飞机是国家应急救援重大航空装备，具有执行森林灭火、水上救援、海洋环境监测与保护等多项特种任务的能力，它的研发成功对于填补我国应急救援航空器空白、满足国家应急救援和自然灾害防治体系能力建设需要具有里程碑意义。

9. 科学家首次揭示水合离子微观结构

北京大学江颖教授和中国科学院院士王恩哥领衔的一支联合研究团队利用自主研发的高精度显微镜，首次获得水合离子的原子级图像，并发现其输运的“幻数效应”。

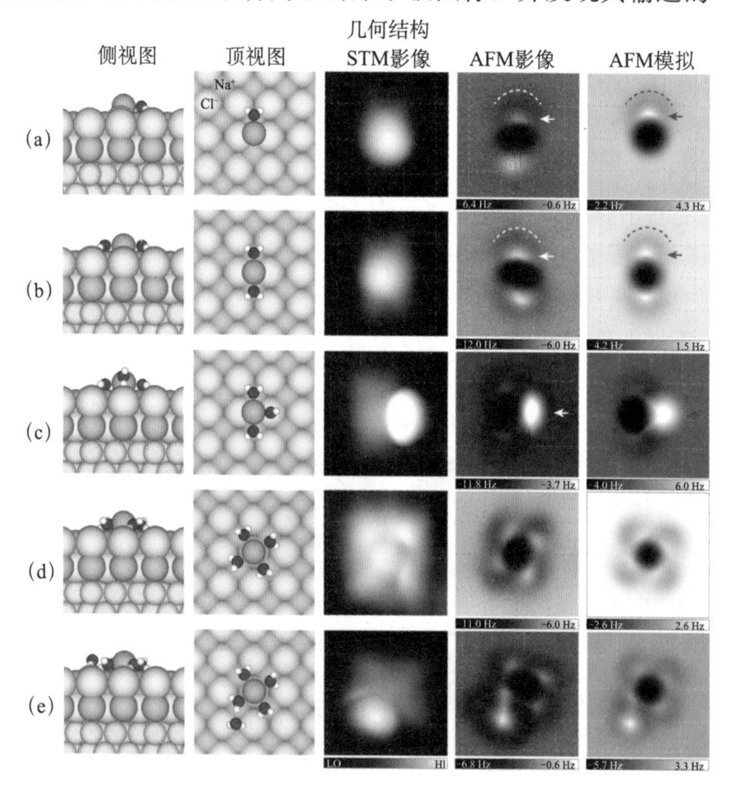

未来在离子电池、海水淡化以及生命科学相关领域等有重要应用前景。该成果2018年5月14日于《自然》期刊在线发表。

10. 我国首个P4实验室正式运行

中国科学院武汉国家生物安全实验室于2018年1月通过国家卫生和计划生育委员会[1]高致病性病原微生物实验活动现场评估，成为中国首个正式投入运行的四级生物安全（protection level 4，P4）实验室，标志着我国具有开展高级别高致病性病原微生物实验活动的能力和条件。据介绍，P4实验室是人类迄今能建造的生物安全防护等级最高的实验室。埃博拉病毒等危险病毒只有在P4实验室里才能研究。专家表示，该实验室对增强我国应对重大新发、突发传染病预防控制能力，提升抗病毒药物及疫苗研发等科研能力将起到基础性、技术性的支撑作用。

二、2018年世界十大科技进展

1. “洞察”号无人探测器成功登陆火星

美国国家航空航天局“洞察”号火星无人探测器于美国东部时间2018年11月26日14时54分许在火星成功着陆，执行人类首次探究火星“内心深处”的任务。美国国家航空航天局的直播画面显示，“洞察”号进入火星大气层后，约7分钟完成了进入、下降和着陆，此后顺利降落在火星艾利希平原（Elysium Planitia）。随后，“洞察”号通过与其同行的迷你卫星于15时许传回了火星的照片。美国国家航空航天局喷气推进实验室首席工程师罗伯特·曼宁（Robert A. Manni）表示，这张照片意义重大，标志着“洞察”号已经正式开始工作。

2. 科研人员发现新型光合作用

美国《科学》期刊2018年6月刊登了一项新研究发现：蓝藻可利用近红外光进

① 现因国家机构改革，更名为国家卫生健康委员会。

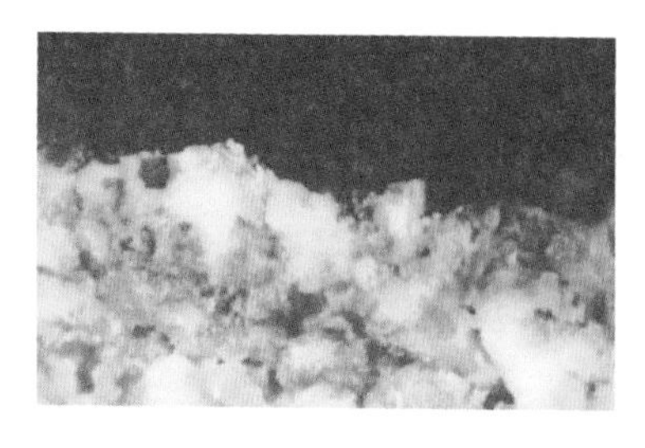

行光合作用，其机制与之前了解的光合作用不同。这一发现有望为寻找外星生命和改良作物带来新思路。英国帝国理工学院的研究人员认为，这一发现可以用来搜寻外星生命，在一些存在近红外光的地方也可能有进行光合作用的生命；该发现还可用来指导设计新作物，让作物能利用更广谱的光。

3. 首架离子驱动飞机研制成功

2018年11月21日，美国麻省理工学院的研究人员在《自然》期刊上发表的一篇论文称，他们创造并试飞了第一架不需要任何活动部件的飞机。这架2.45千克的实验飞机不依靠任何旋转涡轮叶片的推动，在直接使用电动力推进的情况下飞行了60米。研究人员认为，如果这种技术实现在大尺寸上的运用，那么未来将能够生产出更安全、更安静、更易于维护的飞机。最重要的是，这种技术可以完全不排放燃油燃烧后的废气，因为整个飞行过程完全由电池提供能源。

4. 美国科学家在原子层面“无缝缝制”两种晶体

美国科学家在2018年3月出版的《科学》期刊上介绍了一种能在原子层面“无缝缝制”两种超薄晶体的新技术，这将为制造高质量新型电子产品提供可能。在电子学领域，两种不同的半导体接触形成的界面区域“异质结”是太阳能电池、发光二极管（LED）或计算机芯片的重要构件。两种材料的接触界面越平坦，电子越容易流动，产品性能也就越优越。这种材料将有助于开发出柔性LED、几个原子厚度的二维电路以及拉伸后可以变色的纤维等。

5. 新方法使先天失明小鼠复明

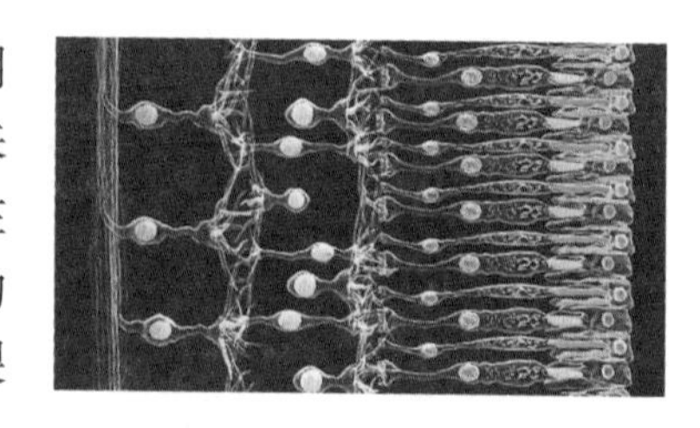

美国研究人员利用一种新方法，成功使先天失明的小鼠复明，为治疗视网膜色素变性等致盲疾病带来了新希望。这项研究成果于2018年8月15日发表在《自然》期刊上。研究人员在实验中利用基因转移的方法，促使先天失明小鼠“米勒神经胶质细胞”分裂

并发育为可感光的视杆细胞。新发育的视杆细胞在结构上与天然视杆细胞没有差别，且形成了突触结构，使其能与视网膜内其他神经细胞交流。

6. 宇宙高能“幽灵粒子”来源首度现踪

多国科学家于 2018 年 7 月 12 日宣布，首次发现了宇宙高能中微子的来源。这项突破性进展将为认识宇宙提供一种新方法，推动“多信使”天文学进入一个新的时代。由于中微子能自由穿过人体、行星和宇宙空间，难以捕捉和探测，科学家也将它称为宇宙中的“隐身人”。长期以来，天文学家主要利用 X 射线、可见光、无线电波等电磁波来研究天文现象。2016 年，科学家宣布第一次直接探测到引力波的存在，开启了观测宇宙的一个新窗口。

7. 历经 13 年小麦基因组图谱绘制完成

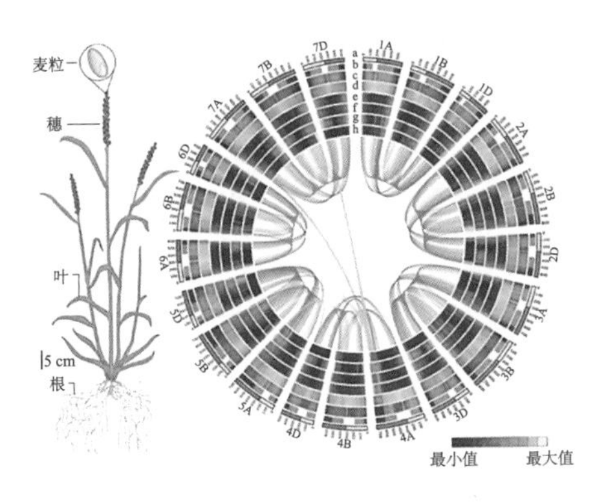

经过 13 年努力，来自 20 个国家 73 个研究机构的 200 多名科学家终于绘制完成完整的小麦基因组图谱。国际小麦基因组测序协会于 2018 年 8 月 16 日在《科学》期刊上发表论文说，他们以一种名为“中国春”的小麦遗传研究模式品种为材料，研究整合了 21 条小麦染色体参考序列，获得 107 891 个基因的精确位置、超过 400 万个分子标记，以及影响基因表达的序列信息。科学家相信，小麦基因组图谱的绘制完成，可帮助培育出抗旱、抗病和高产优质的小麦品种。国际小麦基因组测序协会指出，全球人口到 2050 年预计将达到 96 亿，小麦产量需每年增长 1.6% 才能满足未来需求。

8. 科学家首次发现银河系外行星存在的迹象

2018 年 2 月，美国科学家借助“微引力透镜”效应，首次发现了银河系外行星存在的迹象。这批行星数量约有 2000 颗，远在 38 亿光年之外，质量介于月球和木星之间。研究人员在《天体物理学杂志通讯》（*Astrophysical Journal Letters*）上发表文章说，该天体是一个星系的核心区域，中央有一个超大质量黑洞；这些行星不隶属于任何恒

星，很久以前脱离了母星的引力束缚，成为星际“流浪儿”；光谱中的这些微小偏移可能来自类星体自身活动或其他小星系。

9. 研究人员用基因剪刀技术开发“基因试纸”

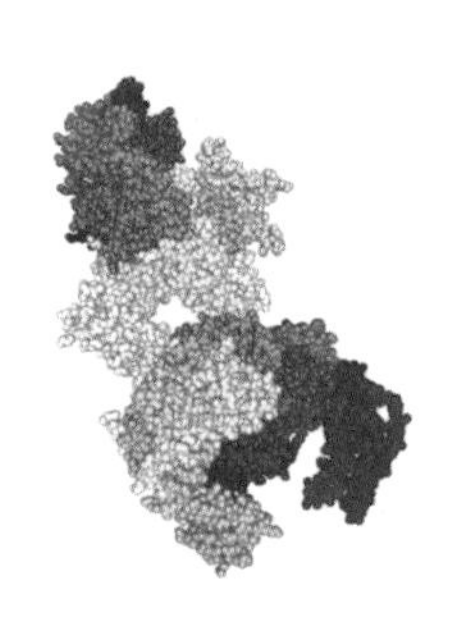

美国布罗德研究所（Broad Institute）华裔专家张锋带领团队开发出“基因试纸”，在实验室中成功检测出一些病毒感染及肺癌患者的肿瘤标记物。2018 年 2 月 15 日发表在《科学》期刊上的论文显示，只需将“基因试纸”浸入处理过的样品，一条线就会显示出是否检测到靶分子。CRISPR 基因编辑技术发明人之一张锋说，这种工具可用于检测病毒、肿瘤 DNA 等核酸物质。基因试纸最多可一次检测 4 个标靶，从而节约了样品用量。

10. 月球存在水冰获确切证实

月球黑暗、寒冷的极地地区，一直被推测含有水冰。美国夏威夷大学等机构的研究人员于 2018 年 8 月 21 日宣布，他们首次发现了月球两极表面存在水冰的确切证据，这有可能为未来人类月球探测甚至定居提供便利。研究人员在《美国国家科学院院刊》上发表研究报告说，他们分析了印度“月船 1 号”探测器携带的月球矿物质绘图仪所得到的数据，发现了固态水——冰的近红外吸收光谱的特征，直接证明了那是月球上的水冰。而此前的观察结果仅间接发现了月球南极存在水冰的迹象。

附录二　2018年香山科学会议学术讨论会一览表

序号	会次	会议主题	执行主席	会议日期
1	618	典型矿区辐射的评价技术及其对生态安全影响	张丰收　潘自强　程建平 高　福	3月20～21日
2	Y1	自闭症和阿尔茨海默病诊疗的创新探索	李　斐　李　翔　路中华	3月23～24日
3	619	化学与化工：物质科学前沿交叉	丁奎岭　韩布兴　何鸣元 洪茂椿　张锁江	3月29～30日
4	620	强磁场与生命健康：新条件、新问题、新机遇	都有为　匡光力　商　澎 张裕恒　俞梦孙　沈保根	4月11～12日
5	621	空气中关键组分的活化及利用	席振峰　麻生明　张锁江 谢在库　焦　宁　韩布兴	4月12～13日
6	622	未来地球计划与人类命运共同体建设	吴国雄　秦大河　杜祥琬 姜克隽　杜德斌	4月26～27日
7	623	艾滋病治愈	王福生　高　福 Andrew McMichael Sharon Lewin Charles R. M. Bangham	4月27～28日
8	S40	“全脑介观神经联接图谱”国际合作计划	骆清铭　蒲慕明　徐　波	5月2～3日
9	624	顺磁共振的科学研究与医学应用	杜江峰　哈罗德·斯沃茨 刘克建　刘　扬　沈剑刚 张志愿	5月3～4日
10	625	现代生物质高值利用科学问题	储富祥　贾敬敦　马隆龙 欧阳平凯　蒋剑春	5月8～9日
11	Y2	柔性电子学前沿技术	狄重安　唐建新　叶轩立 朱　嘉	5月11～12日
12	S41	基础研究前沿交叉与热点领域	段树民　潘建伟　裴　钢 于　渌	5月11日
13	626	高端硅基材料及器件关键技术问题探讨	黄　如　江风益　王　曦 祝宁华	5月19～20日
14	627	动力与储能电池系统全生命周期管理	陈立泉　解晶莹　茆　胜 孙世刚	6月6～7日
15	628	地球大数据	宫　鹏　郭华东　吴炳方 徐冠华	6月14～15日

续表

序号	会次	会议主题	执行主席	会议日期
16	S42	互联网与未来教育	朱永新　杨　斌　杨宗凯　王元丰　王　颖	7月5~6日
17	S43	类脑计算与人工智能	叶玉如　谭铁牛　杨　强　高　文	8月16~17日
18	629	放射性药物化学发展战略	柴之芳　赵宇亮　彭述明　张　宏	8月21~22日
19	630	新兴关键矿产资源	秦克章　王汝成　吴福元　徐义刚	8月28~29日
20	631	伽马光子对撞机和相关前沿科学	陈和生　张　闯　赵光达	8月30~31日
21	632	核糖核酸与生命调控及健康	陈润生　付向东　何　川　屈良鹄　施蕴渝　王恩多	9月8~9日
22	633	强化中文科技期刊在国家科技创新战略中的作用	刘忠范　彭　斌　朱邦芬	9月11~12日
23	634	小行星监测预警、安全防御和资源利用的前沿科学问题及关键技术	龚自正　李春来　李　明　叶培建　赵长印	9月13~14日
24	S44	土地资源安全——从科学到政策	曹卫星　傅伯杰　郭仁忠　康绍忠　孙九林	9月17~18日
25	635	以干细胞与基因组学为基础的再生修复与个性化治疗	季维智　刘奕志　郑加麟　周　琪	9月19~20日
26	636	超晶格密码学	郭云彪　童新海　夏建白　徐　述　张耀辉	9月19~20日
27	S45	天琴计划与国际合作	蔡荣根　罗　俊　瓦迪姆-米利科夫	9月26~27日
28	637	多倍体作物基因组解析与品种改良	刘　旭　王汉中　朱玉贤	10月9~10日
29	638	新时代中医药发展战略	胡镜清　王国强　张伯礼	10月11~12日
30	639	太阳系边际探测的前沿关键问题	王　赤　吴伟仁　叶永烜　于登云	10月26~27日
31	640	新型精神疾病诊疗智能化方法及关键技术	顾　瑛　胡　斌　陆　林　郭　雷　陈俊龙	10月30~31日
32	S46	颠覆性技术发展前沿和热点	郭东明　包信和	11月1~2日
33	641	宽禁带半导体发光的发展战略	郝　跃　刘　明　申德振　王立军　夏建白　郑有炓	11月8~9日
34	642	多壳层中空纳微结构材料	冯守华　江　雷　李亚栋　王　丹　赵东元　赵宇亮	11月15~16日
35	643	多相流监测与计量中的关键科学问题与技术	吴应湘　徐立军	11月29~30日
36	Y3	纳米光子学材料	戴　庆　李　涛　施可彬　魏　红	12月4~5日

附录三　2018 年中国科学院学部“科学与技术前沿论坛”一览表

序号	会次	论坛主题	执行主席	举办时间
1	73 次	中国地下深部生物圈	殷鸿福　黄海良	3 月 16～18 日
2	74 次	后基因组时代的纳米科技	阎锡蕴	4 月 7～8 日
3	76 次	软件定义的制造业	梅　宏　丁　汉	6 月 1～2 日
4	77 次	电化学	孙世刚	6 月 21～23 日
5	78 次	MEMS/NEMS 与微纳传感器	王　曦	7 月 3～4 日
6	79 次	高功率高光束质量半导体激光	王立军	7 月 11～12 日
7	80 次	高分子流体动力学	安立佳　张平文	9 月 1～2 日
8	81 次	纳米医药前沿	赵宇亮　谭蔚泓	10 月 18～21 日
9	82 次	等离激元光子学	徐红星	10 月 20～21 日
10	83 次	生态系统生态学	方精云　黄　耀　于贵瑞	10 月 22 日
11	84 次	生物医学影像发展战略	叶朝辉　骆清铭　周　欣	11 月 17～18 日
12	85 次	轨道交通工程	翟婉明	10 月 19 日
13	86 次	未来信息通信网络	尹　浩	11 月 16 日
14	87 次	城镇化与现代农业	周成虎　武维华	12 月 12～13 日
15	88 次	3D 打印与生物材料	葛均波　龚旗煌	12 月 20 日
16	89 次	水文地质学	林学钰	12 月 22～23 日